Margot Becke-Goehring
Freunde in der Zeit des Aufbruchs der Chemie

W0260742

Margot Becke-Goehring

Freunde in der Zeit des Aufbruchs der Chemie

Der Briefwechsel zwischen
Theodor Curtius und Carl Duisberg

Mit 11 Abbildungen

Springer-Verlag Berlin Heidelberg New York
London Paris Tokyo Hong Kong

Prof. Dr. Dr. E. h. Margot Becke-Goehring
Heidelberger Akademie der Wissenschaften
Karlstraße 4, D-6900 Heidelberg

Monographische Ausgabe (gebunden) der Sitzungsberichte
der Heidelberger Akademie der Wissenschaften
Mathematisch-naturwissenschaftliche Klasse, Jahrgang 1990, 1. Abhandlung

ISBN 978-3-540-52206-5   ISBN 978-3-642-86777-4 (eBook)
DOI 10.1007/978-3-642-86777-4

CIP-Titelaufnahme der Deutschen Bibliothek
Becke-Goehring, Margot:
Freunde in der Zeit des Aufbruchs der Chemie; der Briefwechsel zwischen Theodor Curtius und Carl Duisberg
Margot Becke-Goehring. – Berlin; Heidelberg; New York; London; Paris; Tokyo; Hong Kong. Springer, 1990
(Sitzungsberichte der Heidelberger Akademie der Wissenschaften, Mathematisch-Naturwissenschaftliche Klasse;
Jg. 1990, Abh. 1)
ISBN 978-3-540-52206-5

NE: Heidelberger Akademie der Wissenschaften / Mathematisch-Naturwissenschaftliche Klasse: Sitzungsberichte
der Heidelberger ...

Dieses Werk ist urheberrechtlich geschützt. Die dadurch begründeten Rechte, insbesondere die der Übersetzung, des
Nachdrucks, des Vortrags, der Entnahme von Abbildungen und Tabellen, der Funksendung, der Mikroverfilmung
oder der Vervielfältigung auf anderen Wegen und der Speicherung in Datenverarbeitungsanlagen, bleiben, auch bei
nur auszugsweiser Verwertung, vorbehalten. Eine Vervielfältigung dieses Werkes oder von Teilen dieses Werkes ist
auch im Einzelfall nur in den Grenzen der gesetzlichen Bestimmungen des Urheberrechtsgesetzes der Bundesrepublik
Deutschland vom 9. September 1965 in der Fassung vom 24. Juni 1985 zulässig. Sie ist grundsätzlich vergütungs-
pflichtig. Zuwiderhandlungen unterliegen den Strafbestimmungen des Urheberrechtsgesetzes.

© Springer-Verlag Berlin Heidelberg 1990
Softcover reprint of the hardcover 1st edition 1990

Die Wiedergabe von Gebrauchsnamen, Warenbezeichnungen usw. in diesem Werk berechtigt auch ohne besondere
Kennzeichnung nicht zu der Annahme, daß solche Namen im Sinne der Warenzeichen- und Markenschutz-Gesetz-
gebung als frei zu betrachten wären und daher von jedermann benutzt werden dürften.
Satz: K + V Fotosatz GmbH, Beerfelden

2125/3140-543210

Vorwort

Die Entwicklung der Chemie trat gegen Ende des vorigen Jahrhunderts und zu Beginn des 20. Jahrhunderts in eine entscheidende Phase ein. Die meisten Elemente waren entdeckt und geordnet. Die Analytische Chemie war bereits zu einer Kunst entwickelt, die grundlegenden Gesetze der konstanten und multiplen Proportionen waren gefunden, die Atomtheorie befestigt und die Formelsprache wenigstens in ihren Grundzügen eingeführt. In dieser Zeit fing die Anorganische Chemie der nichtmetallischen Elemente an interessant zu werden, die Komplexchemie trat in das Blickfeld, und die Organische Chemie begann, sich nicht nur mit der Struktur der Stoffe zu beschäftigen, sondern auch nach Synthesen zu suchen. Die Chemiker bemühten sich um die neuen Wege zu neuen Stoffen. Begleitet wurde dies von der heraufkommenden Physikalischen Chemie, der Kenntnis von dem chemischen Gleichgewicht und von der Elektrochemie.

Der Fortschritt der Wissenschaft bedingte die Anwendung. Es entstand eine blühende Chemische Industrie, die bald ein entscheidender Faktor der Volkswirtschaft wurde, die das Leben veränderte und half, das Leben der Menschen, die sich exponentiell vermehrten, zu erleichtern und zu sichern.

Man mag die Rückkopplung zwischen Wissenschaft und Technik begrüßen oder bedauern — sie ist eine Tatsache. Die industrielle und technische Revolution ist eine Folge der Wissenschaft.

Dieser Fortschritt — wertfrei im Sinne von Vorwärtsschreiten — hat uns vieles gebracht, was wir Menschen als positiv empfinden müssen: Eine gegenüber dem Mittelalter um 30 Jahre erhöhte Lebenserwartung, Freiheit von Hunger und Krankheit, Freiheit zur Bewegung, zur weltweiten Kommunikation, Freiheit, sich zu freuen an Formen und Farben, Freiheit von unerträglicher körperlicher Arbeit. Aber der Fortschritt hat nicht nur Werte geschaffen; denn menschliches Handeln ist ambivalent. Technik und Wissenschaft sind gefährlich und unberechenbar, und an dieser Unberechenbarkeit sind immer wieder Menschen gestorben und Kulturen verdorben. In jedem neuen Stoff und in jeder neuen Technologie liegt eine potentielle Gefahr.

Der Fortschritt, den wir sehen, wurde von Menschen geschaffen. Es muß sich die Frage aufdrängen: Was waren das für Menschen, die die naturwissenschaftlich-technische Revolution einleiteten? Diese Menschen haben sich durch Briefe mitgeteilt. Es soll deshalb hier ein Briefwechsel betrachtet werden zwischen einem Wissenschaftler und einem Industriellen — zwischen THEODOR CURTIUS und

CARL DUISBERG. Es geht dabei nicht um einen Gedankenaustausch über die Wissenschaft — die Menschen werden sichtbar.

Es schien mir wichtig, das Zeitbild, das sich aus dem Briefwechsel ergibt, durch zwei große Reden von CURTIUS — über Viktor Meyer und über Bunsen — und Ausschnite aus Reden von DUISBERG zu ergänzen.

Ich habe dafür zu danken, daß sich mir das Archiv des BAYER-Werks in Leverkusen öffnete. Der Leiter des Archivs, Herr PETER GÖB, hat mir stets geholfen. Ebenso habe ich der Universitätsbibliothek Heidelberg zu danken.

Ich habe zu danken meinem Freund, Herrn Professor Dr. KARLHEINZ DELLER, der mir bei der Suche und Beschaffung des biographischen Materials entscheidend geholfen hat, so daß das Umfeld der Briefschreiber sichtbar gemacht werden konnte.

Ich habe zu danken meiner Freundin, Frau Dr. MARGARET EUCKEN, die mich bei der Herstellung des Manuskriptes unterstützte.

Schließlich habe ich dem Gmelin-Institut der Max-Planck-Gesellschaft, seinem Direktor, Herrn Professor Dr. EKKEHARD FLUCK, und Herrn Dr. KARL-CHRISTIAN BUSCHBECK für ihre Unterstützung zu danken.

Der Heidelberger Akademie der Wissenschaften danke ich, daß ich dieses Buch in ihrer Obhut veröffentlichen durfte.

In den Briefen wurde die Originalrechtschreibung beibehalten. Die eigenwillige Zeichensetzung von THEODOR CURTIUS wurde nur dann korrigiert, wenn es dem Verständnis geschadet hätte.

Heidelberg, im November 1989   Margot Becke-Goehring

Inhaltsverzeichnis

Einleitung

Im Winter 1882 begegneten sich in München zwei ungewöhnliche Menschen: Ein junger Chemiker, der im Laboratorium ADOLF V. BAEYERs arbeitete, und ein „einjährig-freiwilliger" Soldat, der seine Laufbahn als Chemiker durch Ableistung des Militärdienstes unterbrochen hatte. Es handelte sich um einen Mann, der später der Chemie des Stickstoffs entscheidende Impulse gab — THEODOR CURTIUS —, und um einen Chemiker, der als Industrieller den Aufbau des späteren BAYER-Werks in Leverkusen und den Zusammenschluß der deutschen Chemiewerke in der I.G.-Farben bewirkte — CARL DUISBERG —.

CARL DUISBERG schildert die Begegnung (1930) so: [1]

Es war gegen Ende des Jahres 1882, als ich *Curtius* in München kennenlernte. Er hatte nachdem er am 27. Juli 1882 bei seinem Lehrer *Hermann Kolbe* im chemischen Universitätslaboratorium zu Leipzig das Doktorexamen gemacht, auf Empfehlung seines Lehrers hin bei dem damals auf der höchsten Stufe seines Ruhmes stehenden Meister *Adolf Baeyer* im Chemischen Laboratorium der Akademie der Wissenschaften Aufnahme gefunden. Ich dagegen war am 1. Oktober als Einjährig-Freiwilliger beim Königlich-Bayerischen Infanterie-Leib-Regiment eingetreten, nachdem ich im Januar des gleichen Jahres bei meinem hochverehrten Lehrer *Anton Geuther* in Jena promoviert hatte und dann bei ihm 1 1/2 Semester lang Privatassistent gewesen war. Wenn mich auch die Militärpflicht im ersten Halbjahr meiner Anwesenheit in München tagsüber meist voll und ganz in Anspruch nahm, so fand ich mich noch abends am Stammtisch im „Deutschen Kaiser" oder einmal wöchentlich auf der Kegelbahn mit einem Kreis lieber Kollegen zusammen, von denen ich nur die folgenden hier nennen möchte: *Otto Fischer, Wilhelm Koenigs, Hans v. Pechmann, Theodor Curtius, Eduard Buchner, Claisen, Leukhardt, Friedländer, Bamberger, Rud. Geigy, W. H. Perkin* usw. Auch ADOLF BAEYER selbst ließ sich häufiger sehen. — Als ich dann im Sommersemester mehr freie Zeit hatte, ließ ich mir von *Adolf Baeyer* einen freien Platz im Organischen Saal unter der Leitung von *Hans v. Pechmann* geben und führte im blauen Rock der „Leiber", wie sie genannt wurden, mit ihm zusammen durch Kondensation von Acetessigester mit Phenolen die bekannte Synthese der Cumarinderivate durch. In diesem Laboratorium arbeitete damals auch *Theodor Curtius*, der dann später, als Assistent *Adolf Baeyers*, die Leitung dieses Laboratoriums von 1884 bis 1886 übernahm.

Aus dem Zusammentreffen erwuchs eine Freundschaft zwischen einem Hochschulchemiker und einem Industriellen, die sich auch in schwierigen Zeiten bewährte und die sicherlich dazu beigetragen hat, daß der Industrielle Wissenschaft und Studenten förderte, und daß der Hochschullehrer der Anwendung seiner Forschung den Weg nicht verschloß. Schließlich ist diese Freundschaft auch ein Beleg dafür, daß die Wissenschaft Chemie als eine der grundlegenden naturwissenschaftlichen Disziplinen mit der chemischen Industrie zusammenzufassen ist, „da beide Bereiche thematisch so weitgehend kongruent sind, wie es in keinem anderen Fach der Wissenschaften und in keinem anderen Wirtschaftszweig der Fall ist" [2].

Die beiden Freunde haben ihr Leben lang miteinander korrespondiert. Der Briefwechsel ist Beweis für echte Freundschaft. Er gibt Auskunft über Entwicklungen in der Chemie. Er gibt aber auch Auskunft über den Geist, der in der Zeit zwischen 1890 und 1933 in Deutschland herrschte. Ein für spätere Generationen nicht mehr faßbarer – und schon gar nicht akzeptierbarer – Geist des Nationalismus, wenn nicht sogar Chauvinismus, beherrschte das politische Denken auch dieser klugen, gebildeten Männer. Weltoffenheit einerseits – Engstirnigkeit andererseits schlossen sich nicht aus. Das Bewußtsein, daß die Chemie der ganzen Menschheit zu dienen hat, war vorhanden; aber trotzdem wurde sie im Krieg gegen die nächsten Nachbarn verwendet. Die Ambivalenz naturwissenschaftlicher Erkenntnis, die Ambivalenz menschlichen Denkens und Handelns ist immer deutlich zu spüren. Bedenkt man dann noch, daß die Generation von Schülern und Studenten, die in der Weimarer Republik heranwuchs, in diesem Geist erzogen wurde, so wird klar, welche Klippen und Untiefen der Zeitgeist dem in die Wege stellt, dem aufgegeben ist, „im Dienste der Wahrheit zum Wohle der Menschheit" zu wirken [3].

Wer waren die beiden Freunde?

1. Theodor Curtius

Die Leistung von THEODOR CURTIUS kann zunächst durch ein kurzes Schrift-
stück charakterisiert werden. Zu seinem 70. Geburtstag 1927 erhielt er von der
Deutschen Chemischen Gesellschaft die folgende Glückwunschadresse, in der
CURTIUS als „ein Meister im Reiche der Chemie" gefeiert wird. Seine große Experimentierkunst; aber auch sein Einsatz für die Universität und ihre Studenten werden deutlich. Die Adresse ist von R. STOLLÉ[1] verfaßt worden.

Herrn

Geheimrat Professor

Doktor Theodor Curtius

zum 70. Geburtstag

am 27. Mai 1927

Die Deutsche Chemische Gesellschaft

Hochverehrter Herr Jubilar!
Einer seit Beginn des vorigen Jahrhunderts in Duisburg ansäs-
sigen, ursprünglich aus Bremen stammenden Gelehrten- und Fabrikantenfamilie entsprossen, sind Sie als Enkel eines der Gründer der
chemischen Großindustrie inmitten dieser, zugleich aber auch als
Kind des musikliebenden Rheinlandes aufgewachsen. So viel schöne
Stunden Sie als Sänger Ihren Freunden bereitet, so sehr Sie selbst,
auch als Komponist, im Reiche der Töne geschwelgt haben mögen,
Sie haben der wohl an Sie herangetretenen Verlockung, sich ganz
der Musik zu widmen, widerstanden. − So freut sich die Deutsche
Chemische Gesellschaft doppelt, Ihnen heute als Meister im Reiche
der Chemie, als ihrem langjährigen Mitgliede und ihrem ehemaligen
Präsidenten die herzlichsten Glückwünsche zu Ihrem 70. Geburts-
tage darbringen zu können.
Wenn der Beginn Ihrer Forschertätigkeit mit Ihrer ersten, auf
Anregung des Altmeisters *Robert Bunsen*[2] 1880 ausgeführten Ar-

---

[1] Vgl. S. 107.
[2] Vgl. S. 50ff.

beit „Ein Beitrag zur Kenntnis der in der Wackenroderschen Lösung enthaltenen Polythionsäure" Ihnen noch Anklänge an die heimatlichen Betriebe wachgerufen haben mag, so sind Sie mit der schon ein Jahr später erfolgten Veröffentlichung „Über die Einwirkung von Chlorbenzoyl auf Glykokollsilber" und Ihrer 1882 vollendeten Doktordissertation „Über einige neue, der Hippursäure analog konstituierte, synthetisch dargestellte Amidosäuren" — beide Arbeiten im Laboratorium und auf Anregung von *Hermann Kolbe*[3] ausgeführt — in das Forschungsgebiet der organischen Chemie übergetreten.

Auf diesem nun selbständig weiterschürfend, haben Sie den Diazo-Essigester und die Diazoverbindungen der Fettreihe entdeckt. Indem Sie ersteren zum Hydrazin abbauten und dieses in die Stickstoffwasserstoffsäure überführten, haben Sie der Anorganischen Chemie Geschenke von noch nicht erschöpfter Bedeutung geboten. Meisterhaft haben Sie den Entwicklungsgang dieser bahnbrechenden Entdeckungen in einem zusammenfassenden Vortrage vor unserer Gesellschaft im Jahre 1895 gezeichnet, der noch heute, nach einem Menschenalter, der älteren Generation unter uns eine wertvolle Erinnerung, der jüngeren und allen folgenden ein Nacheiferung weckendes Muster bietet.

An die Entdeckung des Diazo-Essigesters — die Bedeutung für den physikalischen Chemiker soll nicht unerwähnt bleiben — schloß sich, abgesehen von den zahlreichen Umsetzungsreaktionen, die Bildung neuer Ringformen, des Tetrazins, des Norcaradiens, des Cycloheptatriens und anderer an.

Jedem Analytiker und Kolloidchemiker ist Hydrazin ein gebräuchliches Hilfsmittel. Zahlreiche Alkyl- und Arylabkömmlinge sind, ausgehend vom Diamid oder seinen Abkömmlingen, dargestellt worden; besondere Bedeutung haben die Säurehydrazide und die aus diesen durch Einwirkung salpetriger Säure dargestellten Säureazide gewonnen.

Wenn auch die Naturstoffe keine Hydrazin- oder Stickstoffwasserstoffgruppen enthalten, so haben Sie, verehrter Meister, mit Ihrem Schüler und Mitarbeiter, dem früh verstorbenen *Hartwig Franzen*[4], den chemischen Bestandteilen grüner Pflanzen dank dem Kondensationsbestreben gerade der Säurehydrazide mit Erfolg nachgeforscht. Und wenn Sie schon in Ihrer Doktordissertation die Hippurylaminoessigsäure als erstes genau untersuchtes Beispiel der Verbindung zweier Aminosäurereste in offener Kette brachten, schon 1883 das Glycinanhydrid und die später von Ihnen als Trigly-

---

[3] Vgl. S. 9.
[4] geb. 21.3.1878, gest. 14.2.1923, 1904 habilitiert, 1910 a.o. Professor.

cylglycinester erkannte Biuretbase entdeckten, so haben Sie andererseits durch Benutzung der Säureazide einen neuen Weg der Verkettung von Aminosäureresten gewiesen und durch Benutzung desselben die Kenntnis der Chemie der Proteinstoffe wesentlich erweitert.

Besonderen Gewinn aber aus den Säureaziden zieht dauernd der auf dem organischen Gebiet arbeitende Chemiker aus dem bleibend mit Ihrem Namen verbundenen Abbauverfahren, das über wohl zu kennzeichnende Verbindungen den Ersatz der Carboxylgruppe durch die Aminogruppe ermöglicht. Zahlreiche Aminoabkömmlinge, und gerade auch wieder Aminosäuren, sind von Ihnen auf diesem Wege, vor allem zu synthetischen Zwecken, dargestellt worden.

Und nun bei der Erweiterung Ihrer Forschungen neue überraschende Feststellungen: Zunächst das eigenartige Verhalten des Benzylazids beim Kochen mit Säuren, dann das der von Ihnen als starre und halbstarre Azide bezeichneten Verbindungen, wie Sie es uns in Ihrem Abschiedsvortrag in der besonderen Sitzung vom 6. März v. J. geschildert haben, dessen wir uns heute dankbar erinnern.

Bei der Feststellung der Eigenschaften der Stickstoffwasserstoffsäure wie der ihrer Salze waren Sie und Ihre Mitarbeiter schwerer Gefährdung ausgesetzt. Sie haben, die Bedeutung dieser Verbindungen sofort erkennend, schon 1891 Ihre gesammelten Erfahrungen auf diesem Gebiete dem Kriegsministerium für die Gegenwart und Zukunft bedingungslos zur Verfügung gestellt und in einer Denkschrift 1895 darauf hingewiesen, daß Stickstoffblei gegen äußere Einflüsse so gut wie unzugänglich, in Wasser ganz unlöslich und unter Wasser jahrelang aufzubewahren ist. Die Bleiazidsprengkapseln haben in Deutschland die Knallquecksilberkapseln fast restlos verdrängt, und so ist Ihre große Entdeckung — von der Bedeutung in den letzten Kriegsjahren ganz abgesehen — in ihrer technischen Auswertung auch dauernd im Frieden unserem Vaterlande nützlich.

Die in reiner Form kaum zu handhabende Stickstoffwasserstoffsäure zeigt andererseits, in Verdünnung oder sonst ungefährlicher Art zu Anwendung gebracht, eine Reaktionsfähigkeit, die das Gebiet der Mischringe nicht nur ungeheuer erweitert, sondern zugleich, in den geschickten Händen Ihrer alten Mitarbeiter, zu einem von berufenster Seite anerkannten Herzmittel, dem Cardiazol[5] geführt hat, wobei ältere und neuere Beobachtungen und Versuche in glücklichster Weise zusammengewirkt haben.

Den Erfolgen Ihrer Forschertätigkeit reihen sich die Ihrer Lehrtätigkeit würdig an. Tausende von Schülern haben im Laufe von fast 40 Jahren Ihren Vorlesungen gelauscht, die seit Ihrer Berufung

---

[5] Pentamethylentetrazol K. F. SCHMIDT vgl. S. 159.

als ordentlicher Professor und Leiter der chemischen Institute in Kiel, dann Bonn und zuletzt Heidelberg das Allgemeingebiet unserer Wissenschaft, stets auch durch glänzende Versuche erläutert, behandelten. Über 150 Doktoren verdanken Ihrer Anregung, Förderung und immer gütigen Unterstützung durch Ihre ausgezeichnete Experimentierkunst ihren Titel und vielfach ihre Lebensstellung. Und wie aus unserem Vaterlande, so strömten auch aus dem Auslande zahlreiche Schüler zu Ihnen.

Wie Sie, hochverehrter Herr Jubilar, in der Wissenschaft hohen Zielen auf eigenen Wegen zustrebten, so haben Sie auch, wenn Sie in den Bergen von den Anstrengungen geistiger Arbeit Erholung suchten, es sich nicht genügen lassen, auf erschlossenen Steigen lockende Gipfel zu erklimmen, sondern Sie haben neue Wege eingeschlagen und auf manche jungfräuliche Spitze als Erster Ihren Fuß gesetzt. Dieser eifrigen Betätigung als Bergsteiger verdanken Sie es, wenn Sie sich beim Eintritt in das achte Jahrzehnt Ihres arbeitsreichen Lebens einer kernigen Gesundheit und ungewöhnlichen Frische erfreuen, die uns hoffen läßt, daß Sie sich noch lange Jahre des ungetrübten Genusses Ihres neuen Heims in Altheidelberg und Ihrer Mulin vegl in dem von Ihnen so geliebten Engadin zu erfreuen haben werden.

Berlin, den 27. Mai 1927
Die Deutsche Chemische Gesellschaft

H. Leuchs	W. Schlenk	F. Mylius
Schriftführer	Präsident	Schriftführer

Einige biographische Daten mögen das ergänzen, was in der Glückwunschadresse ausgesagt ist:

THEODOR CURTIUS wurde am 27. Mai 1857 in Duisburg geboren. Unter seinen Vorfahren waren Ärzte und Gelehrte. Sein Großvater, FRIEDRICH WILHELM CURTIUS, war Industrieller, der 1824 die erste Schwefelsäurefabrik am Rhein gründete und leitete; der Vater, JULIUS CURTIUS, war Leiter einer Ultramarinfabrik und dann später Präsident der Duisburger Kupferhütte. Seine Mutter, SOPHIE OHLENSCHLAGER, war Tochter eines Rechtsanwaltes. Die Eltern starben früh (1885 bzw. 1890) [4].

Nach dem Besuch des Gymnasiums in Duisburg — die uns überlieferten Schulzeugnisse sind nicht schlecht, aber auch nicht blendend — ging CURTIUS nach Leipzig, um dort von Herbst 1876 an Musik und Naturwissenschaften zu studieren. Er unterbrach sein Studium, um von 1877 bis 1878 Militärdienst zu leisten. Bis 1895 hat er dem zweiten westfälischen Husarenregiment Nr. 11 als Reservist — zuletzt als Oberleutnant — angehört. 1878 ging TH. CURTIUS nach Heidelberg, um von dem großen BUNSEN zu lernen. Hier begann er auf Veranlassung von BUNSEN eine Untersuchung über die Bildung der Polythionsäuren in der Wackenroderschen Flüssigkeit – einem alten, reizvollen Problem der Anorganischen Chemie – [5, 6]. CURTIUS gelang die Darstellung von verschiedenen Salzen der Tetrathionsäure. Das Rätsel der Wackenroderschen Flüssigkeit konnte er natürlich noch nicht lösen.

Nun war der junge Student ganz für die Chemie gewonnen. – Die Musik blieb sein Hobby. – Er setzte sein Studium in Leipzig fort und fand in H. KOLBE[6] seinen eigentlichen Lehrer. Die 1882 veröffentlichte Dissertation [7] hat den Titel: „Über einige neue der Hippursäure analog constituierte, synthetisch dargestellte Amidosäuren". In dieser Arbeit wurde die natürliche, aus Pferdeharn gewonnene Hippursäure (Benzoylaminoessigsäure) hydrolytisch gespalten; von dem gewonnenen Glycin (Aminoessigsäure) konnten Salze hergestellt werden. Dabei fällt auf, daß CURTIUS die Kristalle mit großer Sorgfalt und mineralogisch einwandfrei beschreibt. Man merkt, daß er in Heidelberg die Vorlesungen von ROSENBUSCH[7] aufmerksam gehört hat. Aber die eigentliche Bedeutung der Arbeit liegt darin, daß CURTIUS die falsche Ansicht von HERMANN KOLBE über die Konstitution der Hippursäure korrigierte. Außerdem fand CURTIUS zwei weitere Säuren, die ihre Existenz der Verknüpfung der Hippursäure mit einem oder fünf Aminoessigsäureresten verdanken. CURTIUS gelang damit zweierlei: einmal der Einstieg in die Stickstoffchemie und zweitens die ersten Schritte in Richtung einer Peptidsynthese [8]. Diese Arbeitsgebiete haben ihn nie wieder losgelassen. Erst 22 Jahre später konnte er eine der in seiner Dissertation beschriebenen neuen Substanzen identifizieren.

Die Fertigstellung der Dissertation scheint übrigens nicht ganz ohne Schwierigkeiten vor sich gegangen zu sein; denn CURTIUS schreibt am 6. 8. 1925 an CARL DUISBERG, er sei 1882 eine volle Woche in Bad Gastein gewesen „im strömenden Regen" und weiter: „Es war damals so kalt, daß ich um die Correktur meiner Doktordissertation lesen zu können in jede Hand ein heisses gekochtes Hühnerei nehmen mußte!"[8] Äußerer Erfolg der Dissertation: CURTIUS bestand das Doktorexamen mit „summa cum laude".

Der Lehrer von CURTIUS, HERMANN KOLBE [51], gehört zu den merkwürdigsten Gestalten in der deutschen Hochschullandschaft. Er war am 27. 9. 1818 geboren und ist am 25. 11. 1884 gestorben. KOLBE studierte in Göttingen und Marburg bei FRIEDRICH WÖHLER bzw. BUNSEN. Er promovierte 1843. Nach einem Zwischenaufenthalt in London und einer Betätigung als Redakteur des Verlages Vieweg u. Sohn in Braunschweig folgte er 1851 einem Ruf nach Marburg und 1865 nach Leipzig, wo er ein großzügiges Institut errichtete. KOLBE wuchs in einer Zeit auf, in der die Organische Chemie noch eine junge Wissenschaft war. Die

---

[6] Vgl. S. 9.
[7] Vgl. S. 89.
[8] Vgl. S. 178.

Theorie der Chemie steckte noch in den Anfangsgründen. Die Gesetze von den konstanten und multiplen Proportionen waren zwar erwiesen und erlaubten das Aufstellen von Bruttoformeln; aber die Struktur der organischen Verbindungen war vielfach ein Rätsel. Die Theorie von BERZELIUS, daß die Stoffe einen positiven und einen negativen Bestandteil besitzen, und daß es elektrische Kräfte sind, die diese polaren Bausteine zusammenhalten, hatte sich in der Anorganischen Chemie bewährt, in der Organischen Chemie versagte sie. KOLBE war ein Anhänger von BERZELIUS' Theorie. Er forderte „gepaarte Radikale" als Bestandteile der Verbindungen. Diese „Paarlingstheorie" führte zu dem heutigen Chemiker grotesk anmutenden Formeln, hatte aber andererseits durchaus einen heuristischen Wert und führte zur Entdeckung interessanter Stoffe. KOLBE griff die jungen Strukturchemiker wütend an. Er schrieb polemisch gegen KEKULÉ und als 1877 VAN'T HOFF seine berühmte Schrift „Die Lagerung der Atome im Raum" veröffentlichte, beurteilte KOLBE das grundlegende Werk als „aus der die Verirrungen des menschlichen Geistes beherbergenden Rumpelkammer". Bis zu seinem Tode blieb KOLBE ein Feind der Strukturchemiker. Auch gegen A. VON BAEYER und EMIL FISCHER hat er geschrieben. KOLBE gehörte einer anderen Zeit an als die nun wirkenden Großen der Organischen Chemie. Aber seinen Schülern war KOLBE ein Freund, den sie bei seinem Tod betrauerten.

Dem Rat seines Lehreres KOLBE folgend ging CURTIUS im November 1882 nach München, um im Laboratorium von A. V. BAEYER zu arbeiten. 1884 bis 1886 war er Assistent im Organisch-chemischen Praktikum. Hier wurde die erste große Entdeckung gemacht: Die Synthese der ersten aliphatischen Diazoverbindung, des Diazoessigesters, gelang.

CURTIUS hatte die Absicht, sich in München zu habilitieren; aber ADOLF VON BAEYER hatte schon seinem Assistenten BAMBERGER die Habilitation versprochen — und zahlreiche Privatdozenten benötigte das Laboratorium wohl nicht. So wandte sich CURTIUS an OTTO FISCHER in Erlangen[9] und reichte 1886 dort eine Habilitationsschrift ein, die den Titel trägt: „Diazoverbindungen der Fettreihe, eine neue Klasse von organischen Körpern, welche durch Einwirkung von salpetriger Säure auf Amidoverbindungen entstehen." Die 115 Seiten umfassende Schrift trägt die Widmung: „Dem hochverehrten Meister, Herrn Professor Dr. A. von Baeyer, der dankbare Schüler" [9].

In Erlangen gelang ihm dann der große Wurf: Die Entdeckung des Hydrazins, das CURTIUS damals Diamid nannte [10, 11]. CURTIUS besaß den Weitblick, die Darstellung von Hydrazinverbindungen nicht nur zu publizieren, sondern auch zum Patent anzumelden. Das deutsche Patent wurde mit der Nr. 47600 am 28. 5. 1889 mit einer Laufzeit von 15 Jahren ab 7. 8. 1888 erteilt. Als praktische Verwendungsmöglichkeit gibt CURTIUS in der Patentschrift an, daß „. . . Salze des Hydrazins. . . für die Medicin und für die Phothographie praktische Verwendung" finden sollten. Das zeigt, daß CURTIUS die Bedeutung des Hydrazins weit unter-

---

[9] Vgl. S. 88.

schätzte. Ein amerikanisches Patent Nr. 422334 wurde mit einer Laufzeit von 17 Jahren ab 25. 2. 1889 erteilt. Auch in den USA ahnte damals niemand, daß etwa 50 Jahre später Hydrazin als Raketentreibstoff eine Rolle spielen würde. Im amerikanischen Patent wurde entsprechend dem amerikanischen Recht nicht das Herstellungsverfahren, sondern der Stoff geschützt – ein einwandfrei definiertes Gas, das stark reduzierende Eigenschaften besitzt.

Neben seiner Forschungstätigkeit wirkte der junge Privatdozent in Erlangen als Hochschullehrer. Er las „Analytische Chemie" – sich als wahrer Schüler von BUNSEN betätigend – sowie „Chemie der Benzolderivate und der Heterocyklen", und er leitete das Anorganisch-chemische Praktikum.

Es ist nicht erstaunlich, daß der so vielseitig gebildete CURTIUS 1889 einen Ruf an die University of Worchester in den USA erhielt. Die Verhandlungen über eine Annahme dieser Stelle zerschlugen sich freilich ebenso wie eine Berufung nach Jena. Aber einen Ruf auf die Professur der Technischen Hochschule Karlsruhe nahm CURTIUS zum 1. 1. 1890 an. Trotzdem ging CURTIUS auch nicht nach Karlsruhe, sondern zum 1. 4. 1890 nach Kiel. Das dortige Ordinariat, das gleichzeitig die Stelle eines Institutsdirektors beinhaltete, war eine sehr angesehene Stelle, die zuvor der nach Breslau übersiedelte LADENBURG innegehabt hatte [8].

Die Vorgeschichte des Rufes nach Kiel ist nicht uninteressant [8]. Die Berufungsliste der Philosophischen Fakultät enthielt die Namen: v. PECHMANN[10], CLAISEN[11] und CURTIUS. Der damals in der Hochschullandschaft Preußens allmächtige Geheimrat ALTHOFF vom Kultusministerium zitierte den Kieler Botaniker REINKE nach Berlin und veranlaßte ihn, nach Erlangen zu reisen, um sich von der Lehrbefähigung von CURTIUS zu überzeugen. Da das Urteil günstig ausfiel, berief das preußische Ministerium „der Geistlichen-, Unterrichts- und Medicinal-Angelegenheiten" den von der Fakultät an letzter Stelle genannten CURTIUS.

Gegenüber einem so jungen Privatdozenten war man nicht sonderlich großzügig. In dem Ernennungsschreiben heißt es: „An Besoldung bewillige ich Ihnen vom 1. April ds. J. ab jährlich 3600 M. Außerdem erhalten Sie freie Dienstwohnung an Stelle des tarifmäßigen Wohngeldzuschußes, Reise- und Umzugskosten können Ihnen nach den bestehenden Bestimmungen nicht gewährt werden."

In Kiel gelang CURTIUS seine zweite ganz große Entdeckung in der Chemie der Stickstoff-Wasserstoff-Verbindungen. Er konnte 1890 die Stickstoffwasserstoffsäure herstellen [12]. Von dem leicht flüchtigen, sehr unbeständigen, in konzentrierter Lösung und in reinem Zustand sehr explosivem Stickstoffwasserstoff stellte CURTIUS sofort auch ein Natriumsalz, ein Ammoniumsalz, ein Bariumsalz und vor allem die gegen Schlag hochempfindlichen, in Wasser unlöslichen Silber- und Quecksilber(I)-salze her. Stickstoffwasserstoff zeigte Ähnlichkeit mit dem Chlorwasserstoff – eine Ähnlichkeit, die CURTIUS selbst überrascht hat. Er verglich die Azid-Gruppe mit den Halogeniden [1] – damit nahm er den Begriff des

---

[10] Vgl. S. 34.
[11] Vgl. S. 117.

Pseudohalogens vorweg. Er schrieb: „nur die ungeheure Explosionsfähigkeit unterscheidet den Stickstoffwasserstoff von dem Chlorwasserstoff". Diese Explosionsfähigkeit veranlaßte CURTIUS, seine Erfindung dem Kriegsministerium zu Verfügung zu stellen. Aber dieses lehnte die Substanz ab, nachdem sie einem Mitarbeiter der Technischen Prüfungsanstalt des Ministeriums das Leben gekostet hatte [1]. Die Explosionsfähigkeit hat CURTIUS jedoch nicht am Experimentieren mit der Substanz gehindert. Als Beleg sei hier eine kurze Arbeit aus den Berichten der deutschen chemischen Gesellschaft wiedergegeben (1893) [13]:

Th. Curtius: Azoïmid aus Hydrazinhydrat und
salpetriger Säure.
(Eingegangen am 8. Mai.)
[Mittheilung aus dem chem. Institut der Universität Kiel.]

Bequem und ungefährlich kann man eine verdünnte Lösung von Stickstoffwasserstoffsäure darstellen − ein Versuch, welcher namentlich zu Vorlesungszwecken vor den Augen des Publikums geeignet erscheint −, indem man die „Rothen Gase" aus Salpetersäure und Arsentrioxyd in eine eiskalte, verdünnte wässrige Hydrazinhydratlösung so lange einleitet, bis anhaltende Gasentwicklung (Zerstörung der gebildeten Substanz) beginnt. Noch mehr empfiehlt sich, die „Rothen Dämpfe" zuerst auf Eisstückchen zu condensiren, und dann die blaue Flüssigkeit nach und nach bis zum Eintritt der Gasentwicklung in die verdünnte Hydrazinhydratlösung einzutragen.

CURTIUS hatte mit dem Stickstoffwasserstoff eine auch theoretisch sehr interessante Substanz gefunden, die noch viele Chemiker beschäftigen sollte. Freilich deutete er die Formel noch nicht richtig; denn er glaubte, daß sich in dem Stoff drei Stickstoffatome zu einem Ring zusammengeschlossen hätten, während wir heute wissen, daß die Substanz linear gebaut ist.

Neben der fundamentalen Entdeckung des Stickstoffwasserstoffs stehen zahlreiche Arbeiten über Hydrazinderivate und Azide [8, 14] und deren Reaktionen. Klassische Untersuchungen betreffen die Umlagerung von Säureaziden in Derivate alkylierter Amine [15], ein Verfahren, das wir heute als CURTIUSschen Abbau bezeichnen. Wenn man genau hinsieht, dann kann man vielleicht verkürzend sagen: CURTIUS hat dreierlei entdeckt: Das Hydrazin, die Stickstoffwasserstoffsäure und den CURTIUSschen Abbau. Er hat diese drei großen Entdeckungen dann freilich auf das ganze Gebiet der Organischen Chemie wirken lassen. Den grundsätzlichen Entdeckungen folgten sehr viele neue Verfahren und zahlreiche neue Stoffe. Die ganze Stickstoffchemie hat durch CURTIUS einen erheblichen Antrieb erfahren.

1892 wurden auch die staatlichen Stellen wieder auf den erfolgreichen Chemiker aufmerksam. Er erhielt 1892 einen Ruf nach Würzburg und 1895 nach Tübingen. Wegen der Würzburger Stelle wurde intensiv mit Geheimrat ALTHOFF verhandelt. Am 28. 7. 1892 kam es in Blankenburg zu einer Vereinbarung, in der festgestellt wurde, daß CURTIUS, um in Kiel zu bleiben, einen Anbau an das Laboratorium für nötig hielt. Dieser Neubau sollte 60 000 M bis 80 000 M kosten. Der Punkt wurde in der in Ministerien stets üblichen Art beiseite geschoben: „Eine bestimmte Zusicherung … könne erst gegeben werden, nachdem die Verhältnisse an Ort und Stelle erörtert seien und der Hr. Finanzminister seine Zustimmung erklärt habe." Aber Althoff bot einen jährlichen Zuschuß zur „Dotation" von 3000 M an, einen weiteren Assistenten für den analytischen Unterricht (jährlich 1800 M), ein Extraordinariat und eine Gehaltserhöhung (mit Dienstwohnung) auf 6000 M. Die Nebeneinnahmen (vorwiegend Kolleggeld) wurden in Kiel auf 7500 M geschätzt – sie hätten in Würzburg etwa 20 000 M betragen. CURTIUS hatte außerdem den Wunsch geäußert, den Titel „Geheimer Regierungsrath" zu erhalten; aber dem stand seine Jugend noch entgegen. CURTIUS lehnte dann Würzburg ab. „Geheimer Regierungsrath" wurde er schließlich doch noch (am 14. 7. 1895), als er den Ruf nach Tübingen erhalten hatte. Solche Titel spielten im deutschen Kaiserreich eine große Rolle, und Aussicht auf Erwerb eines Titels scheint manchmal eine bessere Besoldung und die Möglichkeit, zu einem besseren Wirkungsfeld zu kommen, aufgewogen zu haben.

Es ist nicht ohne weiteres ersichtlich, aus welchen Gründen genau CURTIUS den Ruf nach Tübingen ablehnte, der sehr ehrenvoll war; denn es handelte sich um die Nachfolge des berühmten LOTHAR MEYER[12]. Neben dem Titel „Geheimrat" mögen auch die rührenden Bitten der Schüler an den „allverehrten Lehrer und Meister", er möge „sein segensreiches Wirken noch fernerhin dem hiesigen Institute und seinen Schülern zukommen lassen wollen", eine gewisse Rolle gespielt haben. Aber es ist auch möglich, daß Althoff dem neuen Geheimrat einen Wink zukommen ließ, daß eine Berufung nach Bonn auf den früheren Lehrstuhl von AUGUST KEKULÉ VON STRADONITZ[13] möglich sei.

Tatsächlich versetzte das preußische Ministerium am 5. 1. 1897 CURTIUS nach Bonn. Wieder wurde ein Gehalt von jährlich 6000 M und Dienstwohnung gewährt. Die Versetzung geschah auf Wunsch der Philosophischen Fakultät der Universität Bonn. Der Wechsel erwies sich jedoch nicht als sehr glücklich. Das Ministerium erfüllte den auch bei der Berufung nach Bonn vorgetragenen Wunsch nach einem Institutsneubau nicht; und so war CURTIUS bald für einen Ruf nach Heidelberg, wo VIKTOR MEYER[14] früh verstorben war, aufgeschlossen.

---

[12] geb. 19. 8. 1830, gest. 11. 4. 1885; seit 1876 in Tübingen, stellte gleichzeitig mit MENDELEJEFF das Periodensystem der Elemente auf.
[13] geb. 7. 9. 1829, gest. 13. 7. 1896; seit 1865 in Bonn.
[14] Vgl. S. 34 ff.

Der Großherzog FRIEDRICH VON BADEN zeigte sich großzügig. Am 27. 12. 1897 unterschrieb er auf Schloß Baden die Ernennungsurkunde für THEODOR CURTIUS zum ordentlichen Professor für Chemie in der Naturwissenschaftlichen-Mathematischen Fakultät der Universität Heidelberg und zum Direktor des chemischen Laboratoriums. CURTIUS wurde Geheimrat II. Klasse und erhielt ein jährliches Gehalt von 9400 M. Auch ein schon von VICTOR MEYER geplanter Anbau an das Laboratorium wurde bewilligt und zügig erstellt [16].

Unter den günstigen Bedingungen in Heidelberg konnte sich eine umfangreiche Forschertätigkeit entfalten, die, ausgehend von der Chemie der Azide, vor allem zur Verkettung von Aminosäuren zu Polypeptiden führte. Auch die Herstellung von Isocyanaten aus Aziden muß erwähnt werden. Immer wieder war es die Stickstoffchemie, die von CURTIUS und seinen Schülern bearbeitet wurde. Er wirkte 28 Jahre lang in Heidelberg, lehrte, wie DUISBERG gesagt hat, „Tausende von Schülern, darunter viele Ausländer" und hatte etwa 150 Doktoranden [1].

Im Wintersemester 1925/26 schied CURTIUS aus dem Amt. Am 9. Februar 1928 ist er gestorben. Sein wissenschaftliches Werk mit mehr als 200 Publikationen [43] ist auch heute noch aktuell.

2. Carl Duisberg

CARL DUISBERG, sein Lebensweg, seine Leistung können hier nur ganz stichwortartig beschrieben werden. Gute Biographien [17, 18] schildern sein Leben. Seine gewaltige schöpferische Leistung wird von HENRY E. ARMSTRONG 1935 in der TIMES so beschrieben: „His country loses a man who, all things considered, I believe, may be regarded as the greatest industrialist the world has yet had." [18]

Der große ALFRED STOCK, einer der Begründer der modernen präparativen Anorganischen Chemie, dem der Einstieg in die Chemie der Hydride zu verdanken ist, und der damals Professor in Karlsruhe war, hat CARL DUISBERG folgende Worte gewidmet [21]:

> Hr. Prof. Dr. Alfred Stock hat bei der Trauerfreier für den am 19. März 1935 verstorbenen Geh.-Rat. Prof. Dr.
> ### CARL DUISBERG
> folgende Ansprache gehalten:
>
> Hochverehrte Anwesende!
> Voll tiefer Trauer und voll tiefer Dankbarkeit steht an Duisbergs Bahre die deutsche wissenschaftliche Chemie, in deren Namen ich hier als Vertreter der *Deutschen Chemischen Gesellschaft*, des *Vereins deutscher Chemiker*, der *Bunsen-Gesellschaft* und weiterer Vereinigungen, darunter der *Gesellschaft deutscher Naturforscher* und *Ärzte*, sprechen darf.

So weit ihn auch der Lebensweg vom Laboratorium hinwegführte, *Carl Duisberg* blieb im Denken und im Herzen allzeit Chemiker und Wissenschaftler. Mit derselben feinen analytischen Beobachtungsgabe und mit demselben untrüglichen synthetischen Gefühl, die er bei seinen Lehrern *Geuther* und *Baeyer* übte und mit denen er als junger Fabrik-Chemiker neue Farbstoffe und Arzneimittel schuf, stellte er später die befruchtende Verbindung zwischen chemischer Wissenschaft und Industrie her, baute er diese wundervolle Stätte technischer Arbeit auf, synthetisierte er die I.-G.-Farben — fürwahr eine Meister-Synthese!

Selbst ein synthetisches Meisterstück des Schöpfers, vereinigte Duisberg in sich der Lebensgaben so viele wie wenige Sterbliche. Klugheit und Lebenslust, Energie und Liebenswürdigkeit, Fleiß und Behaglichkeit, Nationalgefühl und Familiensinn, vergoldet durch ein gütiges Herz, verbanden sich zu einer Persönlichkeit von seltenem Zauber.

Das war das Geheimnis seiner Wirkung auf die Menschen: Was er angriff, tat er ganz, mit vollem Einsatz seines sprudelnden Temperamentes und seines warmen Herzens. Darum öffneten sich ihm die anderen Herzen — und auch die Hände, sobald es darauf ankam.

Duisberg führte, wo es galt, der Chemie und den Chemikern die Wege zu ebenen, mochte es sich um den Schulunterricht handeln oder um die Hebung der Hochschul-Ausbildung, um den Zusammenschluß der deutschen Chemiker oder um die Hilfsgesellschaften, die nach unseren Großen benannt sind, nach *Baeyer, Emil Fischer* und *Liebig.* Überall stand er an der Spitze, wenn der Wissenschaft geholfen werden mußte, organisierend, spendend, werbend.

Die Studenten nannten ihn ihren Vater, die chemische Wissenschaft ihren getreuen *Eckart.* Ihm vor allem verdanken wir es, daß in Deutschland das Verhältnis zwischen Hochschulen und Industrie ein so vorbildlich freundschaftliches wurde, so daß es uns heute als etwas Selbstverständliches erscheint, und daß man nicht daran zweifelt, es werde auch künftig im Zeichen Carl Duisbergs bleiben. Erst im Auslande wird man inne, wie es sich auch hierbei um eine keineswegs einfache Synthese handelt.

Nun hat unser getreuer *Eckart* seine scharfen, freundlichen Augen für immer geschlossen. Wie sehr hätten wir gewünscht, daß dem Lebensfrohen ein leichter Abschied von dieser Welt beschieden gewesen wäre, die er so reich aus der Fülle seiner Gaben beschenkt hat. In den Herzen aller deutschen Chemiker wird *Carl Duisberg* fortleben als einer ihrer Besten, als ihr treuester, lieber Freund und Helfer.

Die Worte von STOCK klingen pathetisch: aber man spürt doch, daß hier einer großen Persönlichkeit gedacht wurde.

Die besondere Beziehung, die DUISBERG zur Heidelberger Chemie, zu der sein Freund CURTIUS ja lange gehörte, sei durch den Kondolenzbrief beleuchtet, den KARL FREUDENBERG – der Nachfolger von CURTIUS auf dem Lehrstuhl der Chemie in Heidelberg – nach dem Tod von DUISBERG an dessen Frau Johanna schrieb:

Prof. Karl Freudenberg   Heidelberg 27. 3. 35
                                               Posselstr. 1
                                               Tel. 31 48

Verehrteste gnädige Frau,

vorübergehende Krankheit hat mich verhindert, Ihnen und Ihren Kindern schon eher meine Teilnahme an Ihrem Verluste auszusprechen. Mit Ihrem Gatten ist für mich auch ein Stück lebendiger Erinnerung an meinen Lehrer Emil Fischer dahingegangen; wie oft habe ich die beiden Freunde zusammen gesehen. Dann haben wir immer mehr gelernt, in ihm unseren Helfer zu sehen in allen Sorgen, die in politisch bewegter Zeit die Wissenschaft beängstigen. Wie hat er verstanden, und aus heißem Herzen geholfen. – Curtius kann nicht mehr um ihn trauern, er hing ihm in treuer Freundschaft an. Die Rede, die Ihr Gatte im Institut zur Curtius' Gedächtnis hielt, wird uns eine große Erinnerung bleiben. Er war ja überhaupt mit Heidelberg eng verbunden, unsere Fakultät war stolz auf ihren Ehrendoktor. Das alles wird lange weiter wirken.

In tiefer Anteilnahme begrüßt

Sie und die Ihren

Ihr sehr ergebener K. Freudenberg

Eine Kurzbiographie soll den Lebensweg von Carl Duisberg weiter beleuchten: FRIEDRICH CARL DUISBERG war das älteste Kind – und der einzige Sohn – des Bandwirkers JOHANN CARL DUISBERG und seiner Frau SOPHIE WILHELMINE WESTKOTT. Er wurde am 29. September 1861 in Heckinghausen bei Barmen geboren. Ab Ostern 1867 besuchte er die Elementarschule „auf dem Heydt", 1869 kam er in die Vorschule der lateinlosen Realschule in Barmen-Wupperfeld. Da die Mutter der Meinung war: „En den Jongen sett war dren, dat wet eck am allerbesten", durfte CARL zunächst die Realschule bis zur Obersekunda besuchen, um dann in die Gewerbeschule (Oberrealschule) auf dem Döppersberg in Elberfeld überzuwechseln. Dieser Wechsel wurde vorgenommen, weil man einen Herzfehler bei CARL entdeckt hatte und einen längeren Schulweg zur Ertüchtigung als notwendig erachtete. 1878 bestand CARL DUISBERG das Abitur. Die Schule scheint

CARL DUISBERG nicht besonders leicht gefallen zu sein; er meisterte aber alles mit Hilfe einer ungewöhnlichen Energie.

Schon in ganz jungen Jahren stand für CARL DUISBERG fest, daß er Chemiker werden wollte. Dieser Wunsch wurde von der Mutter verstanden und gegen den Willen des Vaters, der das solide Gewerbe des Bandwirkers bevorzugt hätte, durchgesetzt. Im Herbst 1878 besuchte DUISBERG dann die Fachschule für Chemie in Elberfeld und erlernte die Kunst der Analyse, bis er endlich ab Ostern 1879 studieren durfte.

Zum Studium der Chemie ging er nach Göttingen. Er arbeitete unter der Leitung von JANNASCH [15] zunächst — wie üblich — im Analytischen Laboratorium und war schon nach einem halben Jahr so weit, daß er eine Silikatanalyse machen konnte. Der große Lehrmeister BUNSEN hatte einmal gesagt: „Wenn jemand eine Silikatanalyse tadellos ausführen kann, dann kann er in der Analytischen Chemie Alles machen" [19]; dementsprechend konnte DUISBERG schon nach kurzer Zeit in das organisch-präparative Laboratorium aufgenommen werden und unter HANS HÜBNER [16] seine ersten Versuche zur Herstellung unbekannter Verbindungen ausführen.

Eine neue Bestimmung des preußischen Kultusministeriums schien Ende 1879 das Studium zu behindern. Sie besagte, daß alle Oberrealschüler, die den „Doktor" machen wollten, ein „Latinum" nachzumachen hätten. Aber dazu hatte DUISBERG keine Lust. Er frug deshalb bei nichtpreußischen Universitäten an, ob er ohne das Latinum dort promovieren könne. Aus Jena kam die erste bejahende Antwort. So ging DUISBERG Ostern 1880 nach Jena. Hier kam er mit der Philosophie in Berührung, mit RUDOLF EUCKEN [17] und vor allem mit ERNST HAECKEL [18]. Er fand kongeniale Freunde in dem Geologen JOHANNES WALTHER und dem vielseitig begabten HAECKEL-Schüler und Dichter CARL HAUPTMANN, und er fand besondere Anregung im sog. Naturwissenschaftlichen Verein. DUISBERG war in Jena sehr glücklich. Zu seinem 50. Doktorjubiläum sagte er: „So habe ich in Jena die schönste Zeit meines Lebens verbracht!". Aber in der Chemie mußte DUISBERG wieder von vorn beginnen. Der Direktor des chemischen Laboratoriums, ANTON GEUTHER [19], fand wohl zunächst den Studiengang des jungen DUISBERG etwas zu merkwürdig. Aber auch er erkannte schnell die ungewöhnliche Begabung des Studenten und ließ ihn eine Doktorarbeit anfertigen, die 1881 vorgelegt werden konnte [20]. Die Dissertation ist eine mit großem Fleiß angefertigte, saubere chemische Arbeit — Ergebnisse, die die zeitgenössische Wissenschaft aufhorchen ließ, enthielt sie nicht. DUISBERG mußte die mündliche Prü-

---

[15] Vgl. S. 128.

[16] geb. 13.10.1834, gest. 4.7.1884; seit 1870 Professor und seit 1874 mit WÖHLER Institutsdirektor in Göttingen.

[17] geb. 8.1.1846, gest. 19.9.1926; Nobelpreis 1908; seit 1874 Professor in Jena.

[18] geb. 16.2.1834, gest. 9.8.1919; seit 1862 Professor in Jena.

[19] Vgl. S. 24.

fung auch in zwei Nebenfächern ablegen. Es ist bemerkenswert, daß er als Nebenfach neben Geologie Nationalökonomie wählte. Das war wohl nicht nur eine Folge der Tatsache, daß er an die Physik „keine rechte Freude hatte" [17] und daß er sich von Professor DIERSTORFF angezogen fühlte, sondern ein früh erwachtes Interesse an allgemeinen Fragen der Wirtschaft.

Nach mit „sehr gut" bestandenem Examen (am 14. 1. 1882) bewarb sich DUISBERG um eine Stelle als Chemiker; denn er mußte – und wollte – Geld verdienen, um auf eigenen Füßen zu stehen. Als er nichts Rechtes fand, bot ihm sein Lehrer GEUTHER eine Stelle als Privatassistent an. Er erhielt monatlich 80 M (aus GEUTHERS Privatschatulle) und freie Wohnung im Institut. DUISBERG bewarb sich trotzdem weiter bei verschiedenen Firmen. Da er immer wieder die Frage gestellt bekam, wann und wo er gedient habe, beschloß er, als Einjährig-Freiwilliger in das 1. Infanterie-Leibregiment in München einzutreten. Dabei mag auch bestimmend gewesen sein, daß in München der große ADOLF V. BAEYER lehrte und daß der Freund JOHANNES WALTHER ebenfalls nach München übersiedelte. Dieser Plan ließ sich nicht ohne Differenzen mit GEUTHER verwirklichen.

DUISBERGS Lehrer JOHANN ANTON GEUTHER war am 23. 4. 1833 geboren und starb am 23. 8. 1889 [52]. Er studierte nach beendeter Weberlehre in Jena, Göttingen und Berlin. Nach seiner Promotion 1855 wurde er Assistent, 1857 Privatdozent und 1862 a. o. Professor in dem Laboratorium von FRIEDRICH WÖHLER in Göttingen. 1863 wurde er als o. Professor nach Jena berufen. In seiner Göttinger Zeit untersuchte GEUTHER vor allem anorganische „Doppelverbindungen", und da er ein Anhänger der Theorie von BERZELUS war, nahm er vielleicht einige Grundideen von ALFRED WERNER bezüglich des Aufbaus dieser Doppelverbindungen (Komplexverbindungen) vorweg. In seiner Jenaer Zeit gelang GEUTHER die Synthese des Acetesssigesters. Er machte wahrscheinlich, daß in dieser Substanz eine „saure" Hydroxylgruppe vorhanden sei, während FRANKLAND und DUPPA eine Keto-Gruppe für wahrscheinlicher hielten. Erst LUDWIG KNORR, sein Nachfolger in Jena[20], konnte dann beweisen, daß in solchen Verbindungen eine Keto-Enol-Tautomerie vorliegt, d. h. daß beide Formen nebeneinander existieren können. CARL DUISBERG hat GEUTHER stets sehr verehrt. Trotzdem verließ er Jena; denn in München lockte doch sehr die Arbeit bei dem berühmten ADOLF VON BAEYER, der am 31. 10. 1835 geboren, bei BUNSEN und KEKULÉ studiert hatte, 1872 Professor in Straßburg war und seit 1875 in München wirkte. 1885 wurde BAEYER geadelt und 1905 erhielt er den Nobelpreis. Schon aus diesen Lebensdaten ergibt sich, daß sein Laboratorium eine vorzügliche Ausbildungsstätte gewesen sein muß. BAEYER starb am 20. 8. 1917. DUISBERG hat ADOLF V. BAEYER verehrt; sein Doktorand war er nicht, wie das fälschlich eine Adresse der Preussischen Akademie der Wissenschaften aus dem Jahr 1932 [58] behauptet.

---

[20] Vgl. S. 102.

Nach einem gewissen Zögern nahm dann V. BAEYER den Soldaten in sein Laboratorium auf; DUISBERG zog eine Schürze über seinen bunten Soldatenrock und arbeitete unter der Leitung von Freiherrn HANS VON PECHMANN[21]. Damals schloß er verschiedene Lebensfreundschaften, auch die mit THEODOR CURTIUS.

Inzwischen war 1863 von FRIEDRICH BAYER und FRIEDRICH WESKOTT eine oHG gegründet worden [22], bei der sich DUISBERG schon 1882 beworben hatte und sich nun – 1883 – wieder bewarb. Die Firma war von Barmen nach Elberfeld übergesiedelt, da sich am alten Standort erhebliche Umweltprobleme ergeben hatten. Die beiden Gründer[22] waren verstorben, aber ihre Söhne spielten in der Firma, die inzwischen eine AG geworden war, eine wesentliche Rolle, neben den Schwiegersöhnen von FRIEDRICH BAYER sen.: CARL RUMPFF und HENRY THEODOR BÖTTINGER. RUMPFF stellte den jungen DUISBERG ein [22]. Die Anstellung bezog sich zunächst auf ein Jahr zur Probe für DUISBERG, „um Erfindungen zu machen" [18]. Er konnte noch nicht in Elberfeld arbeiten, sondern wurde nach Straßburg geschickt, um im Laboratorium von FITTIG[23] Versuche zum Indigoproblem zu machen. Die gleichzeitig mit DUISBERG eingestellten Chemiker DR. HINSBERG und DR. HERBERG (die ‚drei Berge') wurden nach Freiburg bzw. München geschickt. Viel konnte DUISBERG aus Straßburg nicht nach Elberfeld berichten. Es gelang lediglich eine kleinere Synthese. Aber dann konnte DUISBERG in Elberfeld ein bescheidenes Labor beziehen, und er wurde am 29. 9. 1884 fest angestellt.

Die Farbstoffchemie entwickelte sich damals stürmisch und DUISBERG nahm daran lebhaften aktiven Anteil. Synthesen und Patente – das erste Patent auf den Namen Duisberg reichten die Farbenfabriken Bayer zwei Monate nach der Einstellung des jungen Chemikers ein, der ein Gehalt von 2100 M jährlich bezog – kamen in großer Zahl aus dem kleinen Elberfelder Laboratorium [23].

Der weitere Aufstieg von CARL DUISBERG in „seiner" Firma ging rasch vor sich. Bald erhielt DUISBERG einen Assistenten und dann laufend mehrere Mitarbeiter. Diese Arbeitsgruppe arbeitete erfolgreich. Von 1883 bis 1887 schufen DUISBERG und seine Mitarbeiter 21 neue Farbstoffe und Zwischenprodukte, die in die Herstellung gingen. 17 Patente wurden angemeldet. Daneben entstanden viele Stoffe, deren Herstellung sich wirtschaftlich nicht lohnte [18].

DUISBERG erregte die Aufmerksamkeit der Firmenleitung und verkehrte im Haus des Aufsichtsratsvorsitzenden CARL RUMPFF. Dort traf er mit der Nichte von RUMPFF, JOHANNA SEEBOHM, zusammen. Die jungen Menschen verlobten sich Weihnachten 1887 und heirateten am 29. 9. 1888. Die Ehe war eine lebenslange glückliche Gemeinschaft.

---

[21] Vgl. S. 34.

[22] FRIEDRICH BAYER, geb. am 6.6.1825 starb am 6.5.1880.

[23] WILHELM RUDOLPH FITTIG, geb. 6.12.1835, gest. 19.11.1910, seit 1876 Nachfolger A. v. BAEYER's in Straßburg, stand dort einem mustergültigen Chemischen Institut vor.

In der Firma wurde DUISBERG am 8. 6. 1888 Prokurist. Er arbeitete von da an eng zusammen mit FRIEDRICH BAYER Jr. und mit HENRY TH. BÖTTINGER. – CARL RUMPFF starb 1889. – DUISBERG übernahm die Forschung und auch weitgehend das Patentwesen der Firma. 1900 wurde er Direktor in den Farbenfabriken Bayer und 1912 Generaldirektor. Die Arbeiten und Leistungen von DUISBERG hat H. J. FLECHTNER [18] ausgezeichnet beschrieben.

In diese Zeit fällt der Erwerb eines Fabrikgeländes des Fabrikanten DR. CARL LEVERKUS, der dieses Gelände „Leverkusen" genannt hatte. Dort konnte 1894 eine Schwefelsäurefabrik erstellt werden, und bald folgten die Produktionsstätten für andere anorganische Grundchemikalien. Im Januar 1895 verfaßte DUISBERG eine berühmt gewordene Denkschrift „Über den Aufbau und die Organisation der Farbenfabriken zu Leverkusen". Es war der geniale Plan für eine Chemiestadt am „End' der Welt" [23]. Die Elberfelder Betriebe wurden nach und nach verlegt, und in Leverkusen entstand nach den Plänen DUISBERGs ein großzügig gebautes Werk, das nicht nur zweckmäßig angelegt war, sondern auch ein menschliches Gesicht hatte. Dies wird wohl am treffendsten durch einen Brief von EMIL FISCHER[24] belegt, der 1907 an DUISBERG schrieb: „Es ist zweifellos die schönste chemische Fabrik, die ich jemals gesehen habe" [18].

CARL DUISBERG wird in diesen Jahren zum großen Wirtschaftsführer. Er veranlaßt oder beschleunigt die Farbenproduktion, den Aufbau der Produktion pharmazeutischer Produkte, die Herstellung anorganischer Grundchemikalien. Er organisiert das Patentwesen und den Aufbau einer ersten Fabrikationsstätte in den USA. Daneben geht er erste Schritte, die der Reinhaltung von Luft und Wasser dienen sollen. Organisatorisch war er vor allem beteiligt an der Gründung eines Interessengemeinschaft (I. G.), dem „Dreibund" zwischen BAYER, BASF und AGFA (1. 1. 1905). In seinem Werk wurde er zum „Patriarchen mit sozialem Programm", der 1905 den 9-Stunden-Arbeitstag einführte. Er kümmerte sich auch um menschengerechte Werkswohnungen und um ärztliche Versorgung. – Daß dies in der damaligen Zeit, bei einem Stundenlohn von 40,2 Pfg. und fast keinem Urlaub nur eine geringfügige Verbesserung in der Arbeitswelt darstellte, muß freilich ebenso angemerkt werden, wie die Tatsache, daß DUISBERG abwertend „Wohlfahrtsprofessor" genannt wurde [23].

Der Kriegsausbruch 1914 traf die chemische Industrie und vor allem auch DUISBERG unvorbereitet. Fast die Hälfte der Belegschaft wurde einberufen, die Produktion ging um die Hälfte zurück, der Farbstoffexport wurde verboten. Auf die Aufforderung, Sprengstoff herzustellen, beschied DUISBERG: Technisch könne man es nicht, und aus Sicherheitsgründen wolle man es nicht. Aber 1916 war dann DUISBERG doch an der Realisierung des sog. Hindenburg-Programms maßgeblich beteiligt, und das bewirkte, daß Kriegslieferungen von BAYER von 0,29% des Umsatzes im Jahr 1914 auf 73,5% im Jahr 1916 stiegen. Die Folgen waren z. B. eine riesige Explosion im Januar 1917 und schließlich die Besetzung des Wer-

---

[24] Vgl. S. 138.

kes Leverkusen durch englische Truppen am 8. 12. 1918. Die Besitzungen in den USA gingen verloren, die Patente wurden beschlagnahmt und vorwiegend an die Firma Sterling-Drug verkauft. Aber schon 1919 konnte DUISBERG wieder mit den USA (Grasselli) und mit Frankreich zu einer ersten Zusammenarbeit kommen. DUISBERG wurde nun das, was man später einen „Erfüllungspolitiker" genannt hat: „Wir müssen den Versailler Vertrag erfüllen, um ihn ad absurdum zu führen" [23].

Schon in den ersten Kriegsjahren wuchs in DUISBERG die Erkenntnis, daß es notwendig sein würde, im und nach dem Kriege etwas zu tun, um die Konkurrenzkraft der chemischen Industrie (er sagte Teerfarbenindustrie) zu erhalten. Er propagierte den Zusammenschluß der wichtigsten Firmen zu einer größeren Interessengemeinschaft. Diese I.G. mit BAYER, BASF, AGFA, Farbwerke HOECHST, CASELLA, CALLE, GRIESHEIM-ELEKTRON und WEILER-TER-MER wurde am 18. 8. 1916 gegründet. Sie entsprach ganz den Plänen von DUISBERG und ließ den einzelnen Firmen weitgehende Handlungsfreiheit, die freilich dann in der Fusion vom 9. 12. 1925 stark beschnitten wurde. Aus einer Interessengemeinschaft wurde 1925 – zunächst gegen den Willen DUISBERGs – ein Konzern mit einer recht komplizierten Struktur [18, 24]. Dieses Gebilde hat das Ende des Zweiten Weltkrieges nicht überlebt, und zwar nicht nur, weil das die Siegermächte so wollten, sondern auch weil es nicht mehr in die veränderte Zeit paßte.

In den Jahren nach dem Ersten Weltkrieg übernahm DUISBERG immer mehr Aufgaben im öffentlichen Leben. Er setzte sich entschieden für die Wissenschaft ein und gründete oder förderte tatkräftig verschiedene Gesellschaften zur Förderung des chemischen Unterrichts, der chemischen Forschung, der chemischen Literatur. Den Stifterverband der Notgemeinschaft der deutschen Wissenschaft (Vorläufer der Deutschen Forschungsgemeinschaft) förderte er so nachhaltig, daß er später Ehrenmitglied dieser Vereinigung wurde. Besondere Bedeutung maß DUISBERG dem Auslandsaufenthalt deutscher Studenten bei, so förderte er schon in den zwanziger Jahren deutsche Werkstudenten in den USA; diese Tätigkeit lebt in der CARL DUISBERG-Gesellschaft fort [25].

Die vielfältige Tätigkeit DUISBERGs als Vorsitzender des Verwaltungsrates der I.G. oder als Förderer der Wissenschaft zu beschreiben, ist hier nicht der Ort. Ein Mensch mit ungeheurer Arbeitskraft, großem Pflichtgefühl, ein Mensch, der viel bewirkt hat und auch hoch geehrt worden ist, schaut uns aus jeder Biographie, die über ihn geschrieben worden ist, an [26].

Am 19. März 1935 starb CARL DUISBERG in Leverkusen.

Der Briefwechsel

Der mit zugängliche Briefwechsel zwischen THEODOR CURTIUS und CARL DUISBERG beginnt im Jahr 1897. CURTIUS befindet sich in Kiel, und er schreibt am 12. 1. an Duisberg wegen der Anstellung eines DR. BRANDES.

12. 1. 1897
Th. C.
Ich frug heute Mittag Prof. Stöhr, ob er nicht daran dächte Ihnen seinen Mitarbeiter Dr. Brandes zu empfehlen, da Sie Chemiker gebrauchten. Stöhr sagte mir er habe schon im Herbst mit Ihnen darüber gesprochen, und *ich* hätte Sie vor der Annahme des Herrn Brandes geradezu gewarnt.

CURTIUS führt dann aus, daß er sich an eine solche Warnung nicht erinnere, und fährt fort:

12. 1. 1897
Th. C.
Es kann sich nur darum handeln, daß dieser Herr, wenn man mit ihm redet, zuweilen sonderbare phantastische Privatbemerkungen macht, welche gar nicht zu dem angeregten Thema passen. In Folge dessen verkehrte er im hiesigen Institut nur mit einigen wenigen Collegen. Ich glaube aber, daß diese Ideenwelt des Herrn Brandes seinen Charakter und sein eigentliches Wesen gar nicht berührt, ich halte sie für eine sogenannte Marotte... Er ist sehr still und fleißig den ganzen Tag mit seinen Arbeiten beschäftigt. Ich glaube, daß er einen ungeheuren Ehrgeiz besitzt und sich mit Feuereifer in jede Aufgabe stürzen würde... Jedenfalls ist Brandes ein zuverlässiger Mensch.

Der Brief ist insofern charakteristisch für CURTIUS, als dieser immer freundliche Worte für Menschen seiner Umgebung zu finden sucht.
DUISBERG antwortet umgehend am 14. 1. 1897:

14. 1. 1897
C. D.
Was den Herrn Dr. Brandes angeht, so habe ich Herrn Professor Dr. Stöhr seiner Zeit klar und deutlich auseinandergesetzt, dass es

bei dem Engagement von Chemikern bei uns nicht nur auf Tüchtigkeit allein, sondern vor allem auch auf Verträglichkeit und guten Charakter ankommt, und daß nach Ihren Mitteilungen, die Sie mir in Frankfurt gemacht haben, dieser Herr nicht voll und ganz den Anforderungen entspricht. Ob ich ihm gesagt habe, Sie hätten gewarnt, weiß ich heute nicht mehr, so viel steht fest, dass, wie Herr Professor Dr. Stöhr mir selbst zugestanden hat, Dr. B. ein eigentümlicher Mensch sei und ich deshalb gern auf dessen Dienst Verzicht leiste. Habe ich doch gerade genug Unannehmlichkeiten mit den älteren in unseren Fabriken befindlichen eigenartig denkenden und fühlenden Chemikern und möchte die Zahl derselben nicht noch vermehrt sehen. Ich bin Ihnen zu grossem Dank verbunden und es liegt im Interesse Ihres Instituts, wenn Sie nur solche Leute warm empfehlen, die nicht nur in Bezug auf Fleiss und Geschicklichkeit, sondern auch in Bezug auf Charakter und Verträglichkeit allen Ansprüchen, die die Technik stellen muss, Genüge leisten. Ich habe mich deshalb seiner Zeit sehr darüber gefreut, dass Sie mich auf die seltsame Charakteranlage des Dr. B. aufmerksam gemacht haben, um die rücksichtslose Empfehlung des Herrn Professor Stöhr parrieren zu können, worauf ich dann ja auch von diesem das Zugeständnis erhielt, daß er allerdings seltsam beanlagt sei. Es ist aber auch selbstverständlich, dass ich Ihren Empfehlungen mehr als denen von Professor Stöhr glaube und deshalb habe ich seiner Zeit Herrn Dr. Brandes, trotz der warmen Empfehlung von Professor Stöhr abgelehnt. Ich muss sagen, ich habe auch heute keine Lust diesen Herrn zu engagieren, selbst wenn er sich gebessert habe. Wir müssen gerade in der Technik und gerade bei den Chemikern auf Verträglichkeit sehen, sonst ist das Zusammenarbeiten der einzelnen Herren, das allein uns heute voran bringt, nicht möglich. Ich bitte Sie also freundlichst zu entschuldigen, wenn ich Dr. Brandes vorläufig nicht nehme.

Diese ausführliche Antwort ist deshalb interessant, weil sich etwas von der Personalpolitik von DUISBERG zeigt, der wohl ein ausgezeichnetes Gespür für Menschen gehabt haben muß. – Immer wieder wird man bemerken, daß CURTIUS sich für Mitarbeiter und Freunde verwendet. Immer wieder wird DUISBERG den Empfehlungen des Freundes eine höfliche, aber klare Ablehnung gegenüberstellen.

1899 zeigt sich dann, daß die Bekanntschaft mit DUISBERG für das CURTIUS'sche Universitätslaboratorium materielle Früchte trägt. CURTIUS schreibt im Januar 1899 aus Heidelberg:

9.1.1899   Einer geschätzten Direktion der Farbenfabrik vorm. F. Bayer u.
Th. C.   Comp. in Elberfeld beehren wir uns für die vielen Zusendungen an
                  Präparaten, die selbige im verflossenen Jahre dem hiesigen Institut
                  hat zukommen lassen, unseren besten Dank auszusprechen.

        Am 9. Februar 1900:

9.2.1900   Wir verfehlen nicht, Ihnen noch nachträglich unseren herzlichen
Th. C.   Dank auszusprechen, daß Sie auch im vergangenen Jahre wieder un-
                  ser Institut durch gütige Übersendung einer Reihe von wertvollen
                  Präparaten zu Unterrichtszwecken und zur Unterstützung wissen-
                  schaftlicher Untersuchungen erfreut haben.

Diese beiden Schreiben mögen stellvertretend für viele stehen; sie sind sympto-
matisch für das Verhältnis von Hochschulinstituten und chemischer Industrie, wie
es um die Jahrhundertwende ihren Anfang nahm und bis heute besteht.

1902 wird es persönlicher zwischen CURTIUS und DUISBERG. Am 25. Oktober
1902 bedankt sich CURTIUS für Bilder v. PECHMANN[25], die DUISBERG geschickt
hat. Er erzählt dann:

25.10.1902   Vom 24. August ab war ich 4 1/2 Wochen in meinem alten Sils
Th. C.   bei besonders herrlichem Wetter, darunter 18 wolkenlose Tage in 3
                  Serien. Ich habe zum Schluß sogar noch ein paar wirkliche Hoch-
                  touren gemacht, darunter sogar einen neuen Übergang vom Forno-
                  zum Ibbiger Thal. Eine Vollmondnacht auf der Fornohütte wird mir
                  unvergeßlich bleiben. Überhaupt geht es mir immer noch ausge-
                  zeichnet, was viel sagen will; denn seit 4. Oktober bin ich Dekan und
                  sitze hier (in Heidelberg M. B.) mit vielem Ärger fest. So bin ich
                  denn auch nicht mehr an den Rhein gekommen und Montag begin-
                  ne ich meine 90 Stunden anorgan. Experimentalchemie abzuklap-
                  pern.

In diesem Brief zeigt sich die Vorliebe von CURTIUS für den Alpensport und
seine Liebe zu Sils Maria und die von ihm und seinem Bruder erbaute Fornohütte
[1].

CURTIUS wird etwa 30mal seine Herbstferien im Engadin verbringen, wo er
sich auch einen Besitz „Moulin vegl" anschafft. Seine Freundschaft mit der
Schweiz findet dann auch seinen Niederschlag in der schon 1877 erfolgten Auf-

---

[25] Vgl. S. 34.

nahme in den Schweizerischen Alpenklub, in der Ehrenmitgliedschaft des Kurvereins Sils und vor allem in der im Juni 1918 erfolgten Verleihung des „großen goldenen Bären für getreue Mitgliedschaft während mehr als 40 Jahren" durch die Sektion Bern des schweizerischen Alpenklubs. CURTIUS hat solche Dokumente ebenso sorgfältig aufbewahrt wie Urkunden über Aufnahmen in Akademien und andere Auszeichnungen!

Im zweiten Teil des oben zitierten Briefes wird deutlich, welcher Unterrichtsbelastung die Hochschullehrer um 1900 vielfach ausgesetzt waren — ohne daß darüber die Forschung vergessen wurde. HUMBOLDT's Konzeption von Forschung *und* Lehre wurde als Verpflichtung angesehen.

Der CURTIUS-Brief vom 25. 10. 1902 enthält noch einen letzten Absatz:

25. 10. 1902
Th. C.

Am 27. ist Zusammenkunft im Domhotel. Hoffentlich ist Willchen auch dabei, wohl sicher, da Mittags Familiendiner... ist. In Sils hatte ich drei Damen und einen Neffen zu beaufsichtigen. Letzterer hat sehr schwere Hochtouren gemacht. Unsere Tafelrunde war sehr fidel und die Damen liefen tüchtig mit, obwohl meine verehrte Freundin Königs auch einen ‚Knacks' weg hat, wie alle Königskinder: ganz rätselhaft! Will soll es wieder besser gehen, aber gesund ist jetzt keiner der lebenden Geschwister mehr.

Der Brief endet:

Hoffentlich geht es bei Ihnen zu Hause gut. Ich denke immer noch mit Freude an den reizenden Abend, den Sie und Ihre Frau mir schenkten. Sagen Sie Ihrer Frau viele Grüße.
Getreu der Ihrige Theodor Curtius

In diesem Abschnitt erwähnt CURTIUS das Treffen von Freunden am „Fest der unschuldigen Kindlein" im Domhotel zu Köln, wo nach DUISBERG [1] sich die am Niederrhein beheimateten Freunde regelmäßig wiedersahen. Nach DUISBERG trafen sich neben ihm selbst CURTIUS, KOENIGS, BREDT, CLAISEN, BLANK, FRIEDRICH BAYER, DARAPSKY, STOLLÉ „bei einfachem Mahl, aber guten Getränken, bei denen der von CURTIUS so sehr geliebte Burgunder nie fehlen durfte".

Mit dem in dem Brief erwähnten ‚Willchen' ist WILHELM KOENIGS gemeint, der am 22. 4. 1851 in Dülken im Rheinland als Sohn des Besitzers einer Flachsspinnnerei geboren wurde. Bei der erwähnten Freundin „Koenigs" handelt es sich um die Schwester von WILHELM K., ELISE KOENIGS. KOENIGS hatte bei KEKULÉ in Bonn, bei A. W. HOFMANN, bei FRESENIUS, bei FINKENER und auch bei BUNSEN studiert; 1875 promovierte er in Bonn. Dann war er Unterrichtsassistent bei A. V. BAEYER in München. In München wurde er auch außerordentlicher Professor (1892); aber seine Dozententätigkeit war nur Nebensache — er las stets nur eine Stunde wöchentlich —; hauptsächlich arbeitete er im Laboratorium auf dem Gebiet der Alkaloide. KOENIGS gehörte nicht wie CURTIUS zu den aktiven Bergsteigern; aber „auch anstrengende Wanderungen auf nicht zu beschwerlichen Bergpfaden liebte er, wenn am Ende ein behagliches Ziel winkte. Forellentürchen nannte er solche Exkursionen, wo dann am Abend zur Belohnung der Mühen die leckeren Fische zum Mahle geboten wurden". [27] WILHELM KOENIGS starb am 15. 12. 1906 bei einem Spaziergang in den Isarauen — sehr betrauert von seinem väterlichen Freund ADOLF V. BAEYER [28] und seinen rheinischen Freunden.

Die Stimmung, die bei den Freundestreffen am „Fest der unschuldigen Kindlein" in Köln geherrscht haben mag, kann vielleicht eine ähnliche gewesen sein, wie sie in dem von KOENIGS verfaßten Gedicht zum Ausdruck kommt [27]:

> Synthetisch, synthetisch stellt alles man her,
> Den Krapp und den Indigo aus pechschwarzem Teer
> Und viel andere Farben, es ist halt ein Graus,
> 　‚Die Seif' und die Sonne hält kaum eine aus.,
>
> Patente, Patente nimmt heut jedermann
> Auf Medikamente und preist laut sie an
> Für Schlaf, gegen Schmerzen und Fieber und Gicht;
> 　‚Es schluckt's der Patiente — gesund wird er nicht.,
>
> Synthetisch der Kaffee, synthetisch der Wein,
> Die Milch und die Butter, das Bier, obendrein.
> Natürliche Nahrung, die find't man fast nie,
> 　‚Der Teufel, der hol' die synthetische Chemie!,

Leider tritt dann in dem überlieferten Briefwechsel eine längere Pause ein. Für DUISBERG war es eine besonders wichtige Zeit, die anbrach. Im Frühjahr 1903 reiste er nämlich mit seinem Freund FRIEDRICH BAYER nach den USA, um Terrain für die Fabrikation pharmazeutischer Produkte zu sichern [17]. Bei dieser Gelegenheit lernte DUISBERG mit Erstaunen und Bewunderung die Trustbewegung in den Vereinigten Staaten kennen, in der man damals ein Allheilmittel dafür sah, eine ruinöse Konkurrenz von Fabrikationsartikeln zu beseitigen, ohne daß sich die Verkaufspreise wesentlich erhöhen sollten. DUISBERG versuchte, einen Zusammenschluß der deutschen Farbenfabriken zu erreichen. Im Januar 1904 verfaßte DUISBERG eine Denkschrift für die „Fusion" der großen Farbenfabriken. Im Februar 1904 kam es zu einer gegenseitigen Information über Vermögen und Bilanzen; aber es zeichnete sich bald ab, daß die Zeit für eine Vereinigung von BAYER, BASF und HOECHST nicht reif war. Außerdem schien es einleuchtend, daß sich nicht die miteinander konkurrierenden Firmen zusammenschließen sollten, sondern solche, die sich ergänzten. Es ist vielleicht nicht uninteressant zu lesen, was DUISBERG dazu schreibt [17]:

C. D.   Mit dem Zusammenschluß solch großer Vereinigungen ... geht es ähnlich wie mit der Ehe. Wenn sich die verschiedenen Partner allzulange betrachten und allzusehr die Umstände, die für und wider eine Vereinigung sprechen überlegen, dann kommt keine Verlobung aber auch keine derartige Firmeneinigung zustande. Dazu gehört ein gewisser Mut der Überzeugung und des Wollens. Von allen Seiten müssen persönliche Opfer gebracht werden, um derartige große Aufgaben zu lösen, zumal wenn, wie ich es wollte, dies nicht in der Not, sondern zu einer Zeit geschehen sollte, wo es unserer Industrie recht gut ging. Schade, daß diese Einsicht und dieser Mut gefehlt haben.

DUISBERG begann dann ein „Liebeswerben" um die BASF in Ludwigshafen und fand in DR. V. BRUNCK[26] einen willigen Partner. Der Brief, den DUISBERG am 30. Juli 1904 an CURTIUS schrieb, läßt von all dem nichts ahnen:

30. 6. 1904   „Elberfeld, den 30. Juni 1904.
C. D.
Lieber Curtius!

Dass Du Deine entzückende Gedächtnisrede auf Victor Meyer drucken und Deinen Freunden ein Exemplar hast zugehen lassen, hat mich ausserordentlich gefreut. Ich habe mich an den hochpoetischen, von Herzen kommenden und zu Herzen gehenden Worten wiederholt gelabt und finde speziell den Schluß, wo das Schicksal allmählich die dunklen Schatten über V. M. ausbreitete, sodass er die Einzelheiten auf dem Kampfplatze des Lebens nicht mehr zu unterscheiden vermochte usw., ausserordentlich packend und schön. Jetzt begreife ich, dass Du mit dem Pechmann'schen Nekrolog unseres Freundes Königs nicht zufrieden bist. So poesievoll ist weder Koenigs noch ich gestimmt, und wer solche Saiten auf der Harfe seines Gemüts nicht besitzt, kann sie auch nicht ertönen lassen. Also herzlichsten Dank für die Zusendung.

Ich habe nunmehr im Hotel Edelweiss in Sils Maria für Ende August bezw. Anfang September für mich und meine Frau Quartier bestellt und freue mich sehr, dann einige Wochen dort mit Dir zusammen sein zu können. An Koenigs schrieb ich, ob er nicht auch in's Engadin kommen wolle, er muss aber leider für 4 Wochen nach Tölz und im September seine Neffen unterhalten, erziehen und beschirmen. Schade!

---

[26] Vgl. S. 179.

Jetzt bin ich wieder wohlauf und fühle mich wesentlich besser
wie früher, sodass ich eigentlich eine Herbsterholung nicht benötige.
Wenn ich trotzdem gehe, so siehst Du daraus, wie vernünftig ich geworden bin.

Mit herzlichsten Grüssen von meiner Frau und mir in treuer
Freundschaft

Dein Carl Duisberg"

In dem Brief erwähnt DUISBERG eine Urlaubsreise. Aus dieser scheint aber
nichts geworden zu sein. Am 27. August 1904 wurden nämlich die Bilanzen von
der BASF (Ludwigshafen) und von BAYER (Elberfeld) ausgetauscht, um gegebe-
nenfalls eine Kooperation einzuleiten. Ohne große Hoffnung auf eine Vereinbarung reiste DUISBERG danach an den Comersee. [17] Erst Ende 1904 kam es dann
zu dem sogenannten „Dreibund" zwischen BAYER, BASF und AGFA.

In diesem Brief wird als erster Punkt die Gedächtnisrede von KOENIGS auf
Freiherrn HANS VON PECHMANN erwähnt. Das Schicksal PECHMANNS bewegte
natürlich DUISBERG und CURTIUS; denn sie hatten in ihrer Ausbildungszeit in
München unter ihm gearbeitet. Der am 1.4.1850 geborene von PECHMANN war
nun am 19.4.1904 gestorben — ein vorzüglicher Chemiker, der seit 1885 Professor in Tübingen war und z. B. über Nitrosoverbindungen, Osazone, Diazoverbindungen gearbeitet hatte.

Interessant ist aber vor allem die in dem Brief erwähnte Gedächtnisrede von
CURTIUS auf VICTOR MEYER, die im folgenden wiedergegeben werden soll;
Die Rede wurde am 21. Dezember 1901 gehalten und 1903 gedruckt.

Sonderabdruck aus „Heidelberger Professoren aus dem 19. Jahrhundert. Festschrift
der Universität zur Zentenarfeier ihrer Erneuerung durch Karl Friedrich." 2. Bd., 1903.

21.12.1901   Hochansehnliche Festversammlung!
Th. C.
Mehr als vier Jahre sind verflossen, seitdem Viktor Meyer aus dem Le-
ben schied. Bezwungen noch vom frischen Schmerze über den Verlust des
noch nicht Fünfzigjährigen, in voller Schaffenskraft Entrissenen, haben
Freunde, Schüler und Kollegen unternommen, die Verehrer des großen Che-
mikers zu einem allumfassenden Kreise zu vereinen, um den Verdiensten des
Heimgegangenen auch äußerlich ein Erinnerungszeichen zu widmen.

Dieser Wunsch ist heute in Erfüllung gegangen: von der Meisterhand eines unserer ersten Bildhauer sehen Sie die Marmorbüste Viktor Meyers auf-
gerichtet in dem Raume, den er selbst erschuf, in welchem er 5 Jahre lang
als einer der ersten seines Faches die Lehren der Chemie vorgetragen hat.

Mit mehr als hundert Unterschriften von Männern der verschiedensten
Berufsklassen bedeckt, sandte im Winter 1897/98 der Heidelberger Ge-

Victor Meyer

schäftsausschuß für die „Viktor Meyer-Ehrung" den Aufruf in die Welt hinaus. Bereits 2 Jahre später war eine so bedeutende Summe eingelaufen, daß die Ausführung einer überlebensgroßen Büste dem Bildhauer Professor *Johannes Pfuhl* in Berlin in Auftrag gegeben werden konnte. Zunächst war die Ausführung in Bronze in Aussicht genommen, dann aber auf Wunsch des Künstlers beschlossen worden, das Bildnis in Marmor zu vollenden. Dasselbe sollte im großen Hörsaale des chemischen Institutes Aufstellung finden, da eine für diesen Zweck besser geeignete Eingangshalle bei der gelegentlich alter Umbauten notwendig gewordenen Ausnutzung der räumlichen Verhältnisse des Institutes nicht vorhanden war.

Die Aufgabe wurde für den Künstler besonders dadurch erschwert, daß kein einziges Profilbild von Viktor Meyer existierte. Professor *Pfuhl* selbst war durch eine glücklicherweise vorübergehende Erkrankung längere Zeit außer stande, den Meißel zu führen. Mit wie liebevoller Hingabe und welch hohem, künstlerischem Erfolge er die ihm gestellte Aufgabe gelöst, darüber werden Sie alle heute mit Befriedigung erfüllt sein. War doch auch keiner wie er, der Viktor Meyer als Verwandter nahe gestanden, mehr dazu berufen, diese Aufgabe zu erfüllen! Des Künstlers Gattin, die Schwester des Verewigten, durfte feinsinnig beratend ihrem Manne bei der Ausführung zur Seite stehen. Die Gattin des Heimgegangenen konnte wiederholt das Werk bei der Weiterführung auf die Porträtähnlichkeit prüfen. Jedenfalls sind wir dem Schöpfer der Büste, der leider heute nicht unter uns sein kann, zu großem, bleibendem Danke verpflichtet; und alle werden dies sein, welche in der Zukunft den herrlichen Kopf Viktor Meyers in diesem Saale zu bewundern Gelegenheit haben.

So sind wir denn heute zusammengetreten, um das schöne Ereignis der Aufstellung dieses Bildnisses von Viktor Meyer festlich zu begehen. Vor mir sehe ich in dieser glänzenden Versammlung eine große Anzahl von Männern, welche es sich nicht haben nehmen lassen, von weither herbeizueilen, um dem Kollegen, dem Freunde, dem Lehrer nochmals eine Huldigung darzubringen. Diesen ganz besonders, wie Ihnen allen, meine hochgeehrten Damen und Herren, sage ich von dieser Stelle aus herzlichen Dank, daß Sie unserer Einladung gefolgt sind.

Zu meinem wirklichen Schmerze war es bei der Beschränkheit des Raumes nicht möglich, auch diejenigen *alle* unter uns zu versammeln, welche als Studierende der naturwissenschaftlich-mathematischen Fakultät angehören, der augenblicklich an Zahl stärksten unserer Ruperto-Carola, unter denen – ich darf es mit Stolz sagen – mehr als 250 sich insbesondere dem Studium der Chemie praktisch hingeben. Ich hätte es mir ganz besonders gewünscht, daß diese zuerst mit uns heute den Blick auf das Bildnis unseres Viktor Meyer gerichtet hätten, auf das Bild des Mannes, welchem sie bei ihrem Studium immer wieder Anregung zu chemischer Erkenntnis verdanken.

In der letzten Sitzung hatte der Ausschuß der „Viktor Meyer-Ehrung" einstimmig beschlossen: zur Verherrlichung der heutigen Stunde Herrn Professor *Ludwig Gattermann* in Freiburg zu bitten, in dieser Versammlung die Gedächtnisworte zu sprechen, als den Mann, der Viktor Meyer als eigenster Schüler, als treuester Arbeitsgenosse und Freund in Göttingen und Heidelberg zur Seite gestanden. Leider wurde uns dieser Wunsch nicht erfüllt. Danach wurde diese Aufgabe mir zugewiesen, der ich dem verewigsten Meister persönlich nur in wenigen, wenn auch sehr glücklichen Augenblicken im Leben nahe treten durfte.

Mit schwerem Bedenken habe ich mich diesem Beschlusse unterzogen, wohl wissend, daß ich die mir gestellte Aufgabe nur unvollkommen lösen kann. Wenn ich es trotzdem versuche, so nehmen Sie dies, hochgeehrte Anwesende, als den Ausdruck eines dankbaren Herzens hin, dankbar diesem hochbedeutenden Manne, der mit mittelbar so sehr viel Förderung hat angedeihen lassen, und von dem ich weiß, daß er mich gerne an seiner Stelle hier weiterwirken sieht.

Viktor Meyer [1] wurde am 8. September 1848 in Berlin geboren, wo sein Vater eine Kattunfabrik besaß. Ihm, wie seinen Geschwistern konnten die Eltern eine ausgezeichnete Erziehung angedeihen lassen. Von seinem fünften Jahre an erhielt er Privatunterricht und trat bereits mit 10 Jahren in die Tertia des Friedrichwerderschen Gymnasiums ein. Mit 16 Jahren schon bestand er die Abiturientenprüfung. Bemerkenswert ist, daß er während der Studien auf dem Gymnasium sich keineswegs in besonderem Maße zur Mathematik oder Physik hingezogen fühlte, trotz anregendem Unterricht, den

---

[1] Ein großer Teil der nachfolgenden Daten aus dem Leben Viktor Meyers wurde der Gedächtnisrede seines Freundes Professor *Karl Liebermann* in Berlin entnommen, gehalten in der Sitzung der Deutschen chemischen Gesellschaft vom 11. Oktober 1897. Vgl. Ber. d. D. chem. Ges. XXX, 2158 u. ff.

er in diesen Disziplinen genoß. Auch experimentierte er nicht, wie so manche Knaben in diesen Jahren. Vielmehr trieb er mit Begeisterung literarische Studien, und sein sehnlicher Wunsch wurde: Schauspieler zu werden. Nur mit Mühe konnte die Familie diesen Wunsch allmählich in ihm unterdrücken.

Für die chemisch so bedeutsame Fabrikation seines Vaters, für welche der ältere Bruder Richard, jetzt Professor der Chemie in Braunschweig, Chemie studierte, zeigte Viktor wenig Interesse. Gelegentlich eines Besuches in Heidelberg entschied er sich aber ganz plötzlich für das Studium der Chemie, zugleich mit dem Wunsche, Dozent zu werden. Von da ab gab er sich diesem Entschlusse mit der ihm eigenen Energie rückhaltlos hin. Nach kurzem Studium in Berlin ging er zu *Bunsen* nach Heidelberg. 1867, noch nicht 19jährig, promovierte er dort. Bunsen hatte den jungen, sorgfältigen Arbeiter so schätzen gelernt, daß er ihn als Assistenten anstellte, um Analysen von Mineralquellen nach des Lehrers neuer Methode auszuführen.

1868 wandte sich V. Meyer nach Berlin zurück. Dort hatte *Adolf Baeyer* ein kleines organisches Laboratorium an der Gewerbeakademie inne. Die wenigen Praktikanten bildeten mit dem jungen Professor einen intimen Freundeskreis. Die meisten derselben waren mit eigenen wissenschaftlichen Arbeiten beschäftigte junge Doktoren, von denen viele die Dozenten-Laufbahn ergreifen wollten. Der Stern *Adolf Baeyers* war damals in hellstem Aufgange begriffen. Männer wie *Graebe* und *Liebermann* waren die Assistenten. Kein Wunder, daß in diesem kleinen Staate ein außerordentlich anregendes wissenschaftliches Leben herrschte. Drei Jahre blieb Viktor Meyer dort. Lebenslängliche Freundschaft verband ihn seitdem mit seinem Lehrer *Adolf Baeyer.* Zu derselben Zeit stand *A. W. Hofmann* an der Spitze seines neuen großen Berliner chemischen Institutes, er selbst auf der Höhe seines Ruhmes; zahllose Chemiker strömten zu ihm. In den wissenschaftlichen Laboratorien der Hauptstadt wurden die wichtigsten Entdeckungen gemacht, die der Technik große Erfolge versprachen – ich erinnere nur an die Synthese des Alizarins durch *Graebe* und *Liebermann* –, in der neugegründeten Deutschen chemischen Gesellschaft fanden sich alle wissenschaftlichen und technischen Kreise zusammen. Wie sollte unter so günstigen Verhältnissen ein junger Feuergeist wie Viktor Meyer nicht die denkbar beste Ausbildung gefunden haben! *Baeyer* erkannte die außerordentliche Begabung Viktor Meyers sehr bald. Viktor Meyers persönliche Eigenschaften gewannen sich die Herzen aller, die mit ihm in Berührung kamen. Seine Belesenheit und sein wunderbares Gedächtnis wurden sprichwörtlich im Laboratorium. So erscheint denn auch unser junger Gelehrter schon nach zwei Jahren mit einer interessanten Abhandlung in *Liebigs* Annalen, in welcher er die Umwandlung von Sulfosäuren in Karbonsäuren mittelst ameisensauren Natriums lehrte. So trat er in den damals höchst aktuellen Kampf um die Ortsisomerie bei den Benzolderivaten ein und lieferte eine Reihe der wertvollsten Entdeckungen für die Klärung dieser brennenden Frage.

Auf *Baeyers* Empfehlung berief *H. v. Fehling* unseren Gelehrten an das Polytechnikum nach Stuttgart, um dort als 23jähriger Professor Vorlesungen über organische Chemie zu halten. Hier entdeckte Viktor Meyer das Nitroaethan und dessen Isomerie mit dem Salpetrigsäureester.

In dieser Zeit trat für den jungen Forscher die entscheidendste Wendung seines Lebens ein. Der bekannte Schweizer Schulpräsident *Kappler* reiste an den deutschen Hochschulen herum, um einen Ersatz für den von Zürich nach Würzburg berufenen Chemiker *Johannes Wislicenus* zu suchen. Da pflegte er denn incognito in den Vorlesungen zu sitzen, und, obwohl er von Chemie nichts verstand, mit wunderbarem Scharfblick seinen Mann zu entdecken. Wohl den besten Griff, den er dabei je an einem Chemiker machte, war der an der Person Viktor Meyers, den er als Direktor des analytischen eidgenössischen Laboratoriums und 24jährigen ordentlichen Professor nach Zürich verpflichtete.

So stand Viktor Meyer nunmehr an der Spitze eines großen eigenen Institutes. Hier in Zürich, wo er im ganzen 13 Jahre verlebte, begründete er auch alsbald sein Heim mit der Gefährtin seiner Jugend, *Hedwig Davidson.* Außerordentliche Begabung als Lehrer wie als Forscher führten Viktor Meyer schnell in die allererste Reihe der Fachgenossen. Eine glänzende Arbeit folgte der anderen.

Die Synthese der Nitroparaffine[1] hatte den Glauben, daß nur in der aromatischen Reihe Nitrokörper möglich sind, gestürzt.

In Anschluß daran trat die Entdeckung der Nitrolsäuren und Nitrole, der Nitrosoketone. So ganz nebenbei wird ein Diazotierungsverfahren mitgeteilt, das noch heutzutage im Laboratorium und in der Technik üblich ist. Und nun weiter die gefeierte Entdeckung einer Methode zur Auffindung der Molekulargröße der chemischen Substanzen: die sogenannte „Dampfdichtebestimmung nach Viktor Meyer!" *Wenn man bedenkt, daß damals und noch lange nachher eine solche Dampfdichtebestimmung der einzige Weg war, die Molekulargröße eines Körpers festzustellen, wenn man sich ferner vor Augen hält, daß bei allen bis dahin bekannten Methoden zur Bestimmung der Dampfdichte die genaue Kenntnis der Temperatur notwendig war, so daß jede bei hoher Temperatur auszuführende Bestimmung zu einer mit den größten Schwierigkeiten verknüpften Operation wurde, so kann man das Aufsehen ermessen, welches das Bekanntwerden von V. Meyers Luftverdrängungsverfahren hervorrief. Hier war eine Methode entdeckt, die weit einfacher als alle bekannten war und dabei den großen Vorzug besaß, daß eine genaue Temperaturbestimmung überflüssig wurde. Damit war der Weg gegeben, um die Molekulargröße von sehr schwer flüchtigen Körpern festzustellen, wobei in rascher Folge die des Zinnchlorürs, des Kupfer-

---

[1] Vgl. über die folgenden wissenschaftlichen Angaben die ausgezeichnete Rede von V. Meyers Schüler und Mitarbeiter *H. Goldschmidt* (jetzt Professor der Chemie a. d. Univ. Christiania) „Zur Erinnerung an Viktor Meyer", gehalten am 16. November 1897 in der chemischen Gesellschaft zu Heidelberg. Druck von J. Hörning. Die mehr oder weniger wörtlich entnommenen Stellen sind zwischen * eingeschaltet.

und Eisenchlorürs aufgefunden wurde. * Es entwickelte sich so die „Pyrochemie", mit deren Problemen sich Viktor Meyer 21 Jahre lang bis zu seinem Tode immer wieder von neuem beschäftigt hat. Am meisten Aufsehen hat nicht nur in der chemischen, sondern auch in der wissenschaftlich gebildeten Welt überhaupt die Anwendung seiner pyrochemischen Methode auf die Erkenntnis des Verhaltens der Halogene bei hohen Temperaturen gemacht. Es ergab sich die höchst interessante Tatsache, daß das Halogenmolekül bei hoher Temperatur sich in Atome auflöst, und zwar das des Jods leicht, das des Bromes schwieriger. Das Chlormolekül erschien erst über 1400° partiell in Einzelatome zerfallen.

Diese pyrochemischen Arbeiten in einem anfangs völlig ungeeigneten Feuerlaboratorium, in dem bei einer Temperatur von 50 °C. stundenlanges Verweilen erforderlich war, hatten Anfang der 80er Jahre den Gesundheitszustand V. Meyers schwer geschädigt. Es dauerte Jahre, bis er wieder mit größerer Frische sich seinen Pflichten und Arbeiten widmen konnte.

Neben solchen pyrochemischen Arbeiten führte er aber trotzdem noch eine Fülle der wichtigsten Untersuchungen aus, die zu überaus gefeierten Entdeckungen auf dem Gebiete der organischen Chemie führten. V. Meyer ließ von einem Thema, das ihn einmal gefesselt hatte, niemals wieder ganz ab, und so beschäftigten ihn aufs neue z. B. organische Probleme, welche im Zusammenhange mit seinen alten Nitroarbeiten standen. Dies führte ihn auf Wegen, die dem Kenner höchste Bewunderung vor dem Scharfsinne des Forschers abnötigen, zur Entdeckung der Fähigkeit des Hydroxylamins, auf Karbonylsauerstoff einzuwirken. So wurden die Ketoxime und Aldoxime entdeckt, mittelst derer man wichtige Konstitutionsfragen in sauerstoffhaltigen organischen Verbindungen nunmehr allgemein zu lösen lernte. * So hat z. B. V. Meyers „Hydroxylaminreaktion" unsere Ansichten über die Konstitution wichtiger Farbstoffe wesentlich geklärt, sie hat dazu beigetragen, daß die Chemie der Terpene und des Kamphers sich erfolgreich entwickeln konnte. *

Ich muß mir leider versagen, näher auf diese interessanten Arbeiten im einzelnen einzugehen. Nur eine große Entdeckung des genialen Forschers möchte ich Ihnen hier kurz vorführen. Dieselbe hat einmal den Ruhm Viktor Meyers auch in weitere Kreise von Nicht-Fachmännern getragen, dann aber zeigt uns die Weise, wie sie erfolgte, die Eigenart der Tätigkeit Viktor Meyers als Forscher auf dem Gebiete der Chemie in einem so glänzenden Lichte, wie kaum eine andere. Es ist dies die Entdeckung des Thiophens, welche fast unmittelbar auf die der eben erwähnten „Hydroxylaminreaktion" folgte: *V. Meyer war im Herbst 1882 vom schweizerischen Schulrate der Auftrag geworden, das Kolleg über Benzolderivate, das durch den Tod seines Freundes Weith erledigt war, zu übernehmen. Kam ihm auch diese Vermehrung seiner ohnehin großen Arbeitslast nicht gerade erwünscht, so sollte dies doch der Anstoß zu jener Entdeckung werden, die vielleicht als seine glänzendste zu bezeichnen ist. Als er in einer dieser Vorlesungen seinen Hörern die von *Baeyer* entdeckte sogenannte Indopheninreaktion des Benzols vorführen wollte, reichte ihm sein Assistent *Sandmeyer* eine Benzolprobe, die in der Vorlesung selbst aus reiner Benzoësäure hergestellt war. Die Reaktion – eine nicht zu übersehende Blaufärbung – trat nicht ein. Als aber Benzol aus der Vorratsflasche genommen wurde, erfolgte die Blaufärbung sehr deutlich. Tausend andere wären an dieser Erscheinung einfach vorbeigegangen. Nicht so Viktor Meyer. Noch am gleichen Tage begann er die Nachforschungen nach dem zweiten Benzol, wie er sich damals ausdrückte, das im gewöhnlichen Benzol existieren mußte und die Indopheninreaktion bewirken sollte. * Alles käufliche Benzol ergab die Blaufärbung, ebenso das im Laboratorium aus Benzoësäure, die aus dem Steinkohlenteer herstammte, gewonnene Benzol. Als aber Benzol aus einer Benzoësäure, welche im tierischen Organismus produziert war, untersucht wurde, blieb die Blaufärbung wieder aus. *Und so war nachgewiesen, daß der Urheber der Indopheninreaktion im *Steinkohlenteer* enthalten sein müsse. Die vorhin erwähnte erste Beobachtung war Ende November gemacht worden. Zu Weihnachten wußte man bereits, daß man es hier mit einer schwefelhaltigen Beimengung des Benzols zu thun hatte, und daß das Indophenin selbst, was bisher übersehen war, Schwefel enthielt. Für die Darstellung des neuen Körpers bot sich ein Weg in der Beobachtung, daß das Teerbenzol beim Schütteln mit Schwefelsäure die Fähigkeit, die Reaktion zu geben, verlor. Die neue Verbindung mußte also in die Schwefelsäure übergegagnen sein und ließ sich in der Tat daraus in konzentiertem Zustand wiedergewinnen. Da aber das Teerbenzol höchstens 1/2% des neuen Körpers enthielt, so mußte nach vielen vergeblichen Bemühungen schließlich aufgegeben werden, denselben im Laboratorium herzustellen. Dies gelang erst, als eine Farbenfabrik übernahm, 250 l Benzol mit Schwefelsäure auszuschütteln, und das Säuregemenge in die Bleisalze der Sulfosäuren zu verwandeln. Aus diesem Material ließ sich auf immer noch mühseligem Wege die neue Verbindung isolieren, die Viktor Meyer erst Thianthren, dann Thiophan, Thiol und schließlich Thiophen nannte. Die Arbeit, in der das reine Thiophen zum erstenmal beschrieben ist, trägt das Einlaufdatum: 11. Juni 1883. In einem halben Jahr also war die ganze, mit den größten Schwierigkeiten verknüpfte Untersuchung ausgeführt. * Nun galt es weiter, eine *Chemie* des *Thiophens* zu entwickeln gleich der des Benzols. Auf der Schweizer Naturforscherversammlung konnte noch im selben Sommer Viktor Meyer eine ganze Reihe von Thiophenderivaten vorzeigen, welche durch ihre höchst überraschende Ähnlichkeit mit den entsprechenden Benzolderivaten die größte Bewunderung erregten. Im weiteren Verlaufe der Untersuchungen gelang es allerdings nicht, auch eine Chemie des Thiophenins der des Anilins an die Seite zu stellen, aber nach 5 Jahren schon ließ V. Meyer „das Thiophen" als besonderes Buch erscheinen, welches den Extrakt von mehr als 100 Abhandlungen über Thiophenverbindungen enthielt, welche alle in dieser kurzen Zeit von ihm mit seinen Schülern fertiggestellt worden waren.

Zu solcher Arbeitslast trat im Winter 1883/84 der Neubau des chemischen Laboratoriums am Züricher Polytechnikum hinzu. Dieses Übermaß von Anspannung ließ ihn am Ende desselben Winters bedenklich erkranken. Gegen Schluß des Sommersemesters 1884 traf den immer noch Leidenden die Berufung nach Göttingen. Erst nach einer Reise an die Riviera im Winter 1885 fühlte er sich soweit wiederhergestellt, daß er mit Beginn des Sommers seinen neuen Wirkungskreis in Göttingen übernehmen konnte. Zahllose Zeichen von Liebe und Verehrung wurden dem von Zürich Scheidenden dargebracht.

In Göttingen galt es aber aufs neue zu bauen! Der Umbau des alten Wöhlerschen Instituts zog sich bis 1888 hin und nahm eine großen Teil der Arbeitskraft Viktor Meyers in Anspruch. Trotzdem entstammen dieser Zeit zahlreiche wichtige Arbeiten verschiedenster Art. Unter besseren äußerlichen Verhältnissen als in Zürich nahm er die pyrochemischen Versuche von neuem auf. Es gelang ihm, die Molekulargröße des Zink-, Wismut-, Antimon- und Thalliumdampfes zu untersuchen und festzustellen, daß auch hier sich Andeutungen dafür ergeben, daß bei genügend hoher Temperatur Molekül und Atom dieser Elemente identisch sein müssen. – Auf die weiteren großen Arbeitsgebiete der Göttinger Zeit – ich nenne nur die Untersuchungen über die isomeren Benziloxime – verbietet uns hier die Zeit näher einzugehen. *Wenn wir heute eine Stereochemie des Stickstoffs vermuthen müssen, die sich der Stereochemie des Kohlenstoffs an die Seite stellen läßt, so verdanken wir hauptsächlich den zuletzt erwähnten Arbeiten Viktor Meyers diese Erkenntnis.*

Eines darf ich hier nicht unerwähnt lassen: die Gabe, welche die chemische Wissenschaft der Göttinger Arbeitsperiode V. Meyers in Gestalt des so berühmt gewordenen Lehrbuches der organischen Chemie verdankt. Lange hatte er alle Aufforderungen, ein solches Lehrbuch zu schreiben, abgelehnt. Erst in Göttingen nahm er dasselbe in Angriff, als er in *Paul Jacobson* einen hervorragenden Mitarbeiter zu diesem Zwecke gefunden hatte. Von diesem Buche, welches ein wirkliches Lehrbuch, nicht Handbuch der Chemie ist, konnte der Verfasser leider nur noch den 1. Teil vollenden. In Bezug auf Klarheit der Darstellung, vollendete Form und vor allem in Bezug auf kritische Durcharbeit des Materials steht dieser Torso heute noch mustergültig und unerreicht da.

1889 hatte der unvergleichliche Altmeister der Chemie, *Robert Bunsen*, in Heidelberg sein Amt niedergelegt. An Viktor Meyer erging der Ruf, das Erbe des fast Achtzigjährigen anzutreten. Es ist nach meiner Ansicht eines der vielen großen Verdienste des alternden Meisters um die Heidelberger chemische Schule, daß er sich selbst diesen jugendlichen Nachfolger wünschte, dessen bedeutendste wissenschaftliche Leistungen auf dem Bunsen selbst sehr fremd gebliebenen Gebiete der modernen organischen Chemie lagen.

Viktor Meyer mußte diese Berufung in große Erregung versetzen. Einerseits war er der preußischen Unterrichtsverwaltung zu Dank verpflichtet: der Umbau des alten *Wöhlerschen* Institutes stand nach seinen eigenen Intentionen und Plänen vollendet in Göttingen da, bereit, dem Meister eine würdige Stätte des Forschens und Lehrens zu bieten. Andererseits lockte die Zusage der badischen Regierung: das veraltete *Bunsensche* Institut nach allen weitgehendsten Wünschen umzuformen und zu erweitern. – Ich glaube, daß es „Alt Heidelberg" war, welches den Meister in seine Arme zog. Hatte doch auch der große Chemiker *Kekulé* in Bonn, der vom Sonnenglanz des Erfolges wie kaum ein zweiter Umstrahlte, seinen Freunden gestanden, daß er sich als letzte Gunst des Schicksals wünsche, einem Ruf nach Heidelberg Folge leisten zu dürfen. Wer könnte sich diesem Wunsche entziehen, zumal wenn er die Erinnerung an glückliche Jahre des Lernens und Genießens auf diesem herrlichen Fleckchen Erde sein eigen nennen darf? Und wer erst, der hoffen darf, mit der geliebten Fau in dieser Herrlichkeit deutscher Landschaft zu leben, den heranblühenden Kindern die Wunder derselben darbieten zu dürfen!

Viktor Meyer kam. Er kam vertrauend auf seinen Stern, obwohl er wußte, daß ihm aufs neue eine Zeit riesiger körperlicher und geistiger Anspannung bevorstand, um neben seinen wissenschaftlichen Aufgaben zu dem großen Ziele zu gelangen: auch der chemischen Forschung in Heidelberg den Stempel der an den meisten anderen großen Hochschulen längst bis zu höchsten Blüte gelangten *organischen Chemie* aufzuprägen.

Zunächst galt es ein moderner Institut zu schaffen. Das berühmte Laboratorium *Bunsens* mußte ausgedehnt oder ganz erneuert werden. Obwohl die Regierung sich bereit erklärte, den letzteren Weg zu beschreiten, zog Viktor Meyer vor, wohl hauptsächlich um ein neues Institut nicht zu weit von den nahe verwandten der naturwissenschaftlichen Disziplinen, aber auch der Physiologie und Anatomie zu entfernen, das alte *Bunsen*laboratorium zu erweitern.

Zunächst wurde sofort ein Barackenbau provisorisch geschaffen, um die erhöhte Anzahl der Studierenden aufzunehmen. Im übrigen stellten sich fast unlösbare Schwierigkeiten der Ausführung der Idee des Erweiterungsbaues entgegen. Nur ein verhältnismäßig sehr knapper Platz konnte ausgenutzt werden, um Räume zu schaffen, welche neben dem großen Hörsaale, in welchem ich Sie, hochgeehrte Versammlung, heute zu begrüßen die Ehre habe, und den vielen Nebenräumen die doppelte Anzahl von Arbeitsplätzen für Praktikanten liefern sollten, als in dem alten Bunsenschen Institute vorhanden waren. V. Meyer hat die denkbar zweckmäßigste Ausnutzung des ihm zu Gebote gestellten Raumes in wahrhaft genialer Weise erreicht. 1892 konnte der „Neubau" mit mehr als 60 Arbeitsplätzen, die aber alsbald mit circa 90 Praktikanten besetzt werden mußten, in Betrieb genommen werden.

Nur wenige Nichtchemiker, welche über den Wredeplatz durch die Akademiestraße gehen und die gefälligen architektonischen Linien des von *Bunsen* anfangs der fünfziger Jahre errichteten alten Institutes betrachten, werden eine Ahnung haben, wieviel Chemie heute dahinter noch, *unsichtbar* von der Straße, getrieben wird. Auch der von V. Meyer erbaute 40 Meter hohe Kamin, der die chemischen Dünste für die Umgebung unschädlich machen soll, wird nicht allen von Ihnen persönlich bekannt sein; die Glücklichen, die an schönen Sommertagen auf den naheliegenden Höhen des Gaisberges sich der Schönheit der Heidelberger Landschaft mit ihrem erquickenden Waldeshauch erfreuen, ahnen wohl kaum, welch ein Hexenkessel von bösesten Düften der Wissenschaft zu Ehr und Nutzen aus dem kleinen Gebäudekomplex zu ihren Füßen, von 200 lernbegierigen Menschen angefacht, emporbrodelt. (Das war damals Umweltschutz! M. B.)

Mit rastloser Energie ging Viktor Meyer an die Arbeit. Die neuesten eigenen Erfahrungen an dem von ihm gebauten Züricher und Göttinger Institut wurden verwertet und ergänzt. Sein Schüler *Gattermann* ist in dieser Zeit der Hauptgenosse seiner Bausorgen und hilft ihm getreulich an der Vollendung des Werkes. Alle Pläne runden sich mit Hülfe der Liberalität der Unterrichtsverwaltung unter kundiger Fachleitung zu schönstem Gelingen.

Und nun strömten die Schüler herbei, um unter des neuen Meisters Leitung Chemiker als Praktiker oder als Lehrer zu werden. Doch schon mit der Eröffnung des so großartig erweiterten Instituts genügten die Arbeitsplätze nicht mehr, um den Ehrgeiz der sich um Viktor Meyer scharenden studierenden Jugend zu befriedigen. Der Meister plante eine neue Erweiterung des Institutes, welche vor allen Dingen dem chemischen Bedürfnis der Mediziner zugute kommten sollte. Er durfte die Ausführung seines Wunsches nicht mehr erleben. Aber heute steht trotzdem in seinem Geiste, wenn auch nicht nach seinen Plänen ausgeführt, der seit Jahresfrist in Betrieb gesetzte sogenannte „Medizinerbau" vollendet da und bietet 32 Studierenden der Medizin oder Chemie nach modernsten Gesichtspunkten Gelegenheit zu ihren Studien. Dieser Bau füllt das letzte freie Eckchen des zur Verfügung stehenden Bodens aus, ganz unsichtbar dem die Straßen Heidelbergs durchwandernden Fremden.

Aber noch eine zweite, wichtige Aufgabe fiel Viktor Meyer mit Antritt seiner Stellung als Lehrer in Heidelberg zu: eine durchgreifende Reform der Ausbildung der älteren Studierenden für das als naturgemäßen Schluß des Studiums der Chemie sich ergebende Doktorexamen herbeizuführen. Schon seit Jahrzehnten bestand nach *Liebigs* Vorgang an fast allen chemischen Instituten der Universitäten der Gebrauch: die Studierenden in den letzten zwei oder drei Semestern ihres Studiums dadurch fertig auszubilden, daß der Lehrer dieselben an dem Weitergange seiner eigenen Forschungen in Gestalt von wissenschaftlich durchzuführenden Aufgaben teilnehmen läßt. Dadurch allein kann die Selbständigkeit des Denkens und des Lösens von Problemen erzielt werden. In Heidelberg wurde bis zu Viktor Meyers Eintritt in den Lehrkörper ein solches schriftliches specimen acuminis, eruditionis et diligentiae von den Chemikern nicht verlangt.

Dadurch, daß nunmehr diese Forderung in Gestalt der gedruckten wissenschaftlichen Dissertation an die Doktoranden gestellt wurde, erwuchs V. Meyer aber eine ungeheure Arbeitslast. Eine übergroße Anzahl von Chemikern eilte nach Heidelberg, um durch Lösen einer eigenen wissenschaftlichen Aufgabe sich die Anwartschaft auf den Doktorhut in einer den übrigen Hochschulen ebenbürtigen Weise zu erwerben. In den letzten Jahren seines Wirkens sollten die Fäden von oft nahezu 100 verschiedenen wissenschaftlichen Untersuchungen in dem Kopfe dieses *einen* Meisters zusammenlaufen! Daß dies nicht möglich ist, liegt auch für den Laien auf der

Hand. Aber Viktor Meyer verstand mit wunderbarem Scharfblick diejenigen seiner älteren Schüler und Mitarbeiter dauernd an sich zu fesseln, deren hohe Begabung er frühzeitig erkannt, welche er selbst zu wissenschaftlicher Selbständigkeit ausgebildet hatte. So erschien er in Heidelberg auf dem chemischen Kampfplatze mit einem Stabe von ausgezeichneten Gelehrten und bereits selbständig forschenden Schülern, um welche ihn die Leiter der Institute aller anderen Hochschulen geradezu beneiden mußten. Ich brauche nur die Namen *Jannasch, Gattermann, Auwers, Knoevenagel, Goldschmidt* zu nennen. In diesen Männern fand er die geeignete Unterstützung bei der Bewältigung der ihm aufgebürdeten, enormen Arbeitslast.

Meine hochgeehrten Damen und Herren! Viktor Meyer sind während seines arbeitsamen, erfolgreichen Lebens die höchsten Anerkennungen und Auszeichnungen zuteil geworden; die größte aber, die meines Erachtens einem Lehrer zuteil werden kann, aber in diesem Maße kaum je wird, hat er leider nicht mehr erleben dürfen: in dem Zeitraume von kaum zwei Jahren sind vier dieser seiner bedeutendsten Mitarbeiter und Schüler als ordentliche Professoren und Institutsdirektoren an Hochschulen des In- und Auslandes berufen worden! Wenn ich als sein Nachfolger drei dieser hochverdienten Männer aus dem Institute mit schwerem Herzen habe ziehen lassen müssen, so hat mich im stillen wenigstens immer ein Gedanke freudig bewegt: welche Genugtuung Viktor Meyer darüber hätte empfinden müssen, daß die von ihm als Lehrer gestreute Saat auch diesen glänzenden Erfolg vor aller Welt gebracht hatte.

Wie bitter müssen diese treuen Gefährten den Tod des Meisters empfunden haben! Einer derselben, *Heinrich Goldschmidt,* hat von dieser Stelle aus in einer Sitzung der Heidelberger chemischen Gesellschaft kurz nach dem Tode Viktor Meyers diesem Gefühle mit den wenigen, unnachahmlichen Worten Ausdruck gegeben: „Viktor Meyer ist nicht mehr, und wir müssen trachten, uns nach und nach in das Unabänderliche zu finden. In unserem Schmerze wollen wir es aber doch dankbar als ein Glück empfinden, daß es uns vergönnt gewesen ist, mit einem solchen Manne zusammenzuleben."

In diesem Strudel didaktischen Wirkens in Heidelberg finden wir Viktor Meyer trotzdem in die Ausführung alter und neuer wissenschaftlicher Probleme vertieft.

*Sein Wunsch, an der Stätte, wo sein geliebter Lehrer *Bunsen* vor ihm gewirkt hatte, sein bestes Können zu entfalten, ging in Erfüllung. In den ersten Jahren in Heidelberg beschäftigten ihn noch die Untersuchungen über die Isomerie der Oxime, ferner vom physikalisch-chemischen Standpunkte aus interessante Versuche über Knallgas und die Zersetzung des Jodwasserstoffs. Wichtige Gesetzmäßigkeiten über die Substitution von Wasserstoff durch Halogene in Fettkörpern wurden aufgefunden, die pyrochemischen Arbeiten von neuem aufgenommen. Letztere führten zu einer einfachen Methode, die Schmelzpunkte sehr schwer schmelzbarer Substanzen zu bestimmen. Die größte wissenschaftliche Tat, welche er in den letzten acht Jahren seines Lebens ausführte — nach meiner Ansicht die schönste Arbeit des Meisters überhaupt –, bilden aber seine klassischen Untersuchungen über jene jodhaltigen Substanzen, welche er uns als *Jodoso-, Jodo-* und *Jodoniumverbindungen* kennen lehrte. Mit wunderbarem Scharfblicke erkannte er in jenen neuen Stoffen Eigenschaften, welche nach der Theorie in keiner Weise vorhergesehen werden konnte. Wer hätte voraussagen können, daß sich vom Jodbenzol oder der o-Jodbenzoësäure Sauerstoffverbindungen ableiten, welche sich den Nitroso- und Nitroverbindungen in der Reihe der stickstoffhaltigen Körper an die Seite stellen? Und geradezu unmöglich war vorauszusehen, daß den Verbindungen von der Konstitution der Jodoniumkörper Basen zu Grunde liegen, die hinsichtlich der Stärke den Alkalien gleichen und in einzelnen Reaktionen an die Thalliumverbindungen erinnern! – Das *Estergesetz,* das gleichfalls den letzten Arbeitsjahren entstammt, ist ein kühner Versuch, die Geschwindigkeit der Esterbildung einer Säure mit deren Konstitution in Zusammenhang zu bringen. Ist auch die Annahme, daß die räumlichen Verhältnisse dabei eine Rolle spielen, nicht streng bewiesen und vielleicht überhaupt nicht beweisbar, so wurde doch bei dieser Arbeit eine, wie es scheint ganz allgemeine Gesetzmäßigkeit für die Geschwindigkeit der Esterbildung bei aromatischen Säuren aufgefunden.

Noch eine merkwürdige, kleine, aber sehr reizvolle Entdeckung stammt aus dieser Zeit: der Forscher wies mit großem Scharfsinn nach, daß entgegen allen Vermutungen bei der Oxydation von Wasserstoff oder Kohlenoxyd mit Permanganat Sauerstoff frei wird. Kaum einer außer ihm wäre wohl auf den Gedanken gekommen, daß das bei diesen Oxydationsprozessen übrigbleibende Gas aus Sauerstoff bestehen könnte.

Die letzte Arbeit, welche Viktor Meyer noch zu völligem Abschlusse brachte, war die Untersuchung des Mesitylen aus Aceton. Es waren Zweifel dagegen laut geworden, daß der wohlbekannte Körper einheitlicher Natur sei. Er wünschte mit dem ihm eigenen, außerordentlich fein entwickelten Gerechtigkeitsgefühl, wie er sich ausdrückte, „die Ehre des Mesitylen zu retten". Und er rastete nicht, bis er nachgewiesen, daß die Umlagerungen, welche man bei den Umsetzungen des Mesitylen angenommen hatte, nicht existieren. *

So baut sich das Lebenswerk Viktor Meyers als Forscher und Lehrer vor uns auf, begründet auf großen originellen Gedanken und Entwürfen, die er mit kühner, gewissenhafter Arbeit und glänzender Experimentierkunst bis zum äußersten Ziele zu verwirklichen sich bestrebt. Unerreichbar war er in der Kunst, die schwierigsten Probleme in leicht faßlicher und dabei formvollendeter Art darzulegen. Vorlesungen wirken nur anregend, wenn der Lehrer selbst große Freude daran hat, wenn er selbst in ihnen „etwas erlebt", wenn er selbst dabei manche neue Anregung erhält. Viktor Meyer besaß diese Freude am Vortrage, wie am Experimentieren in der Vorlesung im höchsten Maße.

Es machte ihm aber auch Freude, chemische Probleme vor weiteren naturwissenschaftlichen und medizinischen Kreisen vorzutragen. Zeugnis davon geben seine Reden bei Gelegenheit der Versammlungen der Naturforscher und Ärzte, Reden oft von kühnstem Wurfe und stets in vollendeter Darbietung. Auch in popularisierender Weise bemühte er sich, seine große darstellerische Kunst in der Chemie durch Aufsätze in naturwissenschaftlichen, ja auch politischen Zeitschriften nutzbar zu machen. Der kühne Versuch, in dem Rahmen eines Lebensbildes von *Pasteur* die Lehre vom asymmetrischen Kohlenstoff einem allgemeiner gebildeten Publikum vorzuführen, erregte bei den Fachgenossen berechtigtes Erstaunen. Der feinsinnige Künstler Viktor Meyer mehr als der große Gelehrte war es, der solches zu Tage förderte. So finden wir denn erst recht von ihm reine Schöpfungen künstlerischen Empfindens, unabhängig von der chemischen Wirtschaft. Eine Reihe anziehender belletristischer Arbeiten bietet er uns. Wahre Tiefe des Gemütes, echtes, vornehmes Empfinden in bildender und tönender Kunst, und vor allem ein tiefes Verständnis für die Schönheiten der natürlichen Landschaft, verbunden mit liebevollem Eingehen in das Leben und Treiben der Menschen in derselben muten uns aus diesen Aufsätzen reizvoll an.

Zu Reisen in weite Fernen, nach Korsika, Spanien, den Kanaren — wie köstlich schildert er die „Märztage im Kanarischen Archipel" — zog er aus. Körperliche Übungen im Schwimmen und Schlittschuhlaufen setzte er auch noch in reiferen Jahren geistiger Arbeit entgegen. Vor allem aber waren es die Hochgipfel der Alpen, welche ihn immer wieder anzogen: er wanderte mit seiner Gattin durch die Eiswüste des Klaridenpasses; Hochgipfel, wie Tödi, Bernina und Jungfrau sah er zu Füßen.

Einer Begegnung in der Alpenwelt verdanke ich die einzige Gelegenheit, während einer längeren Reihe von Tagen Viktor Meyer persönlich wirklich nahe getreten zu sein. Diese Begegnung gehört zu meinen glücklichsten Erinnerungen: so mögen Sie, hochverehrte Anwesende, mir gestatten, dieselbe hier Ihnen zu überliefern.

Ende August 1890 traf ich Viktor Meyer allein in Pontresina. Ich durfte ihm die Neuigkeit von der Entdeckung der Stickstoffwasserstoffsäure mitteilen, welche einige Wochen später auf der Bremer Naturforscherversammlung proklamiert werden sollte. Darüber geriet er in wahre freudige und herzliche Aufregung. Am nächsten Morgen sagte er mir, daß ihm die ganze Nacht „das umgedrehte Ammoniak" nicht aus dem Kopfe gegangen. Noch mehrere Tage lang kam er immer wieder in höchst anregender Weise auf diese Entdeckung zurück und knüpfte die kühnsten Folgerungen daran in Scherz und Ernst.

Unendlicher Schneefall trat in jenen Tagen ein und verhüllte selbst den Boden des Tales mit weißem Gewande. Blendender Sonnenglanz vom tiefblauen Himmel ließ uns nunmehr die Reize des winterlichen Hochgebirges im Sommer empfinden. Die unbeschreibliche Pracht der Landschaft versetzte Viktor Meyer in höchstes Entzücken, und so wollte er, trotz des tiefen Neuschnees, über den Morteratschgletscher nach der Bovalhütte vordringen. Wir stiegen an einem unvergleichlichen Morgen über das untere Ende des sonst so bequemen, aber nunmehr mit knietiefem Schnee bedeckten Gletschers langsam hinauf. Plötzlich sagte mein Gefährte, als wir in heite-

rem Gespräch an einem großen Steine rasteten, daß er einige Augenblicke
völlig ausruhen müsse. Er legte sich auch sogleich in den Schnee und schlief
in wenigen Sekunden fest ein. Ich unterstützte ihn, so gut es ging, mit Ruck-
sack und Seil, da er immer tiefer in den Schnee sank. Nach mehr als einer
halben Stunden wachte Viktor Meyer auf und sprach sofort weiter mit mir,
als ob sein Schlaf nur wenige Augenblicke gedauert. Wir kehrten natürlich
nach Pontresina zurück, konnten aber schon am nächsten Tage, da er sich
erfrischt und munter fühlte, über die Maloja ins herrliche Bergell hinunter-
wandern.

Später bin ich noch manchmal flüchtig mit Viktor Meyer bei Kongressen und anderen Gelegenheiten zusammengetroffen. Immer wieder ist er
mir mit demselben freundlichen Interesse, ja mit einer gewissen unnachahmlichen Zärtlichkeit des Herzens nahegetreten.

Nach Viktor Meyers Tode ist mir die Erinnerung an solche flüchtigeren
Begegnungen mehr und mehr verblaßt. Wenn ich an ihn denke, stehen mir
die feingemeißelten Züge des Mannes vor Augen, wie ich ihn sah, tief-
schlummernd wie ein Kind in der fleckenlosen, unendlichen Schneewüste
am Fuße eines der majestätischsten Berge der Alpenwelt.

So habe ich Viktor Meyer als Menschen kennen gelernt, und jede Faser
seines Herzens, welche er mir enthüllt hat, ist mir lieb und wert geblieben.
Ich möchte aber diese Gedächtnisworte nicht schließen, ohne den Erinnerungen eines Mannes gerecht zu werden, der zu ihm lange Zeit in freund-
schaftlicher Beziehung gestanden: *Karl Liebermann* charakterisierte die Eigenschaften Viktor Meyers in einer Sitzung der Deutschen chemischen Gesellschaft, als die Mitglieder noch unter dem ersten, bittersten Eindruck von
dem Verlust ihres Präsidenten standen, wie folgt:

„Wer, wie ich, Viktor Meyer seit drei Jahrzehnten als Freund nahegestan-
den, der fühlt, daß er seinem Gedächtnis nur dann vollkommen gerecht
werden kann, wenn er nicht nur von dem hohen Streben und den wissenschaftlichen Leistungen berichtet, sondern auch zum Herzen der Hörer von
ihm spricht. Denn die Herzen gewann er aller, welche ihm nahe traten.
Nicht nur Fachgenossen, Gelehrte, Künstler, denen seine geniale Veranlagung nicht entgehen konnte, nein auch der harmlosest auf dem Lebenspfa-
de ihm Begegnende stand unter dem Zauber seiner Persönlichkeit. Auf das
glücklichste hatte ihn die Natur dazu veranlagt und ausgestattet: die ju-
gendliche Gestalt, der fein geschnittene, geistreiche Kopf, das seelenvolle,
blaue Auge, der Wohlklang der Stimme nahmen schon äußerlich jeden für
ihn ein. Liebenswürdige Geselligkeit war in ihm mit harmonischer Durch-
bildung, schnelle Auffassungsgabe mit natürlicher Beredsamkeit, klarer
Verstand mit schöpferischer Phantasie gepaart. Fern von banaler Schmei-
chelei wußte er jeden freundlich aufzufassen, fremdes Verdienst begeistert
anzuerkennen. Dies gab dem Umgange mit ihm das warme Kolorit, das ihm
immer neue Freunde erwarb. Treue Freundschaft hat er sein Leben lang
auch den räumlich fernen Freunden gehalten. – Wahre Herzensgüte war
ein Grundzug dieses sonnigen Charakters. Ein Sonnenglanz lag über seinen
Familienbeziehungen: die liebevollste Zärtlichkeit zu Eltern, Geschwistern,

Gattin und Kindern. Keine schönere Aufgabe, kein sehnlicherer Wunsch, als in den vier aufblühenden Töchtern jede geistige und künstlerische Anlage schön zu entwickeln! Und jeder seiner Schüler, Mitarbeiter, Bekannten hatte an seiner wohlwollenden Güte teil". −

Daß die Stürme der Heidelberger Jahre an Viktor Meyer ohne Schädigung seiner Kräfte hätten vorüberziehen können, wer hätte dies nach der Wirkung der vorhergegangenen Sturm- und Drangjahre seines Lebens glauben mögen? Immer wieder zwar versuchte er noch den hochgradig neurasthenischen Zustand, welcher ihn namentlich mit Schlaflosigkeit peinigte, durch Genießen der Schönheiten der Gebirgswelt, ja zuletzt noch durch Körperbewegungen, wie Radfahren, zu meistern. Aber die Angehörigen und Freunde mußten nur zu bald einsehen, daß die Hoffnung, welche sie auf seine Übersiedelung nach Heidelberg gesetzt hatten: der Geliebte möge Körper und Geist mehr als bisher Ruhe gönnen und sich dauernd gesund erhalten, sich nicht verwirklichen ließe. −

Und so breitete das Schicksal allmählich die dunkeln Schatten über ihn aus, so daß er die Einzelheiten auf dem Kampfplatze des Lebens nicht mehr zu unterscheiden vermochte. Und in dem Dunkel nahte der Tod: nicht der lange gefürchtete, fürchterliche, sondern der Tröster, der Freund. Der nahm ihm die Binde, welche die Suchenden unter uns immer wieder zu lüften sich bemühen, um, ach, oft nur einen Strahl des himmlischen Lichtes zu empfangen, schnell und leise von den Augen. Der Freund wußte wohl, daß, wer im Leben furchtlos seinen Blick der Wahrheit zugewandt, auch die plötzliche Überfülle des göttlichen Lichtes zu ertragen vermag.

So ging Viktor Meyer von uns.

Mehr als vier Jahre sind seitdem vergangen. Die Zeit hat den bittern Schmerz des ersten Augenblickes auch den dem Teuren Nächststehenden in sanfte Trauer aufgelöst. Und wenn auch in uns allen immer noch ein Wehgefühl wie verhallender Glockenton nachzittert − heute ist die Stunde, in der wir uns nur freuen sollen, daß Viktor Meyer der unsrige war.

Des stehe denn dies Bild des großen Forschers und Lehrers, des feinsinnigen Menschen vor uns von nun an als Zeugnis da, das Bild des Mannes, welcher an dieser Stätte als Erster die Chemiker den bedeutenden Aufgaben ihrer Zeit entgegengeführt hat. Und wenn sich noch in fernen Jahren die Studierenden der Ruperto-Carola in diesem Saale um den Lehrer scharen, werden sie durch dieses Bildnis, gedenkend der herrlichen Erfolge des Chemikers Viktor Meyer, immer wieder daran erinnert werden, daß das Streben, der Wahrheit näher zu kommen, das einzige Ziel aller Wissenschaft bedeutet.

Etwas später ließ CURTIUS seinem Freund DUISBERG noch eine zweite Rede zukommen. Im Jahr 1905 wurde CURTIUS Prorektor der Universität Heidelberg. Er wurde dadurch der erste Mann der Universität; denn Rektor war damals stets der Großherzog von Baden. Dem Brauch entsprechend hielt CURTIUS am 22. Nobember 1905 − bei der Jahresfeier der Universität − eine „Akademische Rede".

Er widmete sie dem Vorgänger von VIKTOR MEYER, seinem eigenen großen Lehrer BUNSEN. Im folgenden ist diese Rede wiedergegeben.

Theodor Curtius als Prorektor der
Universität Heidelberg 1905

22.11.1905

Th. C.

Hochansehnliche Festversammlung!
Liebe Kommilitonen!

Wir folgen heute der altehrwürdigen Sitte, nach welcher dier Universität am 22. November ihre Angehörigen, Freunde und Gönner um sich versammelt, um in einem Festakte des Geburtstages des Erneuerers der Ruperto Carola, des Grossherzogs Karl Friedrich, zu gedenken.

Bei diesem Akte sollen die besonderen Ereignisse des letzten Universitätsjahres bekanntgegeben, den Studierenden, welche Preisaufgaben der Fakultäten gelöst haben, die Preise und Medaillen verliehen, die neuen Preisaufgaben gestellt werden.

Bevor aber der Prorektor zu dieser eigentlichen Amtshandlung schreitet, bringt er, alter Tradition folgend, ein Bruchstück aus der von ihm vertretenen, speziellen Disziplin, ein Bruchstück, wenn möglich entsprungen aus der eigensten Werkstatt der Gedankenwelt des Forschers.

Dies ist für die Vertreter der verschiedenen an den Universitäten gelehrten Fächer mehr oder weniger schwierig, wenn der Vortragende nicht nur von seinen speziellen Fachgenossen und Schülern, sondern auch von dem weiteren Kreise der Kollegen und Kommilitonen, der hohen Festversammlung überhaupt verstanden sein möchte. Für den Chemiker ist aber diese Aufgabe eine besonders heikle.

Ich würde Ihnen, hochgeehrte Anwesende, gerne heute einen Einblick in meine eigenen Forscherarbeiten über das Wesen des Stickstoffs geben, Ihnen die Kette von Untersuchungen zeigen, die, über mehr als zwei Jahrzehnte sich erstreckend, sich jetzt wieder zu einem einheitlichen Ringe zusammengeschlossen hat an der Stelle, von der sie ursprünglich auslief. Aber dies wäre unmöglich, ganz abgesehen von der Zeit, welche mir zur Verfügung steht.

Wir Chemiker reden in einer eigenen Sprache; wir nehmen nicht nur wie die Medizin und die naturwissenschaftlichen Disziplinen die alten Sprachen zu Hilfe um uns auszudrücken: wir denken in letzter Instanz in bestimmten Vorstellungen, nach denen wir vorher sagen, wie die durch das Experiment zu prüfenden und zu bestätigenden Erscheinungen verlaufen. Wollen wir uns verständlich machen, so ist Voraussetzung, dass das Vorhandensein solcher Ideenassociationen beim Empfangenden wie beim Gebenden selbstverständlich ist.

Nun drängt sich aber in diesem Jahre ganz besonders die Erinnerung an die berühmteste, chemische Periode der Heidelberger Universität auf: Vor fünfzig Jahren bezog Robert Bunsen das von ihm erbaute, neue Universitätslaboratorium. Da möchte ich denn den Versuch machen, in dieser festlichen Stunde des Wirkens des grossen Meisters in Heidelberg zu gedenken. – Doch ein Gesamtbild zusammenzufassen wäre in der kurzen Zeit ganz unmöglich: Bunsen als Mensch, als Forscher, als Lehrer! Ich habe Versuche dazu im Rahmen einer Trauerrede[1]) nach dem Tode des Meisters in der Aula der Universität gemacht; ich müssste dieselbe wiederholen.

Bunsen als Mensch?!. „Ich will vergessen sein" hat er den Seinigen hinterlassen. – Dem Historiographen steht heute eine Sammlung von Bunsens Briefen zur Verfügung, welche der Empfänger Sir Henry Roscoe, der Mitarbeiter Bunsens in Heidelberg, im vorigen Sommer der elektrochemischen Gesellschaft geschenkt hat. Professor Georg Kahlbaum, der mit der Abfassung der grossen Bunsenbiographie für die Deutsche chemische Gesellschaft in Berlin betraut war, bestätigte noch kurz vor seinem leider so plötzlich erfolgten Tode meine ihm gegenüber ausgesprochende Vermutung, dass für den eigentlichen „Menschen Bunsen" wenig daraus zu holen sei, das heisst in der Art, wie uns etwa in dem Briefwechsel zwischen Liebig und Wöhler im Text und vor allem zwischen den Zeilen nicht nur die Forscher und Gelehrten, sondern auch die Menschen zum Greifen nahe in Temperament, in Hassen und Lieben, in Hoffen und Verzagen entgegentreten.

Befragt man die noch lebenden Zeitgenossen Bunsens, von denen allerdings fast alle ein viertel Jahrhundert jünger sind: Kollegen, Freunde, Mitarbeiter, Schüler des grossen Meisters, fragt man sie von Mund zu Mund oder in den gedruckten Erinnerungen, welche sie herausgegeben haben, so findet man, wenn man genauer hinhorcht, dass eigentlich jeder seinen eigenen Bunsen hat, jeder dessen Angedenken für sich liebevoll weiterpflegend.

Man ist oft geneigt, aus den vielen Geschichtchen, die aus dem Munde Bunsens selbst herrühren, einen Schluss auf das eigentliche Innerliche des Meisters zu ziehen. Ich glaube, dass dies in den meisten Fällen unrichtig ist. Vielfach sind es sicher kleine Ausstrahlungen seines Innern, die er zum besten gab, wenn er eine Art Maske vorzunehmen wünschte, hauptsächlich bei Gelegenheiten, bei denen ihm von Anderen durch Erzählungen über Personen und Dinge oder persönliche Anzapfungen allerlei Art das Gefühl von Unlust und namentlich verhaltenem Spott beigebracht wurde. Die Legenden, welche aus solchen Kleinigkeiten über den grossen, einsamen Mann entstanden sind, gehen jetzt schon, sechs Jahre nach Bunsens Tod, ins uferlose: Ort, Zeit, Gelegenheit verwirren sich, auch auf welche Personen sich die Auslassungen beziehen, variiert wesentlich: Kurz, von diesem Legendenhaften von Bunsen sollte jeder nur noch soviel aufbewahren und geben, als er wirklich selbst erlebt hat.

Bunsen als Forscher?! — Sein Lebenswerk, seine sämtlichen Abhandlungen liegen vor uns aufgeschlagen in den drei stattlichen Bänden, durch deren Herausgabe die Deutsche Bunsengesellschaft sich hohes Verdienst erworben hat.[2]) Zu dem Vorwort dieser Ausgabe gesellt sich zunächst die meisterhafte Gedächtnisrede, welche Roscoe ein halbes Jahr nach dem Tode Bunsens vor der Londoner chemischen Gesellschaft gehalten hat[3]), und in welcher gerade die Entdeckungen Bunsens der Heidelberger Periode in knappem Rahmen so wunderbar zusammengefasst sind. Ferner die Abhandlung von Rathke in Marburg über Bunsen[4]), welche ebenfalls hauptsächlich den Forschungen und Entdeckungen des Meisters gewidmet ist. Weiter eine Gedenkrede nebst einer Ansprache an dem Grabe Bunsens[5]) vom Herausgeber des Bunsenwerkes, Professor Wilhelm Ostwald, in welchen vor allem die Wichtigkeit der Arbeiten Bunsens für die moderne physikalische Chemie, speziell die Elektrochemie gefeiert wird.

Bunsen als Lehrer in Heidelberg, Bunsen in der Vorlesung, Bunsen im Laboratorium mit den Schülern?! — Darüber, besonders über den letzteren Punkt ist in der Bunsenliteratur nicht sehr viel, namentlich nicht im Zusammenhange, wie die Gesamtausbildung der Schüler erfolgte, geschrieben worden. Hier darf ich Ihnen selbsterlebtes, selbstgelerntes bringen. Das liegt allerdings ein viertel Jahrhundert zurück. Man vergisst immer wieder, wie gross der Zeitraum war, den die Arbeitsleistung dieses seltenen Mannes überspannte: Bunsen war siebzigjährig. Er liess im Laboratorium längst keine Schüler mehr an eigenen, wissenschaftlichen Arbeiten teilnehmen, aber er widmete sich ganz und noch mit der Frische und Arbeitskraft eines Jünglings der Ausbildung der Schüler auf dem gesamten Gebiet der analytischen Chemie.

Doch wir müssen zunächst ein wenig ausholen, um zu sehen, wie Bunsen schon als gereifter, berühmter Forscher und Lehrer nach Heidelberg kam.

Bereits sieben Jahrzehnte, bevor Bunsen als Professor der Chemie und Leiter des chemischen Universitäts-Laboratoriums von Breslau nach Heidelberg berufen worden war, wurde das Fach der Chemie an unserer Hochschule kultiviert. Die ersten Andeutungen darüber finden wir im Jahre

1784, in welchem durch Karl Theodor die sogenannte „Hohe Kameralschule" von Lautern in der Pfalz in Heidelberg als „Staatswissenschaftliche Hohe Schule" mit der Universität vereinigt wurde. [6]) In der Nähe des Karlstors wurde auf dem Platze, wo jetzt das Prinzlich Weimarsche Palais steht, in einem Anbau des von Karl Theodor der Universität geschenkten Hauses ein chemisches Laboratorium eingerichtet. Die Chemie wurde in der damaligen Zeit gleichzeitig mit Physik, Botanik und anderen naturwissenschaftlichen Fächern, an manchen Hochschulen auch mit Anatomie vereinigt gelesen. Neben dem Hofrat Suckow, der diese vielseitige Tätigkeit entfaltete, tritt seit 1805 ein Konkurrent in dem ausserordentlichen Professor Karl Wilhelm Gottlob Kastner auf, der nicht allein den Studierenden in seinen Vorträgen sehr gefiel, sondern auch viel Experimente vorzeigte. Da es ihm nicht gelang, ein eigenes Laboratorium für seine Forschungen zu erhalten, ging er 1812 nach Halle. [7]) Es scheint beträchtliche Rivalität, bei der es an gegenseitigen Vorwürfen nicht fehlte, zwischen Suckow und Kastner bestanden zu haben, da beide nach ihren eigenen Lehrbüchern Experimentalchemie und Experimentalphysik vortrugen. Nach Kastners Weggang übernahm dessen ausserordentlichen Lehrstuhl ein Professor der Philosophie, Jakob Friedrich Fries, der bereits in Jahre darauf 1813 Suckow in allen seinen zahlreichen Aemtern beerbte. [8]) Nachdem er als „theoretischer Philosoph" nach Jena gegangen war, wurde der Lehrstuhl der Chemie im Jahre 1817 von der Physik und den übrigen Fächern abgesondert und selbständig gemacht. [9])

Leopold Gmelin, ausserordentlicher Professor in der medizinischen Fakultät, erhielt infolge der Ablehnung einer Berufung als Professor der Chemie nach Berlin als Ordinarius der Heidelberger medizinischen Fakultät mit 1000 Gulden Gehalt, 300 Gulden Wohnungsgeld und 300 Gulden Aversum für Laboratorium und Assistenz die erledigte Lehrkanzel. [10]) Gmelin bekam sein Laboratorium im alten Dominikanerkloster an der Stelle des heutigen Friedrich-Baues nebst einer Dienstwohnung. Seit 1813 war er in Heidelberg für Chemie und Medizin habilitiert und blieb bis zum 12. April 1851 fast vier Dezennien Professor an der Universität. Er machte eine Reihe wichtiger, chemischer Entdeckungen, darunter die des Ferricyankaliums, des „Gmelinschen Salzes", und anderer Cyan-Doppelsalze: noch fruchtbarer jedoch war es als chemischer Literat. Schon in den Jahren 1817−19 hat er ein zweibändiges Handbuch der theoretischen Chemie verfasst. Später gab er das ausführliche Lehrbuch der anorganischen und organischen Chemie heraus, das in zeitgemässen Umarbeitungen noch heute bedeutenden Wert besitzt. [11]) Mit Gmelin, der sich der Ruhe des Alters nicht lange erfreuen durfte, indem er schon am 13. April 1853 im Alter von 64 1/2 Jahren starb, verschwand eine in jeder Weise hochbedeutende Persönlichkeit aus der Reihe der Hochschullehrer; ein schönes Denkmal hat ihm im Jahre 1851 der damalige Prorektor Professor Zell in seiner lateinischen Rektoratsrede gesetzt. [12])

Seit dem Weggange Gmelins wurde die Chemie durch den Extraordinarius in der philosophischen Fakultät, Friedrich Wilhelm Hermann Delffs, vertreten. Die Forschungen von Delffs auf dem Gebiete der organischen Chemie waren für die damalige Zeit sehr bemerkenswert. Grundzüge der organischen Chemie und der reinen Chemie hatte er schon in den Jahren 1840 und 1841 herausgegeben.

Die medizinische Fakultät wurde nach der Pensionierung Gmelins alsbald aufgefordert, Vorschläge für die Neubesetzung des chemischen Lehrstuhles, der ja ihr gehörte, zu machen. Die philosophische Fakultät sollte ebenfalls ein Gutachten abgeben. Mit weitem Blicke erkannte die medizinische Fakultät, dass nur eine „anerkannte Celebrität" die Stelle von Gmelin einnehmen dürfe und empfahl zu diesem Zweck, mit Liebig in Giessen, den zu gewinnen begründete Hoffnung vorhanden sei, und Robert Bunsen in Breslau sofort in Verhandlung zu treten, da einen der beiden Gelehrten zu erwerben jeden Opfers wert sei. [13]) Daneben ist sie der Ansicht, dass auch Professor Delffs in der philosophischen Fakultät einen besonderen Lehrstuhl für theoretische Chemie erhalte, dass fortan zwei ordentliche Professuren für Chemie an der Hochschule bestehen sollten. Jedenfalls dürfe aber Delffs nicht Nachfolger von Gmelin werden. Die philosophische Fakultät war zunächst anderer Ansicht, indem sie Delffs den Lehrstuhl Gmelins übertragen wissen wollte. Indessen gelang es nach heftigem Streit eine Majorität zu finden, welche sich der Ansicht der medizinischen Fakultät anschloss, Liebig oder Bunsen für den Lehrstuhl Gmelins zu gewinnen. [14]) Inzwischen waren schon einige Heidelberger Professoren in Darmstadt mit Liebig zusammengetroffen, um wegen Heidelberg zu unterhandeln. [15]) Auch die Grossh. Regierung war offenbar privatim verständigt, ehe der Streit in den Fakultäten beendet war und deren Vorschläge eintrafen, und hatte Liebig im voraus alle Forderungen bewilligt, die er stellen könnte. Liebig hatte, wie aus einem Brief an Wöhler hervorgeht, grosse Lust hinzugehen, obwohl ihm an der Natur Heidelbergs nicht viel zu liegen scheint: „Die Menschen machen am Ende alles aus, die Gegend ist nur eine Zugabe" sagt er. [16]) Die Verhandlungen haben sich nahezu ein ganzes Jahr hingezogen. Pettenkofer kam als Abgesandter des Königs Max von Bayern nach Giessen und gewann nach kurzem Widerstreben Liebig für München [17]), indem er diesem, der damals fast 50 Jahre alt war, versprach, dass er eine Lehrtätigkeit im Laboratorium, wie er solche in Giessen so glänzend entfaltet hatte, *nicht* mehr weiter auszuüben brauche, sondern als Forscher ganz frei in einem neuen Laboratorium schalten und walten könne. [18])

„In Heidelberg wäre ich zu einem gehetzten Schulmeister geworden", schreibt Liebig an Wöhler, „denn darauf rechneten sie". [19])

Am 6. August 1852 erhielt Bunsen [20]), mit dem nach der definitiven Absage Liebigs die Verhandlungen sofort aufgenommen wurden, durch Ministerial-Erlass als Nachfolger Gmelins das Ordinariat für Chemie in Heidelberg, aber in der *philosophischen* Fakultät nebst dem Direktorium des chemischen Laboratoriums im Dominikanerkloster, das Delffs während der letzten 3 Semester provisorisch innegehabt hatte, unter Verleihung des Titels als Hofrat und mit einem Gehalt von 2700 Gulden nebst 400 Gulden Mietzins bis zur Herrichtung einer Dienstwohnung. Wie die Verhandlungen mit

Bunsen eigentlich geführt worden sind bis zu seiner endgültigen Berufung, darüber schweigen die Akten fast vollständig.[21]) Bunsen hatte aber jedenfalls ausser der Zusicherung des sofortigen Neubaus eines Institutes nebst Dienstwohnung die absolute Alleinherrschaft im Laboratorium sich ausbedungen und das Ministerium gebeten, Delffs, mit dem er die Räume sonst hätte *teilen* müssen, in die medizinische Fakultät zu versetzen. Dies geschah prompt bereits im April nächsten Jahres. Delffs wurde zum Ordinarius ernannt.[22]) Er sollte die pharmaceutische, organische, physiologische Chemie und die Toxikologie, besonders in Beziehung zur gerichtlichen Medizin in Vorlesungen vertreten.[23]) Wenn er jedoch eines Laboratoriums bedürfe, so müsse er alle Kosten ohne Ausnahme, auch für das Lokal von seiner Besoldung von 800 Gulden selbst bestreiten! Delffs war bereits von früher daran gewöhnt, die Bedürfnisse seines aus eigenen Mitteln errichteten Laboratoriums zu bezahlen, wobei er, wie der Senat dem Ministerium mitteilt, „sein eigenes Vermögen fast zugesetzt" habe.[24])

Schon, ehe Bunsen nach Heidelberg kam, hatte Delffs ein ausserordentlich wichtiges Gutachten über den Zustand des chemischen Institutes abgegeben: Die Räume desselben könnten selbst mit grossen Mitteln nicht würdig und zeitgemäss eingerichtet werden. Etwas Bleibendes könnte nur werden, wenn das Dominikanerkloster abgerissen und Neubauten errichtet wurden. Die Fakultät lehnt denn auch den Vorschlag der Baukommission auf Verlegung des Laboratoriums in den Riesen ab und bleibt einstimmig dabei nur Neubauten zu verlangen. Das Grossh. Ministerium verspricht sowohl bei den Verhandlungen mit Liebig wie mit Bunsen, die erforderlichen Mittel für einen Neubau in möglichst kurzer Zeit zur Verfügung zu stellen.[25])

Bunsen, der genötigt war bis zur Herstellung des neuen Laboratoriums im alten Dominikanerkloster zu arbeiten, klagte namentlich, dass für Ventilation und Abzug giftiger Gase garnicht gesorgt sei. Der Neubau wurde im Sommer-Semester 1853 von Professor Lang auf der sogenannten Riesenbleiche begonnen und 1855 bezogen. Er kostete 76,600 Gulden und enthielt neben den nötigen Nebenräumen und der Dienstwohnung des Direktors zwei Säle mit zusammen 50 Arbeitsplätzen für Praktikanten.[26]) Der Bau steht heute noch am Wredeplatz und der Akademiestrasse äusserlich unverändert da und bietet in seinen einfachen architektonischen Verhältnissen einen gefälligen Anblick. Dieses Bunsensche Institut galt nach seiner Fertigstellung und Einrichtung als das beste deutsche Hochschul-Laboratorium.

Als Bunsen als 41jähriger nach Heidelberg kam, hatte er ein so erfolgreiches Leben als Forscher und Entdecker bereits hinter sich, wie vielen verdienten Chemikern über die doppelte Spanne Zeit hinüber nur selten beschieden worden ist. Hinter ihm lag die ungeheuer fruchtbare Periode seiner 13jährigen Tätigkeit in Marburg, zu der das kurze Jahr in Breslau nur einen kleinen Anhang bildete.

Den Verbindungen des Kohlenstoffs hatte sich schon das Interesse des kaum mehr als zwanzigjährigen zugewandt. Das Cyan und seine merkwürdigen, wechselreichen Verbindungen waren es, welche fast alle älteren Chemiker im ersten Viertel des vorigen Jahrhunderts zu Untersuchungen reizten. Auch das Gmelinsche Salz, das Ferricyankali, gehört dahin. Von den anorganischen Elementen ist es das Arsen, mit dem der junge Doktor Bunsen sich sofort beschäftigt. Er beschrieb mit 23 Jahren das heute noch gebräuchliche Antidot für Arsenvergiftungen (frisch gefälltes Eisenoxidhydrat M. B.).

Die Untersuchungen über Arsen führen Bunsen zu der Darstellung der organischen Kakodylverbindungen, Arbeiten, welche sich über eine Reihe von Jahren erstreckten und Bunsen besonderen Ruhm eintrugen. – Wir können hier nur einen schnellen Blick auf die sonstigen, zahlreichen Arbeiten der Marburger Periode werfen. Die Untersuchung über die Hochofengase, die Entdeckung der Kohlenzinkbatterie, mit der er den elektrischen Lichtbogen herstellt und zum Entzücken aller Zuschauer vom Fenster seines Laboratoriums aus das edle Masswerk der herrlichen Elisabethenkirche beleuchtet. [27]) Dann die grosse isländische Reise 1846. Bunsen kehrt zurück, erfüllt von Interesse für die Probleme des Vulkanismus und der Zusammensetzung der Erdrinde, die ihn lange Zeit immer wieder beschäftigen. Im höchsten Alter, als alle Chemie schon längst hinter ihm lag, fesselten ihn in der Erinnerung an die Zeiten seiner Reisen geologische Dinge noch immer. In Breslau, wo Bunsen nur ein Jahr wirkte, schied er das Magnesium, das beim Verbrennen aufleuchtete „wie Sonnenglanz", zum erstenmale aus seinen Verbindungen ab und gewann dadurch das Interesse für die elektrochemischen Prozesse, welches ihn fast durch die ganze Heidelberger Zeit hindurch immer wieder von neuem festhielt.

Die wunderbaren Entdeckungen Bunsens aus der Heidelberger Periode sind zum Teil Gemeingut der gebildeten Welt geworden. Vor allem die Spektralanalyse, dann die photochemischen Arbeiten mit Roscoe, die Entdeckung neuer Elemente, die Abscheidung der Metalle auf elektrolytischem Wege, die Trennung seltener Erden. Dazwischen die vielen kleineren Untersuchungen, zum Teil Reminiszenzen aus früheren Arbeitsperioden, endlich die physikalischen Arbeiten über die Eigenschaften der Gase.

Das einzige, etwas grössere Buch erscheint, das Bunsen je geschrieben: die berühmten gasometrischen Methoden. [28])

Im neuen Bunsenschen Laboratorium herrschte alsbald nach seiner Eröffnung reges Leben. Namentlich strömten zahlreiche *ältere* Chemiker herbei, viele davon in den Annalen der Wissenschaft die Träger glänzender Namen. Mit einem Teile derselben bearbeitete Bunsen damals wissenschaftliche Themata, während, wie Adolf Baeyer erzählt, dem wir besonders anziehende Erinnerungen an jene Zeit neuerdings verdanken [29]), viele und namentlich die jüngeren Praktikanten nur *analytischen* Unterricht erhielten. Charakteristisch für das verschiedenartige Interesse, das Bunsen an den von ihm selbst gestellten, wissenschaftlichen Arbeiten nahm, ist, dass Pebal, der spätere Professor der Chemie in Graz, der durch Mörderhand fiel, eine ihm von Bunsen übergebene Untersuchung über das Methylchlorür an Baeyer abtreten konnte, ohne dass der Meister sich darum bekümmerte. Mit dieser

Arbeit begann Adolf Baeyer seines Siegeslaufbahn als organischer Chemiker. Bunsen überliess Baeyer die von ihm dargestellte Kakodylsäure, welche von den berühmten Untersuchungen über die Kakodylverbindungen herrührte. Baeyer führte dann, in das Privatlaboratorium des jungen Dozenten Kekulé übersiedelnd, die Bunsenschen Untersuchungen über die Kakodylverbindungen fort, indem er das primäre Dichlorarsin entdeckte. So übernahm Adolf Baeyer gewissermassen das organische Erbe Bunsens, das Baeyers Schüler, Victor Meyer, der Nachfolger des Meisters, wohlbehütet und gepflegt 22 Jahre später wieder in das Bunsensche Laboratorium zurückbrachte, um letzterem neuen Glanz damit zu verleihen.

Bunsen liess Kekulé als Professor nach Gent ziehen. Wäre Kekulé in Heidelberg geblieben, so wäre mit der Spektralanalyse fast gleichzeitig die Theorie des Benzols, aus der die Entwicklung der deutschen, organischen Farbenindustrie hervorgegangen ist, von Heidelberg aus in die Welt hinausgegangen, man darf wohl sagen: für eine Hochschule fast zuviel wissenschaftlichen Triumphes auf einmal!

Ich übergehe die Zeit vom Ende der 50er bis zum Ende der 70er Jahre, in denen Bunsen immer seltener nur noch den älteren Schülern eigene wissenschaftliche Themata zur Bearbeitung stellte. Er selbst schaffte dabei mit Riesenkräften und zwar fast immer allein, ohne Assistenten, alle Apparate mit den eigenen Händen bauend, alle Reaktionen selbst prüfend und ausführend.[30] Daneben aber wurden die Schüler im Laboratorium bei ihren analytischen Arbeiten nicht vergessen, und, als der Meister gegen Ende der 70er Jahre weniger *eigene* Arbeiten mehr ausführte, da wandte sich sein Interesse auf das intensivste dem Unterricht der Schüler zu und nahm fast seine ganze Tagesarbeit in Anspruch.

Diesen Unterricht, wie ich ihn selbst erlebt habe, mit allen den originellen, einfachen Hilfsmitteln, die Bunsen erfunden, möchte ich mir nunmehr erlauben zu schildern. Ich muss aber die Nichtchemiker und -Chemikerinnen unter Ihnen, hochgeehrte Damen und Herrn, um Entschuldigung bitten, wenn dieser Bericht trocken ausfällt. (Es handelt sich hier um einen Beitrag zur mikroanalytischen Experimentierkunst, den Generationen von Chemikern beeinflußt hat. M. B.)

Der Unterricht war rein analytischer Natur, aber ausserordentlich origineller Art in Bezug auf die praktische Handhabung der Methoden. Diese analytischen Kunstgriffe Bunsens, so muss man viele seiner Methoden wirklich nennen, sind nur spärlich Allgemeingut der analytischen Laboratorien geworden. Der Grund dafür liegt nahe: Bunsen hat ausser seinem berühmten Büchlein von den Flammenreaktionen[31], zu dessen Abfassung er sich erst im hohen Alter 1880 entschloss, und einer zu einer Broschüre erweiterten Abhandlung[32] über seine speziellen Titriermethoden aus dem Jahre 1853 niemals einen analytischen Leitfaden, wie solchen heute jeder Laboratoriumsvorsteher fast selbst verfasst hat, geschweige denn ein Lehrbuch der analytischen Chemie geschrieben.

Der Anfänger, aber auch jeder fortgeschrittenere Chemiker, der aus einem anderen Laboratorium kam, musste zunächst die Reaktionen auf trockenem Wege, das heisst die Benutzung der nichtleuchtenden Gasflamme, des Bunsenbrenners, studieren. Das Lötrohr war verpönt. Das Prinzip des Meisters bestand darin: die in der Hitze zu untersuchenden Stoffe unter möglichst geringem Wärmeverlust mit der etwa 1600° gebenden, nichtleuchtenden Gasflamme zu zwingen, ihre Natur zu enthüllen. Dies erreichte er dadurch, dass er die Träger der in die Flamme zu führenden Objekte äusserst fein wählte; aber diese Träger mussten selbst die Hitze der Flamme überdauern: ein Platinhaardraht, ein millimeterdickes Asbeststäbchen waren zu allen Zwecken geeignet. Wenn eine Probe den Platinhaardraht bei den Prozessen angriff, wurde das widerstandsfähige, nicht metallische Asbeststäbchen gewählt. So begann der Praktikant mit der Herstellung der verschiedenen, gefärbten Glasflüsse in Borax- und Phosphorsalzperlen, die sämtlich in reinlichen Glasröhrchen aufbewahrt werden mussten.

Eine solche Perle an einen wirklich haarfeinen Draht zu bringen, war oft ein eigenes Kunststück. Ehe man in die Substanz hineinkam, war der feine, glühendgemachte Draht längst erkaltet; es blieb nichts daran kleben. Oder: das zu untersuchende Salz sprang tückisch bei der Berührung mit der glücklich gelungenen, glühenden Perle davon. Da standen alte, schon mit komplizierten Arbeiten wohlvertraute Praktikanten und wussten sich nicht Rat. Dann kam der Meister; er machte an dem Ende des Drahtes eine kleine Doppelschlinge, schob hinein ein winziges Papierblättchen, befeuchtete es, legte den zu untersuchenden Stoff darauf und verkohlte und verglühte dann in aller Ruhe in seiner Flamme, deren verschiedene „Räume" im Innern, wie am äusseren Rande nun Wunder bewirkten durch Reduktions- und Oxydationsprozesse. Besondere Freude machte es ihm, wenn er die schwierige Probe auf Zinn in der Kupfersalzperle vorführte. Ohne Zusatz jedes Reduktionsmittels, nur mit der rasch erhitzten Perle, bald in der Reduktions-, dann wieder in der Oxydationsflamme arbeitend, hellte er den undurchsichtigen, siegellackroten Tropfen zum leuchtend durchsichtigen Rubinglas auf.

Auf die Darstellung der gefärbten Schmelzflüsse folgt die Bereitung der Beschläge, welche die Elemente in ihren Verschiedenheiten erkennen lassen. Die zarten Farben werden nicht, wie bei der Lötrohranalyse üblich, auf schwarzem, kohligem Hindergrund, sondern auf der „Prozellantasse" (wie Bunsen in diesem Falle stets die kleine Prozellanschale nannte) fixiert. Er hat die Beobachtungen hierbei in seinem Büchlein der „Flammenreaktionen" glücklicherweise festgehalten. Die Fülle der Erscheinungen, die bei diesen Reaktionen auftraten, waren wie kaum irgend welche andere Arbeiten geeignet, den Schüler auf eigene, scharfe Beobachtungen überhaupt hinzuweisen. Die Herstellung der Jodverbindungen der Elemente durch Beräucherung mit brennender Jodtinktur, die Bildung von Doppelsalzen mit Ammoniak auf der Tasse, die Untersuchung der Löslichkeit der zarten, farbigen Häutchen in Wasser mit Hilfe des feuchten Mundhauches sind in ihrer Erfindung geradezu wunderbare Dinge. Aber es gehört zu ihrer Ausführung nicht allein verfeinerte Beobachtungsgabe, sondern ein wahrer, chemischer Instinkt, der Bunsen in so hohem Masse eigen war. Der aber lässt sich nicht erlernen, und so ist z. B. den forensischen Chemikern, welche die Untersuchung auf Antimon und Arsen in Fällen, wo es sich um Tod und Leben handelt, so oft auszuführen haben, die darauf zielende Bunsensche Beschlagreaktion, trotzdem sie für den Geübten mit minimalen Mengen Substanz so leicht auszuführen ist und den Apparat von Marsh entbehrlich macht, nicht in Fleisch und Blut übergegangen.

Zu dem Apparat der Flammenreaktionen gehörten allerlei kleine, sinnreiche Hilfsmittel, die Bunsen jedem Praktikanten unermüdlich selbst herstellte, so oft man ihn darum bat. Alles musste ordnungsmässig sein. Die feinen und gröberen Platindrähte schmolz er in Glashalter ein, die er gleich dutzendweis aus einem Glasrohr so herstellte, dass der Draht in dem zu einem Stäbchen in der Hitze zusammengefallenen Röhrchen festsass. Das hohle Ende des Röhrchens musste mit einem Messer in der Hitze etwas ausgeweitet sein. – Aus einem dickeren Platindraht musste sich jeder Praktikant ein Tiegelchen, ohne Deckel und Boden, wie er sagte, herstellen. Dies geschah so, dass der Draht über einem Glasstabe zu einem Röllchen von 6 Windungen gewickelt wurde; das übrige gerade Ende des Drahtes musste aber wieder sorgfältig in einen gläsernen Handgriff eingeschmolzen werden. In diesem Röllchen zeigte die mit Zusatz der verschiedensten Mittel im einfachen Bunsenbrenner zu untersuchende Substanz als feuerflüssiger Tropfen, der in Folge der Kapillarität aus dem Röllchen nie herausfiel, ihre chemische Natur. Wollte man aber den Tiegel ohne Boden zunächst mit trocknem Pulver füllen, so schob man zwischen die untersten Ringe wieder einen winzigen Papierboden ein. Die erkaltete Schmelze, durch Aufrollen des Drahtes herausgestossen, gelöst und auf Papierstreifchen aufgesaugt, gab dann, mit geeigneten Reagentien betupft, die charakteristischen Reaktionen.

Eine besondere Uebung bestand darin, die Metalle auf Kohlestäbchen im Bunsenbrenner ohne Lötrohr zu untersuchen. Diese Stäbchen musste jeder Praktikant aus Zündhölzchen (den alten Schwefelhölzern, schwedische waren verpönt) sich selbst bereiten. Die zu untersuchenden Metallsalze wurden mit Krystallsoda auf der Handfläche zu einer Paste zubereitet, die bei der Wärme der Hand erstarrte, bei Berührung mit einem heissen Messer aber sofort wieder erweichte. Bunsen ging mit solcher in der Handfalte angeklebter Paste im Laboratorium herum und zeigte den Praktikanten ganz andere Manipulationen. Kam dann ein Student und bat ihn, ihm eine Reduktion am Kohlestäbchen zu zeigen, so hatte er das Material sofort fertig zur Hand. Während des Reduktionsprozesses an dieser kleinen Kohle in der Flamme lernte man wieder viel einzelnes beobachten und zwar in aller Ruhe: das Maximum der Reduktion erkannte man am heftigen Sprühen, man sah die Metallkörnchen in der Gluth der Sodaschmelze auftauchen, lernte sie vereinigen und konnte sie zur weiteren Untersuchung nach dem Erkalten auf das einfachste isolieren, um nunmehr auf nassem Wege die charakteristischen Reaktionen mit ihnen anzustellen.

Noch gehörte zu diesen Flammenreaktionen der Elemente das Arbeiten mit kleinen, ganz dünnwandigen Glasröhrchen, deren Bunsen dem Praktikanten aus einem zerbrochenen Stück Reagenzglase beliebig viele herstellte. In diesen wurde die Phosphorprobe ausgeführt, indem die zu untersuchende, trockne Substanz mit einem Streifchen Magnesium in dem winzigen Becherchen direkt in der Flamme erhitzt wurde. Wieder verriet ein plötzliches Aufglühen der Masse dem Beobachter leicht, dass der Prozess beendet. Das Röhrchen wurde mit dem Inhalt in einer Reibschale zerdrückt. Und nun kam der besondere Kniff: Aufgiessen von Wasser würde bei der minimalen Menge Phosphor, die gefunden werden sollte, den Geruch nach Phosphorwasserstoff, der sich entwickeln musste, verdeckt haben; aber: Behauchen mit dem Munde gab gerade so viel Flüssigkeit, um die Reaktion auf das lebhafteste eintreten zu lassen.

An die Reaktionen auf trockenem Wege schloss sich ein spektralanalytischer Kurs an. Man benutzte das kleine Bunsensche Spektroskop[33]); die D.- oder Natriumlinie wurde in der Skala auf Teilstrich 50 eingestellt. Zur Beobachtung gelangten die Spektra der gewöhnlichen Alkalimetalle und die der alkalischen Erden, soweit deren Beobachtung mit Hilfe der Temperatur des Bunsenbrenners möglich war. Wenn man sich aber an den Meister wandte, so zeigte er auch mit wahrem Genuss die Spektra des von ihm entdeckten, seltenen Caesiums und Rubidiums, später auch das des Indiums. Er gab dem Schüler aber auch zuweilen Präparate, in denen von diesen seltenen Elementen gar nichts war, und heuchelte dann bedeutsames Erstaunen, wenn man die betreffenden Stellen im Spektroskop nicht auffand. Es kam aber auch vor, dass der Schüler trotzdem erklärte, das Spektrum des betreffenden, seltenen Elementes beobachtet zu haben: Dann lächelte der Meister sehr bezeichnend, ohne etwas zu bemerken. Pädagogisch wirkten solche Dinge ganz vorzüglich. – Bewunderungswürdig ist übrigens die Art, wie die Spektra auf vorher hergestellten Massstäben auf Karton nachgezeichnet werden mussten, wobei der Unterschied zwischen Band- und Linienspektren und deren Intensitätsmaxima in höchst einfacher Weise charakterisiert wurden. Je nach der Intensität erhielten die Linien die griechischen Buchstaben von α ab als Maximum gerechnet. Bunsens Augen empfanden die Linien im Roth viel intensiver als die im blauen Teil des Spektrums.

Hatte der Praktikant alle Feuerproben bestanden, so wurde der nasse Weg zur qualitativen Ermittlung der Elemente beschritten, dann die quantitativen Methoden und die Titrieranalysen ausgeführt.

Bunsen hatte seinen eigenen Weg dazu, aber es gab keinen gedruckten Leitfaden. Den Weg zeigte und erklärte der Assistent. Der Praktikant lernte sofort, ohne vorher einzelne Stoffe auf ihre Reaktionen allgemein zu prüfen, wie letzteres Volhard[34]) zuerst systematisch in die analytischen Arbeiten eingeführt hat, an einfachen Analysen seine Kräfte zu üben.

Ich hatte diese Arbeitsperiode schon durchgemacht, ehe ich in das Bunsensche Laboratorium eintrat und will daher nur das Selbsterlebte darüber anführen. Der Praktikant, der sich qualitativ schon sattelfest glaubte, erhielt, wenn er zu Bunsen kam, nach den vorhin beschriebenen Reaktionen in der Flamme eine Reihe qualitativer Probeanalysen, die genau nach des

Meisters Anweisung ausgeführt werden mussten. Statt Schwefelammonium wandte Bunsen aus bekannten Gründen nur Schwefel*kalium* an. Dazu musste man sich *selbst* reines Aetzkali bereiten, das nachher auch eine wesentliche Rolle in der quantitativen Analye spielte. So ging man, rohes Aetzkali in einer grossen Flasche mit Alkohol schüttelnd, mindestens einen Tag im Laboratorium hin und her. Die dekantierte Flüssigkeit wurde auf dem Wasserbade eingeengt und schliesslich in einer grossen Silberschale unter Aufsicht des Assistenten auf offenem Feuer unter häufigem Anbrennen der letzten Alkoholdämpfe und schmerzhaftester Bespritzung durch umhergeschleuderte Kalipartikelchen in den richtigen Zustand gebracht. Der so erhaltene, grosse Vorrat an reinem Kali hat mir noch Jahre lang gute Dienste geleistet.

Bunsen arbeitete qualitativ lieber auf „Glasscherben" wie im Reagensrohr, die er in Uhrglasform aus alten, zerbrochenen, dünnwandigen Kolben mit unnachahmlicher Schnelligkeit und Sicherheit in allen Grössen herauszusprengen lehrte. Auf diesen Scherben liess sich in der freien Flamme alles verdampfen, während die kostbaren, abgeschliffenen Uhrgläser dabei sprangen. Ausserdem bedurfte man noch Kapillarfäden, um kleine Mengen von Flüssigkeit zur Reaktion zu bringen. Solcher dünner, etwa 20 Zentimeter langer Röhrchen machte er aus einen einzigen Reagensglase in wenig Minuten ein ganzes Bündel.

Wenn Bunsen nicht auf Glasscherben abdampfte, bediente er sich zu grösseren Proben keineswegs einer Porzellanschale, sondern eines nicht zu kleinen Porzellan*tiegels*. Dieser wurde in ein Dreieck von Eisendraht gedrückt, und nun durch beständiges Schwenken in der Flamme der flüssige Inhalt äusserst schnell zur Trockne gebracht, ohne dass bei geschickter Manipulation etwas verloren ging. Man musste dazu das Drahtdreieck an einem der Beine anfassen, die natürlich während der Operation mehr als heiss werden. Dem hilfesuchenden Blicke des Schülers kam Bunsen mit einem Kork zuvor, mit dem er die Anfassstelle bedeckte; nun konnte man leichten Herzens weiter eindampfen.

Bunsen konnte einen Praktikanten, der stolz bereits mit fertigen Kenntnissen in der qualitativen Analyse ihm gegenübertrat, in wenig Tagen gänzlich in das durchbohrende Gefühl seines Nichts zurückversenken. Mit den langwierigen, oben erwähnten Arbeiten über die Flammenreaktionen lehrte er ihn zunächst Geduld und prüfte seine Beobachtungsgabe. Dann gab er ihm einige, qualitative Probeanalysen. Dabei spielte ein Glas Wasser mit einer minimalen Spur Cyankali eine Hauptrolle. Der Praktikant, in dem Gefühle erprobter Sicherheit, prüfte alle Gruppen durch: er fand nichts, schliesslich in der letzten eine Spur Kali neben der unvermeidlichen Natriumreaktion. Bei der Probe auf Säuren entdeckte er eine Trübung mit Höllenstein, die er aber nicht näher untersuchte. Das falsche Resultat lautete auf Chlorkalium in Spuren, während Cyankalium gegeben war. Den Geruch nach Blausäure, der beim Ansäuren sonst erkannt werden konnte, wahrzunehmen, war durch die geringe Menge Substanz sehr erschwert.

Die qualitativen Analysen mussten in einer ganz bestimmten, höchst einfachen Form zu Protokoll gegeben werden. Geschah dies nicht, so war jedes Interesse des Meisters für den Schüler vorbei. Aber diese Form, die man nie mehr sieht, ist so originell, dass ich sie hier andeuten muss.

Die 6 Gruppen wurden in eine horizontale Reihe mit römischen Ziffern geschrieben, nachdem zuerst die Löslichkeitsverhältnisse des untersuchten Stoffes angegeben waren. Fand sich in einer Gruppe nichts, so gehörte unter die römische Zahl eine durchstrichene Ø. Fand sich etwas, so mussten *alle* Elemente, die etwa in der Gruppe vorhanden sein konnten, darunter geschrieben werden. Die Symbole der in der Gruppe *gefundenen* Elemente wurden unterstrichen, war viel da, ein Ausrufungszeichen hinter das Symbol gesetzt. Die vorhandenen Säuren wurden besonders herausgeschrieben und zum Schluss die gefundenen Metalle mit ihnen durch Striche verbunden, um zu zeigen, welche Salze eigentlich zur Untersuchung vorgelegen hatten.

Bei allen im Gang der Analyse erhaltenen Niederschlägen mussten am letzten Ende immer wieder die vorhin erwähnten Flammenreaktionen zur Charakterisierung herangezogen werden. So genügte es nicht, den farblosen Niederschlag von Wismuthhydroxyd im Reagensglas oder auf dem Glasscherben in schwarzes, metallisches Wismuth zu verwandeln, sondern es musste der Beschlag des hellgelben Wismuthoxyds an der Tasse gezeigt werden, dessen Umwandlung in das morgenrote Wismuthjodid mit kaffeebraunem Anflug, das nach dem Anblasen mit Ammoniak beim Anhauchen eigelb wird, an einer Spur Substanz mit Sicherheit festgestellt werden.

Nicht allen Chemikern wird bekannt sein, dass Bunsen die Reaktionen der Säuren zusammengestellt, eigenhändig niedergeschrieben und dann hat vervielfältigen lassen. Er scheint dies erst in späteren Jahren ausgeführt zu haben. Man bekam von ihm einen solchen Abzug geschenkt. Die Uebersicht über die Reaktionen von nicht weniger als 44 Säuren steht geradezu einzigartig da. Sie umfasst 7 Gruppen, von denen 6 nur nach der Verschiedenheit des Verhaltens der Säuren – unter verschiedenen Umständen – gegen die Reagentien: Silbernitrat und Chlorbarium zusammengestellt sind. Besonders interessant ist, dass auch die Reaktionen vieler *seltener* Säuren angegeben sind: chlorige Säure, Selen- und Tellurwasserstoff, Selen- und Tellursäure, selenige und tellurige Säure, Ueberjodsäure, Polythionsäuren, Vanadin-, Wolfram-, Titan-, Niob- und Tantalsäure etc. In knappster Form sind die verschiedenen Proben angegeben, kein Wort zu viel oder zu wenig für den Beobachter. Die Hauptreaktionen erhalten ein Ausrufungszeichen.

Nach solchen Studien durfte der Praktikant mit der *quantitativen* Analyse beginnen. Hier nahm an dem Unterricht der Assistent nicht mehr teil, man musste zum Meister selbst gehen, um den nötigen Rat, die notwendige Hilfe zu erhalten. Diese wurde aber auch immer in ausgiebigster Weise gespendet. Es ist nach dem Tode Bunsens in den vielen erschienenen Aufsätzen und Nachrufen gerade die Erinnerung an diesen Teil seiner Lehrtätigkeit wieder aufgefrischt worden: Wie er es namentlich liebte zu Hilfe gerufen zu werden, wenn der Schüler etwas falsch gemacht und verdorben zu haben glaubte. Er bemühte sich dann immer noch „zu retten", wie er sagte. Wenn der Schüler dagegen bemerkte: ich habe genau, wie mir angegeben, verfahren, aber es ging nicht, dann nahmen Bunsens Züge und Stimme den Ausdruck sanfter, beschämender Trauer an, und es wurde der dringende Rat gegeben, sofort wieder von vorne anzufangen, was manchmal eine verlorene Arbeit von mehr als einer Woche bedeuten konnte. Diese selbe stille Trauer lagerte sich über das gütige Antlitz, wenn er in der halbaufgezogenen Schieblade des Arbeitstisches das bekannte Lehrbuch der quantitativen Analyse von Fresenius entdeckte, mit dem der Praktikant seine Bestrebungen aufzumuntern versuchte. Dann war es mit dem hilfreichen Interesse für lange Zeit vorbei. Dagegen durfte man das wirklich köstliche Büchlein F. Wöhlers: „Die Mineralanalyse in Beispielen" zu Rate ziehen. [35])

Wenn der Praktikant quantitative Analysen machen sollte, so kaufte er sich einen Gewichtssatz, einen Platintiegel und eine Wasserbad, denn die wenigen allgemeinen, konstanten Wasserbäder, die zu Verfügung standen, waren oft für Wochen vorher schon belegt.

Mit der Wage arbeiten lehrte Bunsen selbst den Schüler — dabei wurde auch eventuell der Gewichtsatz korrigiert — mit grosser Geduld. Stets warnte er vor dem „Hineinseufzen" in die Wage, was für den armen Praktikanten namentlich im Sommer nur zu natürlich war.

Ich möchte hier nur das der Vergessenheit entreissen, was Bunsen an eigenen, höchst zweckmässigen Manipulationen einfachster Art von jedem Schüler in der quantitativen Analyse zu lernen verlangte: Bei allen Fällungen durfte niemals auf freiem Feuer verfahren werden, nur auf dem Wasserbade, auch nach dem Fällen nicht. Durchbohrte Uhrgläser zum Bedecken der Bechergläser waren ihm ein Greuel. Der Glasstab stand zwischen Rand und bedeckendem Glase. Eingedampft wurde in einer Sorte grosser, geräumiger Tiegel aus Berliner Porzellan. Diese Tiegel hatten weder Stiel noch Ausguss. Auf jedem musste 4/5 bedeckend ein Uhrglas liegen. Man konnte die Tiegel tief in das Wasserbad versenken, und die Flüssigkeit dampfte recht schnell ab. Beim Ausgiessen auf das Filter musste man sich gewöhnen, die sehr heissen Gefässe zwischen den Fingern zu halten; oder man nahm das Handtuch zu Hilfe, das jeder Praktikant auf der linken Schulter trug. Um zu verhindern, dass an der Ausgussstelle beim Becherglas wie beim Tiegel etwas Flüssigkeit verloren gehen konnte, fuhr man mit dem Finger über das Haar oder das Gesicht, und nur dies bischen Menschenfett durfte zum Bestreichen der Ausflussstelle verwendet werden. Es genügt vollkommen.

Eine der originellsten und wichtigsten Manipulationen, welche Bunsen nicht nur in der Analyse, sondern überhaupt für die Chemie zur Geltung brachte, ist diejenige des Trennens der erhaltenen Niederschläge von der Flüssigkeit und ihre Reingewinnung durch Auswaschen und Trocknen. Bunsen hat das Filtrieren zu einem wahren Kunstwerk gestaltet. Er widmet dem Auswaschen der Niederschläge sogar eine eigene kleine Abhandlung. [36]) Trotzdem wird heute kaum noch in einem Laboratorium nach seinen Angaben verfahren, die fast mühelos und sehr sicher in viel kürzerer Zeit als andere Methoden zum Ziele führen.

Die analytischen Filter musste man sich selbst nach bekannten und bewährten Methoden aus gewöhnlichem Filtrierpapier bereiten. Der Aschengehalt wurde für jede Filtergrösse bestimmt. Man kann heute noch einen Bunsenschüler beim analytischen Arbeiten daran sofort erkennen, dass er, wenn er ein Filter auswählt, schnell mit dem Papier zwischen Auge und Fenster oder Lampe fährt, um festzustellen, ob keine schadhafte Stelle vorhanden. Das Filter wurde dem Trichter, nicht umgekehrt, dadurch angepasst, dass die eine „Tasche" — wie Bunsen sagte — des zusammengelegten Filters grösser oder kleiner gemacht wurde, je nach dem Neigungswinkel des Trichters. Nun drückte der Daumen der linken Hand, auf der dreifachen Lage Papier ruhend, das angepasste Filter kräftig in den völlig trockenen Trichter, er wurde mit Wasser aufgefüllt, ausgegossen, mit dem Munde am Trichterrohr vorsichtig angesogen, und nun von der Seite, an welcher die Falte des Filters sich befand, sorgfältig das Papier an die Trichterwandung angedrückt. War das Filter etwas zu klein oder zu gross geraten, so gab schliesslich die Falte nach, legte sich ebenfalls vollkommen an, und nun musste sich dem Auge, wenn man durch das Glas gegen das Filter sah, das bieten, was Bunsen den „optischen Kontakt" nannte: keine Spur von einer Luftblase durfte zwischen dem Papier und dem Glase geblieben sein. — Der Trichter musste das Filter immer mindestens um einen halben Zentimeter überragen. Das Filter musste in seiner Grösse so gewählt sein, dass der aufzunehmende Niederschlag möglichst ein Viertel des konischen Volumens ausfüllte. Wenn alles dies geschehen, und der Niederschlag wiederholt mit minimalsten Mengen Spülwasser unter Zuhilfenahme einer ganz besonders geschnittenen Hühnerfeder schliesslich durch heftiges Reiben der Wandungen mit der Feder völlig aus dem Tiegel oder dem Becherglase gebracht war, begann das Auswaschen.

Die Herstellung eines Platinkonus zum Schutze der Filter gegen Zerreissen war eine der ersten Manipulationen, welche Bunsen für den Praktikanten selbst ausführte. Auf ein dünnes Stückchen Platinblech wurde ein Markstück gelegt und danach ein kreisrundes Blech ausgeschnitten. Zum Mittelpunkt des Kreises wurde ein Schnitt geführt und der Konus nun in einer eigens zum allgemeinen Gebrauch vorhandenen, kleinen Form ausgepresst. Ohne diesen Konus, der sich *jeder* Trichterspitze anschmiegte, durfte kein Filter bei den quantitativen Arbeiten angelegt werden, denn *jeder* Niederschlag wurde mit Zuhilfenahme eines *Aspirators* abgesaugt. Bunsen hatte die Wasserluftpumpe erfunden, aus der unsere bequeme Wasserstrahlpumpe hervorging, welche heutzutage im Laboratorium ununterbrochen im Gebrauch ist. Die Evakuierung durch diese Pumpen wäre aber viel zu stark für den Filtrierprozess bei den Analysen gewesen, auch befanden sich nur einige wenige dieser Apparate im Laboratorium. Dafür hatte Bunsen an jedem Arbeitsplatz einen gerade genügenden Aspirator zum Filtrieren eingerichtet, indem oben auf dem Aufsatz und unten im Schrank eine gleich grosse 5 Liter-Flasche stand, von denen die obere gefüllte in die untere abheberte, und nun durch eine abfliessende Wassersäule von etwa 2 Meter die nötige Evakuation zum Filtrieren erzielt werden konnte. War die untere Flasche voll gelaufen, so wurden die beiden Flaschen einfach ausgewechselt. Laufendes Wasser wurde dabei erspart. War zu erwarten, dass der negative

Druck bei dieser Art von Aspirator noch zu stark für den abzusaugenden Niederschlag sei, dann wurde eine höchst einfache, sinnreiche Vorrichtung eingeschaltet. Dieselbe bestand in einem Zylinder von 1 1/2 Fuss Höhe, der mit Wasser nahezu gefüllt war und einen 3 fach durchbohrten Korkstopfen trug. Ein kurzes Winkelrohr führte zum Aspirator, ein zweites bis auf den Boden in das Wasser hinabreichendes zur Filtrierflasche. Durch die dritte Oeffnung des Stopfens führte ein oben und unten offenes, luftdicht bewegliches Glasrohr. Durch Hinaufziehen desselben konnte man ganz kleine, negative Drucke von nur wenigen Zollen bequem erhalten. Saugte der Aspirator stärker, so trat die Luft von aussen durch dieses Glasrohr ein und verhinderte jede zu grosse Spannung zwischen Filter und Aspirator. Niederschläge, bei denen kein übelriechendes oder giftiges Filtrat ablief, mussten aber mit den Munde direkt abgesaugt werden, so diejenigen von Chlorsilber und Bariumsulfat. Dazu wurde an die Filtrierflasche ein ziemlich langer, reinlicher Schlauch angesetzt, den man während der ganzen Operation des Filtrierens zwischen den Zähnen behielt, nach Belieben öffnete, aspirierte und wieder schloss. Die Hände waren dabei zum Aufgiessen auf der einen Seite und zum Halten der Feder auf der anderen Seite vollkommen frei. Ebenso konnte man dabei sprechen, ohne den Schlauch aus dem Munde nehmen zu müssen. Wenn Bunsen bei dieser letzteren Operation in voller Tätigkeit war, so war dies wirklich ein ganz merkwürdiger Anblick. Ich kenne kein praktischeres und schnelleres Filtierverfahren als dieses. Ich habe so, als ich bei Bunsen über die Polythionsäuren arbeitete, in einem Monat über 80 Bestimmungen von Bariumsulfat ausgeführt.

Dem Auswaschen der Niederschläge schenkte Bunsen, wie schon erwähnt[36]), ganz besondere Aufmerksamkeit. Das heisse Wasser aus der Spritzflasche durfte niemals direkt das Filter treffen, sondern musste an der Federfahne auf den Niederschlag herunterfliessen. Das Filter wurde mindestens 1 mm über den Papierrand aufgefüllt, die Flüssigkeit musste vollkommen abgesaugt sein, ehe ein neuer Aufguss erfolgte. Unter solchen Bedingungen hatte Bunsen festgestellt, dass ein 8−9 maliges Auffüllen des Trichters bis über den Rand des Filters − der Niederschlag musste ein 1/4 des Hohlraumes des Filters möglichst nahe ausfüllen − und wieder Absaugen die Grenze für das Auswaschen bilde. Bei weiterem Auswaschen ist der Effekt ein illusorischer, indem selbst bei allen sogenannten schwer löslichen Substanzen mindestens ebensoviel von dem Niederschlag fortgeführt wird, als von den allerletzten Spuren von Verunreinigungen. Bunsen war dieser Vorschrift für das Auswaschen der Niederschläge so sicher, dass eine Untersuchung des Waschwassers auf Verunreinigungen niemals gefordert wurde, den Praktikanten ganz unbekannt war. Infolge des beständigen Gebrauches des Aspirators und der erwähnten Vorsichtsmassregeln war die Mengen der abfiltrierten Flüssigkeit, in welcher auf andere Elemente weiter geprüft werden musste, eine ausserordentlich geringe. Dies bedeutete eine ungeheure Zeitersparnis für den Fortgang der Analyse.

Ebensowenig kannte man das Abrauchen grosser Schalen voll Salmiak im Bunsenschen Laboratorium, um kleine Mengen anderer Stoffe zur Wägung zu bringen. Das Reagens Chlorammonium gab es nicht als solches im Laboratorium. Dasselbe wurde in der Lösung durch Zusatz von Ammoniak zu der stets vorhandenen Salzsäure gebildet. Bunsen neutralisierte die Säuren mit ungeheuer verdünnten Lösungen von Ammoniak oder Alkalien fabelhaft genau und schnell, zum Beispiel bei der Trennung von Eisen und Zink mit bernsteinsaurem Salz. Dann war allerdings viel Waschwaser da, welches nach dem Abfiltrieren des Niederschlages wieder konzentriert werden musste.

Eine weitere Spezialität von Bunsen war das so viel vorkommende Abrauchen mit Schwefelsäure im Platintiegel in der quantitativen Analyse. Der Platintiegel befand sich in einem Drahtdreieck; die Berührungspunkte des Tiegels am Eisen waren mit den Abschnipseln des Platinbleches von der vorhin erwähnten Herstellung des Filtrierkonus umkleidet. Der Deckel wurde an einer Seite etwas gelüftet und ein kleines, leuchtendes Bunsenflämmchen, welches das Platin natürlich nicht berühren durfte, unter den nach aussen überstehenden Deckelgriff gestellt. Nun konnte man nach Hause gehn; in ein bis zwei Stunden war die Operation, ohne der Aufsicht zu bedürfen, die bei allen anderen Methoden im Sandbad etc. immer erforderlich ist, zuverlässig beendet.

In besonders charakteristischer Weise brachte Bunsen die Niederschläge vom Filter bis zur Wage. Die Waschflüssigkeit war stets über den Filterrand gegossen worden, um ein Befreien des Papierrandes von Salzen in so kurzer Manipulation zu erzielen. Am Glase befanden sich daher nicht selten hinaufgespülte Partikelchen des Niederschlages. Um diese auf das Filterpapier zu bringen, steckte Bunsen die Spitze des Zeigefingers zwischen die 3fach papierte Seite des Filters und drehte das Filter, kräftig gegen die Wandung des Trichters drückend, spiralförmig nach oben heraus. Dabei kam jede Spur von Substanz an die Aussenseite des Filters, und, damit bei der weiteren Behandlung davon nichts verloren gehe, klappte er nun die substanzfreie Filtertasche darüber. Nach dieser Sicherheitsmassregel wurde das Filter erst weiter behandelt, entweder in der bekannten Weise getrocknet oder, wenn es irgend möglich war, nass verbrannt. Bei allen nassen Verbrennungen, zum Beispiel von Bariumsulfat, musste die Operation so geleitet werden, dass das Filter sich niemals schliesslich entzündete und abbrannte. Die richtige Befreiung des nassen Niederschlages durch Absaugen war für diese Operation ebenfalls massgebend. Die Trennung von Papier und Niederschlag bewirkte er im *feuchten* Zustande, zum Beispiel bei den Metallsulfiden der Schwefelammoniumgruppe, oft durch „Abklatschen", wie er es nannte. Das Filter mit dem bis zu einem ganz bestimmten Grade von Feuchtigkeit befreiten Niederschlag – das musste man kennen – wurde in eine glatte Porzellanschale ungeheuer fest angedrückt; dann konnte Bunsen das Papier wie von einem Abziehbildchen wegnehmen, ohne dass eine Spur Substanz daran hängen blieb. Das ging nicht immer, aber wenn es gelang, dann war das Gesicht Bunsens unnachahmlich, wenn er das blanke Papier vorzeigte und aus den Fingerspitzen auf die Erde fallen liess. – Wenn aber ein Niederschlag trocken mit dem Filter verascht werden müsste, wie Chlorsilber, dann zeigte sich die ganze Filigrankunst Bunsens. Während man heutzutage die von den Niederschlägen so gut wie möglich getrennten Filter lose vom Platindraht umwickelt als Brandopfer über oder in den Tiegeln aufflammen sieht, wickelte Bunsen — ich kann es nicht weiter hier ausführen — das Filter mit voller Kraft pressend in einen Platindraht so ein, dass der dem Filter anhaftende Rest des Niederschlages in eine 16fache Lage von Papier zu liegen kam. Der so erhaltene, kleine Papierknoten wurde, am Drahtende eingeklemmt, angezündet, er musste ruhig ausbrennen; mit wenigen Strichen der Oxydationsflamme des Bunsenbrenners schwanden dann die letzten Reste der organischen Papiersubstanz dahin. Der Kohlenstoff hatte aber seine Schuldigkeit getan, und ein winziger Silberregulus befand sich in der Spur von Aschenrest eingebettet. Bunsen nahm dies Flöckchen zwischen Daumen und Zeigefinger, rieb das Körnchen Silber von der Asche blank und warf es auf die Wage, um es getrennt von der Hauptmenge des Chlorsilbers als Silber zu wägen und zu bestimmen.

Die Anzahl der quantitativen Analysen von natürlich vorkommenden Stoffen und Kunstprodukten, welche der Praktikant obligatorisch ausführen musste, war nicht sehr gross, aber sehr pädagogisch ausgewählt. Als Beispiel, wie Bunsen scharf dabei beobachten lehrte, mag folgendes gelten. Eine Trennung von Kupfer und Silber in einer Silbermünze ist eine der gewöhnlichen, allgemein üblichen Aufgaben. Bunsen gab dazu dem Schüler ein Stück aus einem Vorrat von österreichischen Silbermünzen von einem ganz bestimmten Prägungsjahr. In diesen war 0,3 Prozent Gold zufällig enthalten, was der Praktikant nicht wusste. Wehe, wenn er die beim Auflösen der Münze zurückbleibende, durch einfache Beobachtung leicht aufzufindende, minimale Menge Gold vergass auf das Gesamtresultat in Anrechnung zu bringen!

Die letzten, schwierigeren Analysen wurden an einem Feldspat und einem Fahlerz angestellt. Für die letztere bedurfte man eines für die damaligen apparativen Verhältnisse sehr unbehaglichen Aufschlusses der Substanz im Chlorstrom. Dazu blies Bunsen jedem Schüler aus schwerstschmelzbarem Glase ein nach unten gebauchtes Glasrohrstück, das man in etwas veränderter Form heute als „Jannasch-Ente" in jedem chemischen Glasgeschäft kaufen kann. Dieser von Bunsen geblasene und gekühlte Apparat war unverwüstlich. Als Verschlüsse mussten damals aber noch versiegelte Korke dienen. Bunsen machte sich diese Korke, die käuflich zu jener Zeit wohl zu haben, aber oft von minderwertigem Material waren, aus der hervorragend feinen Substanz der Champagnerpfropfen. Ich erinnere mich mit grosser Freude, wie der Meister eines Nachmittags eine mit blauem Zuckerpapier und Gummi in der Mitte verklebte Zigarre rauchend, mit einem Kistchen unter dem Arm im Laboratorium erschien und aus dem letzteren an seine Lieblingspraktikanten viele, feinste Sektpfropfen zum apparativen Gebrauch verteilte. Aus diesen wurden dann die nötigen Verschlüsse mit Messer und Feile hergestellt.

Beim Aufschreiben der quantitativen Analysen machte sich bei Bunsen wieder eine gewisse Pendaterie geltend, die aber im höchsten Masse pädagogisch wirkte. Jede Analyse eines Salzes oder eines Minerals musste bis zur Molekularformel herausgerechnet werden. Dabei wurden die Verhältnisse der isomorphen Mischungen auf das peinlichste berücksichtigt. Nur mit dem in der genau vorgeschriebenen Form wiedergegebenen Resultat durfte man dem Lehrer vor Augen treten. – Als ich die übliche Anzahl der quantitativen Analysen beendet hatte, bat ich den Meister, noch eine quantitative Untersuchung des Röstproduktes von spanischen Kupferkiesen (Riotintokiesen) mit Kochsalz machen zu dürfen. Da sehr viele, auch seltene Elemente darin zu erwarten waren, interessierte ihn die Sache lebhaft. Es wurden in 4 Wochen 17 verschiedene Stoffe, davon 13 quantitativ in dem Produkt ermittelt, und mehrere Abende suchte der fast 70jährige Meister unter Zuhülfenahme eines grossen, lichtstarken Steinheilschen Spektralapparates, welcher mit zwei Flintglasprismen eine gewaltige Dispersion gab, mit mir die getrennten Niederschläge ab. Diese Stunden werden mir unvergesslich bleiben.

Der Volumetrie der Flüssigkeiten, dem sogenannten Titrieren, welches auf die Studien in der Gewichtsanalyse folgte, schenkte Bunsen besonderes Interesse. Der Umfang, in welchem man die titrimetrischen Arbeiten ausführen musste, war allerdings verschieden und meist nicht sehr gross, aber alles, was gemacht wurde, atmete Originalität und war vom Meister in Bezug auf Anordnung und Ausführung der Manipulationen und Methoden fast immer selbst erfunden. Bei diesen Methoden wurde ungemein viel gerechnet, so bei der sehr beliebten, indirekten Bestimmung mehrerer Halogene mit Silberlösung. Da wurde Bunsen nicht müde, die rechnerischen Gleichungen für den Schüler aufzustellen und immer alles ab ovo, so dass auch der ungeübteste die Sache begreifen musste. Wenn Bunsen überhaupt dem Praktikanten etwas vorrechnete, zum Beispiel, wieviel Sauerstoff sich bei einer Reaktion unter bestimmten Umständen aus Permanganat entwickeln könne, so fing er auf einem Stück Filtrierpapier so langsam an die Gleichung zu entwickeln, als ob er etwas ganz neues suche. Der Schüler gewann dadurch Zutrauen in seine eigenen, schwachen, rechnerischen Kräfte und mühte sich mit besten Willen ab, der ihm gestellten Aufgabe gerecht zu werden.

Von Apparaten zur Titrieranalyse kannte Bunsen als Bürette nur die von Gay-Lussac, die beim Zutropfen in der Hand gehalten wird. Mit fabelhafter Sicherheit handhabte er dieses Instrument, mit dem er auch halbe Tropfen, wie er sagte, abgab in der einen Hand, während er mit der anderen das Becherglas herumschwenkte, welches die zu untersuchende Flüssigkeit enthielt. Alle stehenden Büretten, namentlich solche mit Quetschhahn waren ihm ein Greuel. Der Quetschhahn musste wenigstens durch einen Gummiverschluss mit Glasstäbchen, das bis an das untere Ende der Bürrette hinaufreichte, ersetzt sein. Durch Quetschen am Gummi konnte man in sehr feiner Weise einen kleinen Tropfen aus solcher Bürette erhalten. Derartige Verschlüsse tropften niemals nach. Die heutigen Glasverschlüsse der Büretten waren damals noch selten in guter Qualität zu sehen.

Zu den originellsten Sachen der Bunsenschen Titriermethoden gehört das allgemein noch heute im Gebrauch befindliche Gummiventil bei der sogenannten Eisentitrierung, das ich nicht weiter zu beschreiben brauche.

Ebenso ist noch vielfach in Anwendung eine eigentümlich geformte, umgekehrt gestellte Retorte bei der Bestimmung der Superoxyde. Die Jodlösung stellte Bunsen nicht auf Thiosulfat ein, wie heute allgemein üblich, sondern auf eine unendlich verdünnte, frisch bereitete schweflige Säure, von der ein grosser Ballon hergestellt werden musste. Vor jeder Operation musste die schweflige Säure neu untersucht werden, was allerdings praktisch sehr einfach auszuführen war. Bunsens ausgezeichnetes Rezept, eine Stärkelösung, die auch zur Jodtitrierung gehört, darzustellen, sieht man selten anwenden. In einen 2 Liter-Kolben mit kochendem Wasser wird ein mit wenig kaltem Wasser angeriebenes, erbsengrosses Stärkestück eingegossen, die Flüssigkeit dann schnell in Eis abgekühlt und in einer Flasche aufbewahrt. Noch viele besondere Züge aus der Methodik des Titierens liessen sich hier anführen. [32])

Wie die praktische Kenntnis der Volumetrie der Flüssigkeiten, wurde auch die der Gasanalyse, deren eigentlicher Vater Bunsen war, von dem Schüler verlangt.

1853 hat Bunsen bereits in Heidelberg eine Vorlesung über diesen Gegenstand gehalten, ein einziges Mal nur neben seiner grossen Experimentalvorlesung, die sich jedes Semester wiederholte. 1857 erschienen die bekannten gasometrischen Methoden zum ersten Mal als selbständiges Buch im Druck; 1877 wurde das Werk neu verlegt. [28]) Roscoe hat in seiner Gedenkrede auf Bunsen in ausgezeichneter Weise dieses Buch besprochen. Hier liegt es mir nur nahe, Ihnen zu zeigen, wie Bunsen praktisch mit seinen Schülern Gasanalyse trieb.

Das Verfahren bestand zu meiner Zeit darin, dass sich vier ältere Praktikanten zusammentaten, um den Meister zu bitten, mit ihnen eine Luft- und eine Leuchtgasanalyse auszuführen. Die Arbeiten erstreckten sich über 4−6, ja noch mehr Wochen, doch nur während kurzer Zeit an jedem Tage, hin. Das kleine Gaszimmer, das im Winter nicht geheizt wurde und stets verschlossen war, wurde feierlich geöffnet. Es bot einen wenig einladenden Anblick. Quecksilber war auf der Erde ausgeschüttet, alle Apparate in grösster Unordnung und verstaubt. Die Legende erzählt, dass Bunsen diese Unordnung künstlich vorher herstellte. Nun kroch der grosse Mann, mit Federn bewaffnet, zunächst unter den Experimentiertisch und fegte das Quecksilber auf dem Boden zusamamen, die vier Schüler mit ihm. Vorher hatte er jedem streng befohlen, Uhrkette und Ringe abzulegen, weil dadurch das „Quecksilber" verdorben werden könne. Das gesammelte Quecksilber wurde nun zunächst auf sehr komplizierte Weise gereinigt und zum Gebrauch fertiggestellt. − Doch ehe man in das Heiligtum eingelassen wurde, hatte sich jeder sein Absorptionsrohr und das Eudiometer, das man ohne Einteilung, aber mit Platindrähten zum Ueberschlagen des Induktionsfunkens versehen damals schon bei Desaga kaufen durfte, selbst herzustellen resp. einzuteilen. Das kurze, weite Absorptionsrohr machte Bunsen am Gebläsetisch jedem Schüler selbst zurecht, wobei er dem offenen Ende die „bidetförmige" Ausbuchtung gab. Hierbei sollte der Praktikant probieren, ob er die Oeffnung auch mit dem Daumen bequem verschliessen könne. Bunsen betupfte mit seinem riesigen, mit Hornhaut bedeckten Daumen das rotglühende Ende des Rohres ohne Schwierigkeit und heuchelte Verwunderung, wenn der Praktikant dies sich nicht nachzumachen getraute. Nun musste die Millimetereinteilung auf den Röhren angebracht werden. Dieselben wurden mit Wachs und Paraffin überzogen, und der Millimetermassstab mittelst einer von Bunsen äusserst sinnreich konstruierten Teilmaschine eingeritzt. Nun kamen die Röhren in eine Atmosphäre von langsam sich entwickelndem Fluorwasserstoff in langen, bleiernen Kasten in den Keller, und man hatte dann, wenn alles gut verlaufen, in der Tat ganz vorzüglich geteilte und widerstandsfähige Instrumente. Mit diesen betrat man das Gaszimmer und durfte dann zunächst die Rohre mit Quecksilber und dann mit Luft kalibrieren. Die Methoden dazu sind genau beschrieben. Ihre Ausführung erforderte grosses Geschick. Wurde ein Fehler gemacht, so musste ganz von vorne wieder angefangen werden. Die anzulegenden Tabellen umfassten Bogen mit vielen hunderten von Zahlen. Schliesslich hatte nun jedes Absorptionsrohr und jedes Eudiometer seine eigene Tabelle, die der Praktikant wie einen Schatz hütete, und die bei den einzelnen, auf die vier Schüler verteilten Operationen jedesmal gesondert zur Berechnung benutzt wurde. Zu den Gasanalysen blies Bunsen noch am Gebläsetisch eine kleine, zierliche Retorte mit Gasentbindungsrohr aus einem Stück Glasrohr. Dieselbe wurde mit reinem chlorsaurem Kali gefüllt, um den Sauerstoff für die Explosionsgasreaktionen zu liefern. Bereitete ein Schüler damit Sauerstoff, so sprang das Glas nach dem Versuch jedesmal, machte dagegen Bunsen dasselbe, so ging er nachher, das Röhrchen schwenkend, im Zimmer auf und ab, bis die heissflüssige Salzmasse erkaltet war. Dann konnte man die Retorte noch mehrmals benutzen.

Die bekannte Ausführung der Luftanalyse verlief verhältnismässig sehr einfach. Bemerken will ich noch, dass jedes abgemessene Gasvolum aus der Entfernung mit einem Kathetometer, das heisst einem Fernrohr unter besonderer Berücksichtigung des Meniscus der Sperrflüssigkeit abgelesen werden musste. Das Arbeiten in den ungeheizten Räumen, mit den Händen in dem eiskalten Quecksilber, war höchst unangenehm.

Das Hauptstück war die Leuchtgasanalyse, die sich allein über 3 – 4 Wochen hinzog. Der Operationen und Berechnungen dabei waren unzählige. Dazu mussten zum Beispiel noch Kokskugeln an einem Eisendraht hergestellt werden, die, mit konzentrierter Schwefelsäure getränkt in das im Absorptionsrohr befindliche Gas eingeschoben, die ungesättigten Kohlenwasserstoffe absorbieren sollten, und ebensolche Kugeln aus einem nicht zu weichen und nicht zu harten Aetzkali – man musste die Kalikugel mit dem Nagel ritzen können, und das tat nachher noch tagelang wehe –, welche in richtigen Kugelformen vom Meister selbst gegossen wurden. Waren alle Bestimmungen beendet, dann versammelte Bunsen seine vier Schüler eines Tages im stillen Auditorium und rechnete nun für die von jedem Schüler in seinen besonderen Apparaten gewonnenen Resultate die Analyse aus. Alle Rechnungen wurden mit einer 4-stelligen Logarithmentafel ausgeführt, welche nur einmal umgeschlagen zu werden brauchte.

Die Herren Praktikanten, welche heute einen Kursus der Gasanalyse mit den modernen, einfachen Hempelschen und anderen Apparaten mitmachen, werden mitleidig die Achsel zucken, wenn sie der Mühen gedenken, deren man sich damals unterziehen musste. Aber sie mögen nicht vergessen, wie ausserordentlich die Beobachtungsgabe durch solche Arbeiten geschärft wurde. Diese Tatsache zieht sich durch die ganze experimentelle Pädogogik Bunsens hindurch. Und mit der durch sie erlangten Sicherheit im Beobachten haben viele Schüler des grossen Meisters später auf ganz anderen Gebieten ihre grossen Entdeckungen praktisch einzig und allein durchgeführt. Doch nicht allein die Beobachtungsgabe, sondern auch eine wahre Selbstzucht war es, die der Schüler in solcher mühevoller Arbeit über sich gewann, eine Erscheinung, welche hauptsächlich infolge der modernen, künstlichen Apparatentechnik aus den Laboratorien verschwunden ist.

Das Gegenstück zu den experimentellen, analytischen Arbeiten im Laboratorium bildete Bunsens, in jedem Semester wiederkehrende, grosse Vorlesung über *allgemeine Experimentalchemie* in etwa 100 Stunden. So lange Bunsen in Marburg war, las er *mehrere* verschiedene Vorlesungen.[37]) Zunächst 6stündig allgemeine Chemie, aber auch in jedem Sommer-Semester 4 mal wöchentlich organische Chemie. In der allgemeinen Chemie blieb er bei der Beschreibung der Metalloide sehr lange. Die Metalle mussten schneller abgehandelt werden. „Was kann man denn viel von den Metallen sagen," bemerkte er seinem Assistenten Debus gegenüber. Die organischen Vorlesungen schienen ihn, wie derselbe Ohrenzeuge sagt, weniger zu interessieren. Bunsen folgte bei letzteren im allgemeinen den Theorien von Berzelius. Debus beschreibt ferner eine ausgezeichnete Vorlesung über Stöchiometrie, in der Bunsen eine ausführliche Anleitung über alles, was das Messen und Wägen anbetrifft, gab. Das interessanteste Colleg aber bildete sein Publikum über Elektrochemie, das er in jedem Sommer einstündig las. Tyndall schreibt, dass dieser berühmten Vorlesung „alle wie einem Hochgenusse entgegensahen."[38]) Alle diese Vorlesungen verschmolz Bunsen in die einzige, grosse Vorlesung über allgemeine Experimentalchemie, als er nach Heidelberg übersiedelte. Nur einmal hat er, wie schon erwähnt, im Sommer-Semester 1853 an letzterem Orte ausserdem noch ein Kolleg über eudiometrische Methoden gelesen, aus dem sein Buch später hervorging.

Es würde ganz unmöglich sein, Wesen und Inhalt dieser durch das Wort, wie durch das Experiment gleich meisterhaften Vorlesung in dieser Stunde noch vor Ihnen, hochgeehrte Damen und Herren, zu entwickeln. Einen Versuch dazu habe ich in meiner Gedächtnisrede nach dem Tode Bunsens bei der Trauerfeier in der Aula gemacht.[39]) Seitdem hat Professor Rathke in Marburg, der dieselbe Vorlesung 14 Jahre vor mir hörte, in seinem Aufsatz über Robert Wilhelm Bunsen, der den gesammelten Werken des Meisters, wie schon erwähnt, vorangestellt ist, in vortrefflicher Weise die wichtigsten Momente dieser Vorlesung zusammengefasst.[40]) Ich könnte nichts besseres hinzufügen. Je älter man als Chemiker wird, um so grösser wird für mich der Genuss, in dieser Vorlesung zu blättern und die zu derselben dienenden, geistvoll konstruirten, einfachen Apparate zu bewundern. So ganz besonders interessant bleibt diese Vorlesung gerade für den *älteren* Chemiker, weil Bunsen alle seine eigenen, grossen Entdeckungen darin verwandt hat. Daher begreift man auch, dass er nicht überdrüssig wurde, Sommer und Winter dieselbe ausgedehnte Vorlesung zu halten: Er brauchte nur in die selbsterworbenen Schätze zu greifen und durchlebte während des Vortragens, ohne dass der Anfänger etwas davon ahnte, aufs neue in der Erinnerung die Freude des Entdeckens. Die prägte sich dann unwillkürlich dem Vortrage auf und belebte diesen so fesselnd für den Zuhörer. Bunsen las ganz ohne Konzept, indem er die nötigen Zahlen auf einem beschatteten, dunkeln Teil eines Tafelrandes sorgfältig ganz klein vorher anschrieb, während ausserdem zahllose Tabellen, die der Vorlesungsassistent immer wieder von neuem aufschreiben musste, die vielen Tafeln bedeckten. Er hatte aber doch ein Konzept in der Tasche; denn als ich ihn einmal nach der Stelle, wo die im Bunsenbrenner sichtbare Galliumlinie in seiner Spektralskala zu finden sei, nach der Vorlesung frug, führte er mich in das Nebenzimmer, zog das Heft aus der Brusttasche, blickte hinein, sagte mir die Zahl, steckte das Heft rasch wieder ein und verschwand mit langen Schritten im Laboratorium.

Bunsen kam während seiner Vorlesung auch einmal auf empfehlenswerte Literatur. Nachdem er sich zuerst über das grosse Lehrbuch von Gmelin verbreitet hatte, schlug er (1880) ein kleines Buch auf und sagte: „Hier ist noch das ausgezeichnete, kleine Lehrbuch von Regnault, das hat Professor Strecker neu bearbeitet (blätternd und den Zwicker aufsetzend, erstaunt:) und, wie ich sehe, hat auch Herr Wislicenus seinen Namen darunter gesetzt." Johannes Wislicenus hatte das Buch neu bearbeitet damals gerade herausgegeben.

In der letzten Vorlesung kam Bunsen regelmässig auf die neuen Atomgewichte zu sprechen, deren Anwendung in der organischen Chemie er „wohl für praktischer" hielt. Dann sagte er (im Jahre 1880) wörtlich: „Ich bin von diesen modernen Zahlen nicht ausgegangen, weil eine tiefere Erkenntnis der anorganischen Verbindungen nach ihnen unmöglich ist. So wird jeder Unterschied zwischen Säure und Base durch sie verwischt, da doch unsere Erkennungsmittel auf die Trennung von wasserfreier Base und Säure gerichtet sind." Als Beispiel für diese Verwischung der klaren Unterschiede durch die moderne Ausdrucksweise führte Bunsen dann an, dass $KMnO_4$ übermangansaures Kali sei und $CaMnO_4$ mangansaurer Kalk; „wo bleibt da jeglicher Unterschied in dieser Fassung?!" So oft ich das lese, bin ich zweifelhaft, ob Bunsen sich nicht doch einen Scherz mit dieser Darlegung gemacht hat. Immerhin bleibt es merkwürdig, dass er dies gerade als Schluss seiner wunderbaren Vorlesung bis zuletzt noch in dieser Form vortrug. Denn den Hörern, wenigstens denen der letzten fünfzehn Jahre seines Wirkens, war ganz abgesehen davon, dass viele von anderen Hochschulen kamen, durch die Vorlesungen zahlreicher und zum Teil als Forscher hochbedeutender Professoren und Dozenten auch an der Universität Heidelberg ausserhalb des Bunsenschen Institutes ausgiebig Gelegenheit gegeben, sich mit den modernen Anschauungen in der anorganischen, wie namentlich in der organischen Chemie vertraut zu machen. Und davon wurde reichlich Gebrauch gemacht.

Bunsen liess bekanntlich viele Chemiker als Dozenten an der Hochschule zu, aber in sein Laboratorium durfte keiner von ihnen hinein. Da herrschte er ganz allein mit gesundem, aber auch rücksichtslosestem Egoismus.

So waren, als Bunsen nach Heidelberg kam, ausser Delffs, der bis in die achtziger Jahre ein zuletzt allerdings gänzlich unzulängliches und veraltetes Kolleg über organische Chemie las, schon Dozenten der Chemie tätig. [41]

Friedrich Bornträger; er las seit 1850 pharmazeutische Chemie, Krystallographie, anorganische Experimentalchemie, qualitative, quantitative, Lötrohr-Analyse und organische Chemie. Er leitete die praktischen Uebungen im Laboratorium von Delffs. Die organische Chemie las er in jedem Semester bis in die siebziger Jahre, ebenso die pharmazeutische Experimentalchemie bis zum Anfange dieses Jahrhunderts.

Bis zu Bunsens Ankunft hatte Privatdozent Dr. Stötzel, habilitiert seit dem Winter-Semester 1849/50, chemische Technologie und Geschichte der Chemie gelesen.

Dr. Gustav Herth, habilitiert seit Winter-Semester 1851/52, liest bis zum Frühjahr 1858 Agrikulturchemie, auch medizinische, pharmazeutische Chemie, einschliesslich der Lehre von den Giften und deren Nachweisung in forensischen Fällen. Auch hielt er mit Dr. Stötzel in eigenem Laboratorium praktische Kurse ab.

Bunsen brachte Dr. August Streng von Breslau als Assistenten mit. Letzterer blieb mit dem bekannten Chemiker Ludwig Carius, den Bunsen inzwischen aufgenommen hatte, bis 1853 in dieser Stellung. Im Sommer-Semester 1853 habilitiert sich Streng, liest kurze Zeit über analytische Chemie und Vulkanismus und geht Ostern 1854 an die Bergakademie in Clausthal, von wo er später als Professor der Mineralogie nach Giessen kam.

Im Jahre 1853 siedelte Dr. Georg Friedrich Walz, Apotheker in Speyer, mit einem eigenen, pharmazeutischen Apparat nach Heidelberg über und erhält die venia legendi. Er las pharmazeutische Experimentalchemie, Pharmakognosie des Mineral-, Pflanzen- und Tierreichs, technische Chemie und hielt täglich Uebungen in seinem pharmazeutischen Laboratorium ab. Sechs Jahr später befindet sich Walz als ausserordentlicher Professor in der medizinischen Fakultät. Wenige Jahre darauf starb er „plötzlich und unglücklich", wie in der Universitätschronik zu lesen ist. [42]

Im Dezember 1855 habilitiert sich Carius, nachdem er sechs Semester bei Bunsen Assistent gewesen war. Er blieb bis zu seiner Berufung als Ordinarius nach Marburg im Jahre 1865. Der sehr bekannt gewordene Chemiker entfaltete eine vielseitige Lehrtätigkeit. Er las über chemische Technologie, theoretische Chemie, Stöchiometrie, organische Experimentalchemie, volumetrische Untersuchungsmethoden und hielt Examinatorien über alle Zweige der Chemie und praktische Uebungen im Laboratorium ab. In späteren Jahren las er auch Zoochemie, welche zuerst August Kekulé, der sich im selben Semester wie Carius in Heidelberg habilitierte, creiert hatte.

Kekulé hatte ein eigenes Laboratorium in der Hauptstrasse sich eingerichtet, das, wie vorhin schon erwähnt, dadurch besonders berühmt geworden ist, dass Adolf Baeyer, nachdem er zuerst 2 Semester im Bunsenschen

Laboratorium gearbeitet hatte, dahin übersiedelte. Kekulé hielt praktische Uebungen ab und las neben dem schon erwähnten Kolleg über Zoochemie als Hauptvorlesung theoretische organische Chemie und Einleitung in das Studium der anorganischen und organischen Chemie nach den modernen theoretischen Ansichten, wie solche durch die französischen grossen Chemiker damals nach Deutschland herübergekommen waren und die Entwicklung des modernen Standes der Wissenschaft anbahnten. Kekulé wurde 1858 auf den ordentlichen Lehrstuhl der Chemie nach Gent berufen.

1857 habilitierte sich der heute noch lebende Nestor der deutschen Chemiker und Ehrendoktor der naturwissenschaftlich-mathematischen Fakultät der Ruperto Carola, Emil Erlenmeyer, ein Schüler Liebigs, in Heidelberg. Er richtete sich ein eigenes Laboratorium in der Karpfengasse ein, wo er später als Extraordinarius bis zu seiner 1868 an das Münchener Polytechnikum erfolgten Berufung erfolgreich gewirkt hat. Er las organische Experimentalchemie mit besonderer Rücksicht auf Medizin und Pharmacie, Entwicklungsgeschichte der theoretischen Chemie, analytische Chemie und chemische Technologie und hielt auf den Gebieten der Chemie und Pharmacie, der Analyse und der Technologie praktische Uebungen, Kolloquien und Repetitorien ab.

In demselben Jahre habilitierte sich der kürzlich als Geheimer Hofrat in Karlsruhe verstorbene Heinrich Meidinger für Technologie. In den acht Jahren seiner Tätigkeit in Heidelberg, bis er 1865 an die Landes-Gewerbehalle in Karlsruhe und später an das Polytechnikum als Professor berufen wurde, entfaltete er eine merkwürdig vielseitige Tätigkeit in chemisch-technologischen Dingen. Er las über chemische und physikalische Technologie, Elektrizität in ihrer Anwendung auf die Technik, über Galvanoplastik, Heizung und Beleuchtung und über Kraftmaschinen, meist unter Zuhilfenahme von Demonstrationen und Exkursionen.

1859 rehabilitierte sich ein Dr. Jakob Schiel, der schon in den Jahren 1845 bis 1849 als Privatdozent der Chemie in Heidelberg tätig gewesen und dann, ohne seinen Austritt anzuzeigen, nach Amerika verschwunden war. Er hielt mit Erlenmeyer praktische Uebungen ab und las organische Chemie und anderes. Im November 1861 wurde er beurlaubt und 1863 in der Liste der Dozenten gestrichen.

Im Frühjahr 1859 habilitierte sich Dr. Gustav Lewinstein. Er stotterte so, dass er in der Probevorlesung 25 Minuten lang vergeblich versuchte zu sprechen. Trotzdem er überhaupt nicht vortragen konnte, erhielt er eine beschränkte venia legendi: er durfte praktische chemische Uebungen privatissime abhalten. Er arbeitete mit Erlenmeyer in der Karpfengasse. Sehr bald darauf wurde er beurlaubt und 1863 gestrichen.

Dr. Karl Fuchs, seit 1863 als Mineraloge und Geognost habilitiert, hielt von 1865 an vier Semester lang mit Erlenmeyer praktisch-chemische Uebungen ab, bei denen er den anorganischen Teil leitete. Er geht 1870 nach Italien und wird 1876 auf Senatsbeschluss aus der Liste der Dozenten gestrichen.

Bunsen kümmerte sich um die kleinen Mühlen, die um sein Laboratorium herummahlten, nicht viel. Er liess sie gewähren, solange sie ihn nicht störten.

Im Jahre 1864 wurden Bunsen glänzende Anerbietungen gemacht, an Stelle von Mitscherlich nach Berlin überzusiedeln. Er lehnte ab und schrieb an Roscoe: „ich habe keine Lust, mit dem in Berlin gänzlich herabgekommenen Studium der Chemie von vorn wieder anzufangen."[43]) Wahrscheinlich sind Bunsen auch schon ein Jahr vorher Anerbietungen wegen Uebernahme der Professur in Bonn gemacht worden. Jedenfalls war ihm 1863 von der badischen Regierung bewilligt worden, einen zweiten ordentlichen Professor nach Heidelberg zu berufen, auch war der Institutsfond um 1000 Gulden erhöht worden.[44])

Bunsen schlägt der Fakultät vor, einen Mann zu berufen, der sich selbst eine „Europäische Berühmtheit" zu nennen pflegte und kein geringerer war als Hermann Kopp* in Giessen, der grösste chemische Historiograph, der gründlichste Kenner alles dessen, was in der Chemie überhaupt bis zu seiner Zeit gedacht und gemacht worden war. Kopp war mit Liebig in Giessen zusammen: der genialer Forscher brauchte Kopp nur nach etwas zu fragen, „Liebigs Kopp" wusste alles. Bunsen hatte, wie schon erwähnt, alle speziellen Vorlesungen nach dem Antritt seiner Stellung in Heidelberg aufgegeben. Kopp wurde als „Professor der Chemie" berufen ohne spezielle Bezeichnung eines Faches und siedelte Ostern 1864 nach Heidelberg über. Er erhielt sein eigenes, sehr bescheidenes Laboratorium, natürlich ausserhalb des Bunsenschen, und las alles das, was Bunsen zur Spezialisierung seines grossen, anorganischen Experimentalkollegs brauchte: Angewandte Krystallographie, theoretische Chemie, eigentliche physikalische Chemie, Geschichte der Chemie und Stöchiometrie mit Uebungen in chemischen Berechnungen; ausserdem las Kopp Meteorologie und physikalische Geographie. Dies führte er 24 Jahre lang durch, von seiner Berufung bis zu dem Jahre, in dem Bunsen sich pensionieren liess. Der mit den höchsten Ehren bedachte Geheimrat Kopp vereinigte in sich eine seltene Fülle von naturwissenschaftlicher und historisch-philologischer Gelehrsamkeit und nahm dadurch eine ganz besondere Stellung in der Gelehrtenwelt ein.

So fütterte Bunsen den Löwen und überliess es den kleineren Tieren, für sich selber zu sorgen. Kopp las merkwürdiger Weise keine *organische* Chemie. Er gab in seiner theoretischen Chemie wohl Ausblicke in diese Wissenschaft, behandelte sie aber nicht systematisch. Zwei Jahre später entfalteten drei neue Chemiker als Dozenten in Heidelberg ihre Tätigkeit, die alle nachher hervorragende Berühmtheit sich erworben haben: Lossen, Ladenburg und Horstmann. Von diesen dreien wandte sich Horstmann der theoretischen und physikalischen Chemie zu. Lossen und Ladenburg, jeder in seinem eigenen Laboratorium, lasen beide organische Chemie und hielten praktische Uebungen ab. Ausgezeichnete Forschungen gingen aus diesen beiden Laboratorien hervor. Horstmann wirkt heute noch unter uns, Ladenburg ging 1873 als Ordinarius nach Kiel, Lossen erhielt zur selben Zeit einen Lehrauftrag für organische Chemie mit bedeutender Unterstützung, ging aber 1877 ebenfalls als Ordinarius nach Königsberg.

---

* geb. 30.10.1817; gest. 20.2.1892.

Inzwischen hatte sich auch Adolf Mayer im Winter-Semester 1868/69 für Agrikulturchemie habilitiert, die er fast ein Jahrzehnt lang vertrat, bis er einen Ruf als Professor und Direktor der landwirtschaftlichen holländischen Versuchsstation zu Wageningen erhielt.

Dr. Friedrich Rose, der von 1866 ab 4 Semester bei Bunsen Assistent gewesen war, habilitierte sich 1871 für technische Chemie, ging aber schon 1872 als Dozent nach Strassburg und ist dort der bekannte Vertreter der analytischen Chemie geworden.

1876 habilitierte sich Adolf Schmidt für Mineralogie und erhielt 1885 für das Fach der technologischen Chemie einen Lehrauftrag.

Im letzten Jahrzehnt der Tätigkeit Bunsens im Institut fand wieder das Gebiet der organischen Chemie die wirksamste Förderung durch eine Reihe von Gelehrten, die zum Teil heute noch in Heidelberg in ihren eigenen Instituten in voller Lehr- und Forschertätigkeit sich befinden. Ich nenne nur die gefeierten Namen: August Bernthsen, den früh verstorbenen Wilhelm Zorn, Julius Wilhelm Brühl und Friedrich Krafft.

Bunsen hatte in seinem Institut gewöhnlich zwei, eine Reihe von Jahren auch drei etatsmässige Assistenten. Von denjenigen Assistenten, welche sich später nicht in Heidelberg habilitierten, aber an andere Hochschulen berufen wurden, sind die Namen der Professoren Clemens Winkler, Graebe, Emmerling, Treadwell besonders bekannt geworden. Victor Meyer war als Studiosus ein Semester lang von Bunsen als Privatassistent für Mineralwasseruntersuchungen angestellt.

Als 78jähriger legte Bunsen seine Lehrtätigkeit nieder. Ferner stehende Fachgenossen hatten vermutet, fast gefürchtet, dass Bunsen seinen früheren Schüler, Lothar Meyer, den Mitbegründer des periodischen Systems, zu seinem Nachfolger sich wünschen würde. Dem war aber nicht so. In klarer Erkennung, dass nunmehr endlich auch die moderne organische Chemie durch den Hauptvertreter der Chemie an der Hochschule zu ihrem Recht kommen müsse, wurden die beiden berühmtesten und gefeiertsten Repräsentaten der Adolf Baeyerschen Schule dazu ausersehen, Bunsens Nachfolger zu werden: Emil Fischer und Victor Meyer. Emil Fischer lehnte leider von vornehrein ab, Victor Meyer aber kam, wenn auch erst nach Ueberwindung vieler Schwierigkeiten. Es ist ein grosses Verdienst Hermann Kopps um die Universität, dass er in detaillierten Gutachten die Bedeutung dieser Männer für die Zukunft der Chemie an der Heidelberger Hochschule der Fakultät klarlegte und ausdrücklich sich gegen die Berufung eines physikalischen Chemikers, obwohl er ja selbst seine Stelle niederlegte, unter den bestehenden Verhältnissen aussprach.

Es folgten nun die bekannten grossen Umwälzungen, welche der Heidelberger Chemie ein ganz anderes Gesicht gaben: Die Absonderung der naturwissenschaftlich-mathematischen Fakultät von der philosophischen; die so lange verzögerte, absolute Forderung einer wissenschaftlichen, gedruckten Arbeit beim Doktorexamen; der grosse Erweiterungsbau des chemischen Instituts hinter dem alten Bunsenlaboratorium, wodurch fast die dreifache Anzahl Praktikanten, wie vorher, aufgenommen werden konnte; der

Robert Bunsen

Stab ausgezeichneter, als Lehrer und Forscher bereits bekannter Dozenten, den Victor Meyer mitbrachte, und der im Institut selbst seine Verwertung bei dem Unterricht der Praktikanten fand.

Bunsen hat sich um das Treiben im neuen Institut nicht mehr gekümmert. Er hinterliess seinem Nachfolger eine bedeutende Summe aus dem Aversum ersparten Geldes.

Bunsen musste noch den jähen Tod Victor Meyers im August 1897 miterleben. Am 16. August 1899 in der Frühe erlöste der Tod den Meister von vielen körperlichen Qualen, welche er in der allerletzten Zeit seines Lebens erdulden musste. Als ich wenige Stunden nach dem Tode zu ihm trat, zeigte das ausdrucksvolle Antlitz die Züge tiefsten Friedens. Der Pfleger hatte den Einsamen mit einem Frackanzug bekleidet; als ich dies sah, glaubte ich fast ein leises Zeichen von jenem schalkhaften Lächeln, das Bunsen im Leben so unnachahmlich zeigen konnte, über das Antlitz des Toten huschen zu sehen. – – In wenigen Jahren wird durch die Liebe der Schüler und Freunde Heidelberg ein Denkmal grossen Stiles des unvergesslichen Forschers und Lehrers besitzen. Wenn aber auch dieses einmal im Laufe der Zeiten verschwunden sein wird, das Denkmal, welches sich der grosse Meister selbst gesetzt hat, bleibt ewig.

Anmerkungen zu der Rektoratsrede von Curtius

1) Theodor Curtius: Robert Wilhelm Bunsen. Ein akademisches Gedenkblatt. Heidelberg, Druck von J. Hörning, 1900.

Theodor Curtius: Gedächtnisrede, gehalten bei der akademischen Trauerfeier für R. W. Bunsen am 11. November 1899 in der Aula der Universität Heidelberg. Journ. für prakt. Chem. Neue Folge., Bd. 61, S. 381 ff. [1900].

2) Gesammelte Abhandlungen von Robert Bunsen. Im Auftrage der deutschen Bunsen-Gesellschaft für angewandte physikalische Chemie herausgegeben von Wilhelm Ostwald und Max Bodenstein. 2 Bde. Leipzig, Verlag von Wilhelm Engelmann, 1904.

3) Ebenda, Bd. 1, S. XV, Gedenkrede auf Bunsen, der Londoner chemischen Gesellschaft vorgetragen am 29. März 1900 von Sir Henry Roscoe.

4) Ebenda, Bd. 1, S. LX, Robert Wilhelm Bunsen von R. Rathke. Sonderabdruck aus Zeitschr. f. anorgan. Chem., Bd. 23 [1900].

5) Ebenda, Bd. 1. S. CI. Gedenkrede auf Robert Bunsen von Professor Dr. Ostwald. Sonderabdruck aus „Zeitschrift für Elektrochemie", 1901. Nr. 46.

Ebenda, Bd. 1, S. CXVIII. Rede am Grabe Bunsens von Prof. Dr. Ostwald. Sonderabdruck aus „Zeitschrift für Elektrochemie", 1901, Nr. 49.

6) Georg Quincke, Geschichte des physikalischen Instituts der Universität Heidelberg. Akademische Rede vom 21. November 1885. Heidelberg, Universitäts-Buchdruckerei von J. Hörning, 1885. S. 12.

7) Ebenda, S. 13.

8) Ebenda, S. 13.

9) Ebenda, S. 14.

10) Akten der Heidelberger medizinischen Fakultät 1817.

11) Gmelin-Krauts Handbuch der anorganischen Chemie beginnt in 7., gänzlich umgearbeiteter Auflage, herausgegeben von C. Friedheim, Prof. an der Universität Bern, in 5 Bänden zu erscheinen.

12) C. Zell: Prorektoratsrede 1851, Heidelberg.

13) Akten der Heidelberger medizinischen Fakultät 1851.

14) Die philosophische Fakultät hatte neben Delffs als Professor für theoretische Chemie A. W. Hofmann in London und R. Fresenius in Wiesbaden als Vertreter der praktischen Chemie nach Heidelberg zu berufen vorgeschlagen. Akten der philosophischen Fakultät 1851.

15) A. W. Hofmann: Aus Justus Liebigs und Friedrich Wöhlers Briefwechsel in den Jahren 1829–1873. Braunschweig, Verlag von Fr. Vieweg und Sohn, 1888. Bd. 1, S. 365. Liebig an Wöhler, Giessen 19. Mai 1851: ... „Die Regierung in Karlsruhe bewilligt alle Forderungen, die ich stellen könnte. ... Was ich Dir schreibe, ist nicht offiziell, sondern ist in Privatunterhandlungen mit Heidelberger Professoren, mit denen ich in Darmstadt zusammen war, vorläufig ausgemacht. ... In Heidelberg ist alles erst zu schaffen."

16) Ebenda, Bd. 11, S. 363. Liebig an Wöhler, Giessen 26. April 1851.

17) C. v. Voit: Max von Pettenkofer zum Gedächtnis. Rede vor der kgl.
bayer. Akademie der Wissenschaften in München vom 16. November 1901.
München 1902, Verlag der kgl. bayer. Akademie. S. 35.

„Der König (Max II. von Bayern) sandte 1852 Pettenkofer sofort nach
Giessen, um mit Liebig zu verhandeln; er verstand die Aussichten in München und die Persönlichkeit seines Herrn so zu schildern, dass er wenigstens
die Zusage erhielt, nach München zu kommen, um dem König persönlich
zu danken. Liebig vermochte bei einer Audienz in Berg am Starnberger See
dem Zureden des Königs und der anmutigen Köngin nicht zu widerstehen
und entschloss sich, die Professur in München anzunehmen. Pettenkofer
schilderte später in anziehender Weise den Hergang, wie Justus von Liebig
nach München kam."

Bei Bunsen würde wohl das bei Liebig von Pettenkofer angewandte Verfahren nicht zum Ziele geführt haben.

18) Briefwechsel Liebig und Wöhler, Bd. 1, S. 379. Liebig an Wöhler,
Giessen 11. April 1852.

19) Ebenda, S. 380.

20) Bunsen war an zweiter Stelle vorgeschlagen worden. Heidelberger
Fakultätsakten 1851.

21) Akten der medizinischen und philosophischen Fakultät 1851 und 52.

22) Allgemeine Akten über Lehrer der Chemie an der Universität Heidelberg 23. April 1853.

23) Akten der Heidelberger medizinischen Fakultät 1852.

24) Heidelberger Personalakten Delffs 7. März 1853.

25) Akten der Heidelberger philosophischen Fakultät 1851 und 52.

26) Heidelberger Universitätsakten „Bausachen" Chemisches Laboratorium. Aus den sehr interessanten Verhandlungen bis zur Fertigstellung des
Baues will ich hier nur einige wenige Punkte herausgreifen. Im Oktober
1852 beginnen die ersten Vorbereitungen für den Neubau. Bunsen hält das
sogenannte „Arboretum", den heutigen Wredeplatz, für den einzig geeigneten, da er das nötige laufende Wasser besitze. Die Stadt erklärte aber, dass
das Arboretum nie überbaut werden dürfe. Es wurde schliesslich ein Teil des
Hausgartens und die grosse Bleiche, welche beide zum Riesen gehörten und
sich in der Verlängerung des Arboretums gegen die Hauptstrasse hin erstreckten, zum Bau des Institutes angekauft. Auch auf dem Bleichplatze
konnte der Wasserzufluss zu den Laboratoriumszwecken herangezogen werden. Als Baumeister wird der Lehrer an der polytechnischen Schule in
Karlsruhe H. Lang und als Bauführer Architekt F. Rack von Heidelberg ernannt. Mit dem Sommer-Semester 1854 muss das neue Laboratorium bezogen worden sein, denn unter dem 9. Dezember 1855 sagt Bunsen in einem
Gutachten an das Ministerium, dass bei der nunmehr 3/4jährigen Benutzung des Laboratoriums sämtliche Einrichtungen und Vorkehrungen sich in
einer Weise bewährt haben, die nichts zu wünschen übrig lässt. Am 31. Oktober 1855 bezog Bunsen die ganze Dienstwohnung.

27) Heinrich Debus: Erinnerungen an Robert Wilhelm Bunsen. Cassel
1901, Verlag von Th. G. Fisher & Co. S. 17.

28) Robert Bunsen: Gasometrische Methoden. Braunschweig, Vieweg und Sohn, 1857. Desgleichen 2. umgearbeitete und vermehrte Auflage, 1877.

29) Adolf von Baeyer: Gesammelte Werke. Vieweg und Sohn, Braunschweig 1905. Bd. 1, S. X.

30) Roscoe: Gedenkrede auf Bunsen. Gesammelte Abhandlungen von R. Bunsen Bd. 1, S. LIV.

31) Bunsen: Flammenreaktionen. Heidelberg, Verlag von Gustav Köster, 1880. 2. Auflage, ebenda, 1886. Die erste Mitteilung unter dem Titel Flammenreaktionen, Liebigs Annalen 138, S. 257 ff. [1866].

32) Bunsen: Ueber eine volumetrische Methode von sehr allgemeiner Anwendbarkeit. Liebigs Annalen 136, S. 265 ff. [1853]. Ueber eine volumetrische Methode von sehr allgemeiner Anwendbarkeit. Vermehrter und verbesserter Abdruck. Heidelberg 1857, Verlag von C. F. Winter.

33) G. Kirchhoff und R. Bunsen: Kleiner Spektralapparat zum Gebrauch in Laboratorien. Fresenius Zeitschr. f. anal. Chem. 1, S. 139 ff. [1862].

34) J. Volhard: Anleitung zur qualitativen und quantitativen chemischen Analyse (als Manuskript entstanden), später zum Gebrauch im chemischen Laboratorium der Akademie der Wissenschaften in München von Hans von Pechmann redigiert und als Manuskript gedruckt.

35) F. Wöhler: Die Mineral-Analyse in Beispielen. 2. Auflage, Göttingen 1861, Dieterichsche Buchhandlung.

36) R. Bunsen: Auswaschen der Niederschläge und Wasserluftpumpe. Liebigs Annalen, 148, S. 269 ff. [1868].

37) Heinrich Debus: Erinnerungen an Robert Wilhelm Bunsen. Cassel 1901, Verlag von Th. G. Fisher & Co. S. 11 ff.

38) Ebenda, S. 16.

39) Siehe Anm. 1), S. 37 bezw. 404.

40) Siehe Anm. 4), S. XLVI ff.

41) Die nachstehenden Angaben über die Dozenten, welche zur Zeit Bunsens in Heidelberg ausserhalb von dessen Laboratorium tätig waren, sind den Heidelberger Universitätsakten und den Vorlesungs- und Personalverzeichnissen entnommen.

42) Universitäts-Chronik, Heidelberg 1862.

43) Siehe Anm. 3), S. LVII. Bunsen schrieb an Roscoe 1864: „Max hat mir von Berlin aus in betreff der Mitscherlichschen Professur sehr glänzende Anerbietungen gemacht. Ich habe aber abgelehnt, da ich weder unter dem Regiment des Herrn von Bismarck leben mag, noch Lust habe, mit dem in Berlin gänzlich herabgekommenen Studium der Chemie von vorne wieder anzufangen."

44) Ebenda.

In seinem Brief vom 4. November 1906 geht dann CURTIUS auf zweierlei ein. Einmal erwähnt er die wohltätige Wirkung von Coryfin — eines Präparates, das zwei Kriege überdauert hat — und zum anderen die Grundsteinlegung des Deutschen Museums in München.

4. 11. 1906   Heidelberg 4. November 06.
Th. C.
                                    Lieber Freund!
      Eben habe ich zum erstenmal einen fürchterlichen Schnupfen mit Coryfin aus deiner famosen Apotheke zu heilen versucht, und dies erinnert mich nachdrücklich daran, dass ich dir noch gar nicht für die köstliche Gabe gedankt habe! — Doch der Hauptzweck des Briefes ist zu fragen, ob du nach München zum Grundsteinfest kommst. Ich beabsichtige hinzugehen und wohne Rheinischer Hof. Schreibe mir bitte eine Postkarte.

      Dann noch eins: ich lege dir und deinen hohen Farbenfabriken nochmals die Bitte um 10 Kilo salzsauren Glycocollester vor. Ich würde dir meinen sehr intelligenten und persönlich charmanten kleinen Dr. Ernst Müller, den Privatassistenten, gerne senden, damit er dem betreffenden Chemiker bei euch unsere Erfahrungen übergiebt.

      Hoffentlich geht es dir und deiner Frau, Karl Ludwig und den anderen Kindern so vorzüglich wie mir. Wie herrlich war wieder unsere gute Zeit dort oben.

      Viele Grüße sendet dem Vater, dem Sohn und der lieben Frau bis auf baldiges Wiedersehen dein altgetreuer, dankbarer

                                                    Theodor Curtius

Bezeichnend für DUISBERG ist seine Stellung zu dem Bayer-Medikament: „obgleich alle Medikamente bekanntlich individuell wirken, dem einen nützen, dem anderen zuweilen schaden".

Für das Deutsche Museum hat sich vor allem CURTIUS laufend eingesetzt. Er war Mitglied des Vorstandsrates und dauerndes Mitglied des Ausschusses des Deutschen Museums. Außerdem hat er Apparate von BUNSEN, VICTOR MEYER und sich selbst dem Museum zugeführt, seine eigenen Präparate der Sammlung des Museums übergeben und, wie es in einem Schreiben von OSKAR V. MILLER heißt, „in enger und dauernder Verbindung mit der Leitung unseres Museums" mitgewirkt. CURTIUS wurde 1912 auch ständiger Vertreter der Heidelberger Akademie der Wissenschaften beim Deutschen Museum in München.

Aus dem Brief DUISBERGS vom 9. November 1906 geht wieder hervor, daß DUISBERG bereit ist, dem Heidelberger Institut mit Chemikalien auszuhelfen.

9. 11. 1906
C. D.

Elberfeld, den 9. November 1906

Lieber Freund!

Für Deinen lieben Brief vom 4. ds. Mts. besten Dank. Hoffentlich hat das Coryfin Dir geholfen, wie es schon so manchen Schnupfen und so manche Heiserkeit gelindert hat, obgleich alle Medikamente bekanntlich individuell wirken, dem einen nützen, dem anderen zuweilen schaden.

Auch ich bin als Mitglied und zukünftiger Vorsitzender des Vereins Deutscher Chemiker nach München zur Grundsteinlegung des deutschen Museums eingeladen. Ich habe aber keine Zeit die dann dafür notwendigen 3 Tage zu opfern, so sehr mich der Gedanke, dass ich Dich dort sehen und treffen werde, dazu reizt; aber es geht leider nicht, ich habe allzu viel zu tun. Neulich war ich übrigens in Mannheim und hätte Dich gerne in Heidelberg besucht oder Dich gebeten, zu uns in's Parkhotel nach Mannheim zu kommen, weil wir zufällig und ohne dass ich es vorher sehen konnte, länger als wie beabsichtigt bleiben mussten. Als ich Dich bezw. das Institut gegen 7 Uhr Abends antelephonieren wollte, ergab sich, dass Du nicht direkt zu erreichen warst, und dass das Institut, wahrscheinlich weil der Hausmeister fortgegangen, nicht reagierte. Sollten mich demnächst aber wieder einmal zufällig länger als beabsichtigt geschäftliche Angelegenheiten in Mannheim oder Ludwigshafen festhalten, oder ich sonst Zeit haben, so werde ich trotzdem erneut mein Glück versuchen und dann hoffentlich Erfolg haben.

Was die von dir gewünchsten 10 kg salzsauren Glycocollester anbetrifft, so sind wir selbstverständlich gern bereit, Dir dieses Quantum gratis zu überlassen. Da wir dieses Produkt bisher aus Chloressigsäure und Ammoniak hergestellt haben, aber stets mit der Reinigung Schwierigkeiten hatten, so wäre es uns sehr wünschenswert, wenn Du uns Dein Cyankaliformaldehydverfahren und zwar in ausführlicher Weise unter Angabe der genauen Mengenverhältnisse, Temperaturen und Arbeitsweise mitteilen wolltest. Wir werden dann das Verfahren zuerst hier im kleinen und eventuell sofort auch im grossen im technischen Versuchsraum durchprobieren. Sollten sich Schwierigkeiten irgend welcher Art ergeben, so würden wir Dich dann erst bitten, uns Deinen Privatassistenten zuzusenden.

Mit großer Freude denken wir im Familienkreise an die schönen Engadiner Tage.

Mit herzlichsten Grüssen von meiner Frau und Carl-Ludwig

Dein getreuer Carl Duisberg

Schon am 20. Februar 1907 kann sich CURTIUS für die erbetene Lieferung von 10 kg Glykokollester bedanken. Es folgt eine Bitte um Geld für ein geplantes Bunsendenkmal, das PROF. VOLZ in Karlsruhe entworfen hatte. Den Heidelberger Chemikern fehlen noch 10.000 bis 12.000 M, und man erhofft eine Unterstützung durch die inzwischen ja gegründete „I. G.". Dann folgt noch eine zweite Bitte, die das Weiterkommen von AUGUST KLAGES betrifft. KLAGES war am 19.6.1871 in Hannover geboren und war nach einem Studium der Philosophie und der Naturwissenschaften 1896 Assistent am Chemischen Universitätslaboratorium in Heidelberg geworden. Am 7.1.1897 wurde er zum Dr. phil. nat. promoviert, 1900 habilitierte er sich, und 1904 wurde er a. o. Professor. Nun sucht er mit Hilfe von CURTIUS einen neuen Wirkungskreis. CURTIUS schreibt:

20.2.1907 Zweitens hat mich mein sehr verdienter College und Abtheilungs-
Th. C.   vorstand Prof. extraordinarius August Klages gebeten, dir mitzu-
           theilen, dass er *möglichst bald* in die chem. Industrie in eine entspre-
           chende Stelle übertreten möchte. Ich habe ja keine Ahnung, ob *du*
           eine Verwendung für ihn hast, oder eine solche für ihn anderweitig
           wüsstest. Du würdest mir einen Gefallen thun, wenn Du mir ein kur-
           zes Wort darüber mittheilen würdest. *Es muss aber vertraulich blei-
           ben.* Ich verliere Klages sehr ungern (*auch persönlich*!), kann aber
           seinem Streben etwas zu leisten fern von Heidelberg nur beistim-
           men. (Hier ist kein Pflaster dazu!)
           Er hat Ehrgeiz und ernstes Streben dazu.

CURTIUS erwähnt auch, daß er die Schwester von WILHELM KOENIGS in Wiesbaden besucht habe und daß A. VON BAEYER wolle, daß er eine Biographie von KOENIGS für die Berichte der Dtsch. Gesellschaft verfassen solle. Letzteres geschah dann tatsächlich im Jahr 1912.

DUISBERG antwortet wie stets postwendend am 25. Februar. Der erste Abschnitt des Briefes gibt einen Eindruck von der großen Arbeitslast, die auf DUISBERG liegt:

25..2.1907   Lieber Freund!
C. D.   Nachdem ich lange nichts von Dir gehört, erfreuten mich Deine
            Zeilen vom 20. ds. Mts. ausserordentlich. Leider komme ich allzu
            selten nach Ludwigshafen und in den meisten Fällen, so noch vor
            etwa 4 Wochen kam ich nachts in Mannheim an, hatte am nächsten
            Tage von 1/2 10 Uhr morgens bis 1/2 10 Uhr abends Sitzung und
            fuhr am Tage darauf mit dem Zuge um 7 Uhr früh wieder nach hier
            zurück. Sobald ich aber einmal etwas freie Zeit erübrigen kann, wer-
            den ich selbstverständlich zu Dir nach Heidelberg kommen.

Es folgt ein Einblick in das Privatleben von DUISBERG und dann weist er darauf hin, daß CURTIUS offenbar sein Leberleiden durch Abstinenz vom Alkohol erfolgreich bekämpft hat:

25. 2. 1907   Meine Frau ist schon seit 4 Wochen mit Frau Kommerzienrat
C. D.   Bayer in St. Moritz, um dort in der am blauen Himmel strahlenden
       Wintersonne die Nerven zu stärken und das Asthma, das zwar besser geworden, aber sich dennoch dann und wann einstellt, ganz fortzubringen. Sie schreibt entzückt und begeistert von der winterlichen Pracht, hat aber grosse Sehnsucht nach Hause und Heimweh. Wahrscheinlich wird sie Ende dieser Woche wieder hier sein.
       Mir und den Kindern geht es sehr gut, eigentlich mir besser, wie ich es verdient habe, denn als Strohwitwer werde ich soviel eingeladen, dass ich fast jeden Abend in Gesellschaft weile. Wider Erwarten bekommen mir aber alle diese festlichen Gelage recht gut. Wie steht es übrigens mit Deiner analkoholischen Haltung? Hoffentlich bist Du bis jetzt Deinen Grundsätzen treu geblieben, denn die Wirkungen, die Du damit erzielt hast, waren doch phänomenal.

Zu den Bitten von CURTIUS äußert sich DUISBERG − wie stets − sehr vorsichtig. Die Bitte um Geld schiebt er von sich persönlich fort:

25. 2. 1908   Was nun Deine Anfrage anbetrifft, so kommt Dein Wunsch, er-
C. D.   neut einen Beitrag für das Bunsendenkmal zu stiften, zurzeit sehr
       ungelegen. Wir haben erst vor kurzem in der Interessengemeinschaft je 50,000 Mark für die chemische Reichsanstalt und je 20.000 M für das Deutsche Museum gezeichnet, sodass in der Interessengemeinschaft keine Neigung besteht, weitere Summen zu opfern. Wenn Ihr aber eine neue Rundfrage an die chemische Industrie erlasst, so wird sicherlich die I. G. mitmachen. Es müsste dies aber offiziell in Form eines allgemeinen Rundschreibens geschehen. Vielleicht empfiehlt es sich, vorerst abzuwarten, was die Eisenindustrie tut.

DUISBERG kann auch Professor KLAGES nicht unterbringen; aber er gibt gute Ratschläge:

25. 2. 1907   Daß Professor Klages von Dir fort will, tut mir leid. Ich hatte
C. D.   den Eindruck, daß er ein recht tüchtiger Mensch ist, der auch in die
       Industrie passt. Zu meinem grossen Bedauern kann ich ihn aber lei-

der in unseren Fabriken nicht brauchen. Er käme ja nur für eine leitende Stellung in Betracht. Wir haben aber keine Vacanz und offen gestanden ziehe ich auch für derartige Posten Leute, welche wir selbst ausgebildet haben und die sich die Kollektiv-Erfahrungen der Fabrik in langjähriger Tätigkeit angeeignet haben, vor. Ich glaube auch kaum, dass in Ludwigshafen und Berlin Platz für Professor K. ist, obgleich Du dieserhalb mal bei Bernthsen anfragen könntest. Dagegen wäre es nicht unmöglich, dass die Firma Schering jemand brauchen kann, da der jetzige Direktor, Herr Dr. Reimarus, schon seit längerer Zeit krank und, soviel ich höre, sogar gelähmt ist. Übrigens, im Vertrauen gesagt, liegt mir gerade noch ein längeres Schreiben von Professor Ossian Aschan aus Helsingfors vor, in welchem derselbe auch seine Absicht, in die Technik zu gehen, äussert und mich um Rat frägt. Da er aber in seiner jetzigen Stellung ein recht bedeutsames Einkommen bezieht, so werde ich Herrn Professor A. hiervon abraten.

KLAGES hat übrigens seinen Weg gemacht. 1907 trat er in die BASF in Ludwigshafen ein. 1908 bis 1927 war er Vorstandsmitglied und technischer Berater der Saccharinfabrik „vorm. Fahlberg, List und Co." in Magdeburg, 1927 bis 1933 Vorstandsmitglied des Vereins dtsch. Chemiker und Honorarprofessor der T. H. Berlin. Am 27. 12. 1957 ist er in Göttingen gestorben [29].

Der nächste Brief von CURTIUS kommt am 16. 4. 1907 aus Karlsbad, wo CURTIUS immer wieder wegen eines Leberleidens Erholung gesucht hat.

16. 4. 1907   Karlsbad, Haus Bremen, den 16. 4. 1907.
Th. C.

Lieber Freund!

Schändlich, dass Du mit Deiner Frau Heidelberg in meiner Abwesenheit aufsuchtest. Nimm aber trotzdem vielen Dank für Deinen Gruss mit Klages. Hier geht es mir ausgezeichnet und ich geniesse für 3 Wochen das einzigartige Normaldasein, trotz trüben kühlen Wetters. Die Landschaft ist noch sehr winterlich. Nächste Woche nach H. zurück.

Hier solltest Du einmal Dein Auto lenken, aber nicht in der Saison.

Viele Grüssse Dir und den Deinigen
von Deinem alten Theodor Curtius

Diesmal antwortet DUISBERG nicht postwendend. Er hatte eine längere Reise hinter sich. Nun kann dem Wunsch von CURTIUS für Geld für das Bunsendenkmal doch noch in einem gewissen Umfang entsprochen werden. Es ist vielleicht interessant, daß bei der Errichtung des Denkmals die Firma DESAGA eine gewisse Rolle spielt. Der Mechaniker Desaga war der wichtigste Helfer von BUNSEN bei der Konstruktion seines Brenners. In der Gründerzeit konnte aus diesen Anfängen eine noch in der zweiten Hälfte des 20. Jahrhunderts florierende Laborgerätefirma entstehen.

Im zweiten Teil des Briefes wird eine Tagung des Vereins Deutscher Chemiker angesprochen. Es zeigt sich, das sich ein Zusammenhalt der deutschen Chemiker entwickelt hat. Liest man die Namen der damaligen deutschen Städte, die DUISBERG als durchfahren erwähnt, so findet man, daß von 14 nur noch 6 in der heutigen Bundesrepublik Deutschland liegen.

Zu dem im dritten Abschnitt erwähnten Doktorjubiläum von CURTIUS wird noch einiges zu sagen sein.

7.6.1907   Elberfeld, den 7. Juni 1907.
C. D.
                                   Lieber Freund!
Von der sehr schönen Tagung des Vereins deutscher Chemiker von Danzig nach hier zurückgekehrt, liegt mir noch die Erledigung Deiner lieben Zeilen vom 16. vor. Mts. ob. Wie ich zu meinem Schrecken sehe, habe ich versäumt, die „Farbenfabriken" zu veranlassen, dem Ausschuss für das Bunsendenkmal in Heidelberg noch in Ergänzung des früheren Betrags dieselbe Summe, nämlich 1500 Mark, zu überweisen, welche die Badische Anilin- & Soda-Fabrik in Ludwigshafen und, wie wir damals beschlossen hatten, auch die Aktiengesellschaft für Anilinfabrikation zu Berlin bewilligt hat. Ich habe heute einen diesbezüglichen Beschluss in der Direktion herbeigeführt und bitte Dich um freundliche Mitteilung, an wen ich den Betrag von M 1500,— — überweisen lassen soll. Ist Herr Stadtrat A. Rodrian i. Fa. C. Desaga noch Schatzmeister?

Die Reise nach Danzig habe ich mit der ganzen Familie via Hannover, Braunschweig, Magdeburg, Berlin, Stettin, Stolp und zurück über Marienburg, Deutsch Krone, Küstrin, Berlin, Hamburg, Bremen, Osnabrück und Münster mit dem neuen Mercedeswagen gemacht. Es war eine wundervolle und interessante Tour, welche uns allen ausserordentlich gut bekommen ist, und welche für mich besonders, der ich, wie Du Dir denken kannst, recht anstrengende und aufregende Tage in Danzig durchzumachen hatte, sehr erholend war. Die Versammlung war sehr gut besucht und zwar waren es alle sehr nette Leute. Selbst Dir hätte sicherlich diese Versammlung von Fachgenossen, zumal in der schönen alten Stadt Danzig mit seiner herrlichen Technischen Hochschule und der wundervollen Danziger Bucht (Zoppot und Hela) Freude gemacht.

Soeben geht mir eine Einladung zu dem von den Angehörigen
Deines Instituts geplanten Kommers zu Deinem 25jährigen Doktorjubiläum zu. Ich wusste gar nicht, dass Du nach dieser Richtung hin
jünger bist wie ich, da ich schon im Januar diesen Tag im kleinen
Familienkreise gefeiert habe. Allzugern würde ich die Gelegenheit
benutzen, um dieses Fest mitzufeiern, aber leider habe ich keine
Zeit. Auch lässt sich eine Geschäftsführersitzung in Ludwigshafen
nicht arrangieren, sodass ich auf das Vergnügen, Dich mitfeiern zu
können, verzichten muss. Es ist sogar nicht einmal ausgeschlossen,
dass ich dann in Kristiania weile, da dort zu jener Zeit eine Auf-
sichtsratsitzung einer neu gegründeten Norwegischen Gesellschaft
stattfindet.

Mit herzlichen Grüssen von meiner Frau und den Kindern
Dein treuer Carl Duisberg

Am 22. Juni 1907 feiert THEODOR CURTIUS sein 25jähriges Doktorjubiläum.
Wie so etwas vor sich ging, schildert anschaulich eine Notiz im „Heidelberger
Tageblatt. Generalanzeiger":

22. 6. 1907   (25jähriges Doktorjubiläum). Letzten Samstag wurde im großen
Harmoniesaale das 25jährige Doktorjubiläum des Herrn Geh. Rat
Prof. Dr. *Curtius* durch einen Festkommers gefeiert, den die Praktikanten des Jubilars und dessen Schüler veranstalteten. Es hatten
sich dazu außer den Heidelberger Chemikern zahlreiche andere Naturwissenschaftler und hervorragende Chemiker von auswärts, sowie sonstige Geladene eingefunden. Das Präsidium führte in schnei-
diger Weise cand. chem. *Hochschwender,* der in ungemein warmen
Worten Geh. Rat Curtius, nachdem er an seinem blumenge-
schmückten Sitze Platz genommen hatte, begrüßte. Eine besondere
Freude war dem kunstsinnigen und kunstverständigen Gelehrten
durch das ansehnliche chemische Orchester zugedacht, das, fast ausschließlich aus Studenten der Chemie zusammengesetzt, unter der
sicheren Leitung Dr. *Wilkes*[27] überraschend schön zur Einleitung
eine Haydn'sche Symphonie vortrug. Die musikalische Zugabe für
den weiteren Verlauf des Abends spendete eine tüchtige Heidelberger Kapelle. Gleich zu Anfang des Festabends ergriff der Jubilar
selbst das Wort und erzählte ungemein schlicht und doch fesselnd
in fein humoristischer Weise, leider nur mit einem allzu wehmütigen
Ausklang, ‚wie er Chemiker geworden‘ und wie sich seine chemische

---

[27] Vgl. S. 188.

Laufbahn entwickelte. Er begründete seine Liebe zur Chemie mit seiner Abstammung, gedachte dann mit knapper, vorzüglicher Charakteristik seiner ersten Lehrer Castanien, Bunsen, Rosenbusch, Kolbe (Leipzig) und v. Baeyer (München); dabei schilderte er ungemein anschaulich sein heißes wissenschaftliches Bemühen, bis die Stickstoffverdoppelung gelang. Er feierte Thiele[28] (der anwesend war), pries als ungemein förderlich sein Wirken als ‚einziger' Göttinger (?) Assistent bei Fischer, schilderte, wie das Hydrazin gefunden wurde, gedachte seiner Mitarbeiter Lang und Jay. Er berührte die Kieler Zeit, die Entdeckung der Explosivkraft des Stickstoff-Wasserstoffs, weiter die kurze Bonner Wirkungszeit und mit großer Wärme endlich die nunmehr verflossenen 10 Heidelberger Jahre. Er sprach seine Freude darüber aus, daß er mit dem ihm in der Jugend fremd gebliebenen studentischen Leben nun enge Fühlung gewinnen konnte, streifte seine großen Heidelberger Vorgänger und die hohe Bedeutung des Heidelberger Laboratoriums, sprach sein Bedauern aus, daß er hier nicht mehr, wie unter ruhigeren und kleineren Verhältnissen dem Einzelnen so nahe treten könne, wie er es wünsche, warf nun einen melancholischen Streifblick auf den viel zu frühen Hingang einer Reihe von Großen, die dem modernen Kampf und der stetigen Reibung an der Welt der Wissenschaft zum Opfer fallen mußten, dankte für das bewährte Vertrauen und sprach seine Hoffnung, noch lange dieses Vertrauen rechtfertigen zu können, aus. Nach dieser mit stürmischem Beifall aufgenommenen Rede ergriff Geh. Rat Prof. *Rosenbusch* das Wort, der wie er sagte, seit 30 Jahren auf keinem Kommers mehr gesprochen habe, und gab seiner Freude darüber Ausdruck, daß er noch wie damals bei der Jugend die schönen, für die Wissenschaft notwendigen Ideale finde. Die nächste Rede, in der die freundschaftlichen Beziehungen zwischen Lehrer und Schülern gerühmt und begründet wurden, hielt Prof. *Jannasch*[29]. Später ließ sich Geh. Rat *Curtius* noch einmal vernehmen und enthüllte in launiger Weise seine zweite, seine musikalische Seele und dankte als Musiker dem trefflichen chemischen Orchester und seinem Dirigenten. Beim initium fidelitatis übernahm Prof. *Stollé*[30] das Präsidium und entwickelte, wissenschaftliche Begriffe und Kneipkomment in köstlicher Weise verquickend, namentlich in seiner zündenden ersten Ansprache, den echten sprudelnden Humor des Rheinländers. Bei stetig sich steigernder ausgelassener Stimmung setzte sich der Kommers bis spät in die Nacht hinein fort.

---

[28] Vgl. S. 102.
[29] Vgl. S. 128.
[30] Vgl. S. 107.

Die Lieder, die auf dem Kommers gesungen wurden, hat CURTIUS sorgfältig aufbewahrt. Sie reichen von: „Hier sind wir versammelt zu löblichem Tun, drum Brüderchen ergo bibamus!" bis „Im Krug zum grünen Kranze".

Aber CURTIUS feierte nicht nur mit seinen Studenten; er dachte auch an ihr Fortkommen. Am 26. Juni berichtet das „Heidelberger Tageblatt":

26.6.1907   (Von der Universität) Am Schwarzen Brett des chemischen Universitätslaboratoriums befindet sich nachfolgender Anschlag: *,Viktor Meyer=Preis* betr. An die Herren Praktikanten des Instituts! Um meiner Dankbarkeit für die Ehrungen, welche mir von den Kollegen, Assistenten und Schülern zum 25jährigen Gedenktage meiner Doktorpromotion zu teil geworden sind, auch in einem äußeren Zeichen Ausdruck zu geben, habe ich das Großherzogliche Ministerium gebeten, dem *Viktor Meyer=Fonds 8000 Mark hinzufügen* zu dürfen. Die Zinsen dieser Stiftung sollen ebenfalls dazu bestimmt sein, an die Schüler meines Instituts als Anerkennung für tüchtige wissenschaftliche Arbeiten vergeben zu werden. *Theodor Curtius:*– Obiger Viktor Meyer=Preis ist bekanntlich im Dezember 1901 anläßlich der Enthüllung der Büste im Hörsaal des Laboratoriums mit einem Grundkapital von 8000 Mark gestiftet worden. Das Ministerium wird natürlich nicht verfehlen, die hochherzige Schenkung mit Dank an den Stifter anzunehmen.

In seiner Rede gedachte CURTIUS seines früheren Erlanger (nicht Göttinger!) Chefs OTTO FISCHER.

OTTO PHILIPP FISCHER (geb. 28.11.1852) promovierte 1874 in Straßburg bei ADOLF VON BAEYER, war 1875 bis 1877 Praktikant im Münchner Laboratorium von BAEYER's und habilitierte sich dort 1878. Von 1878 bis 1884 arbeitete er als Privatdozent in München, wobei er von 1882 an als Nachfolger seines Vetters EMIL FISCHER[31] die Anorganische Abteilung des Chemischen Laboratoriums in München leitete. Er erhielt 1884 dann einen Lehrauftrag an der Universität Erlangen zur Vertretung von EMIL FISCHER. 1885 wurde er ordentlicher Professor in Erlangen, und in Erlangen blieb er bis zu einer Emeritierung (1925) bzw. bis zu seinem Tod am 5.4.1932 [43]. Wie bereits erwähnt, habilitierte sich CURTIUS 1886 in Erlangen, dort wirkte er als Privatdozent bis zum 1.4.1890. Die Zeit in Erlangen muß für CURTIUS anregend gewesen sein; denn OTTO FISCHER war ein vielseitiger Mann. Er hatte viele Arbeiten mit EMIL FISCHER zusammen veröffentlicht, bevor er nach Erlangen kam. In Erlangen betreffen zahlreiche Arbeiten Chinolinderivate, Nitroso-Verbindungen, aber auch Triphenylmethan-Farbstoffe und vieles mehr [43]. Die Herstellung von Farbstoffen hat FISCHER offenbar besonders beschäftigt.

---

[31] Vgl. S. 138.

Bei dem Festkommers tauchte ein Heidelberger Kollege von CURTIUS auf, der besonders erwähnt wird: CARL HARRI FERDINAND ROSENBUSCH. Hier handelt es sich um den am 24. 6. 1836 geborenen berühmten Mineralogen-Geologen. ROSENBUSCH war am 7. 12. 1868 in Freiburg promoviert worden. In Freiburg hatte er sich auch noch im gleichen Jahr habilitiert. Nach einem Aufenthalt in Rio de Janeiro arbeitete er als Privatdozent und ab 1872 als a. o. Professor, um dann in gleicher Eigenschaft (1873) nach Straßburg zu gehen. 1877 wurde er o. Professor und Direktor des Mineralogisch-geologischen Instituts in Heidelberg. An der Universität Heidelberg war ROSENBUSCH sehr angesehen. Wiederholt war er Mitglied des engeren Senats und Dekan — Fakultätsmitglied zuerst bis 1890 in der Philosophischen Fakultät und ab 1890 bis 1908 in der Nat.-Math. Fakultät —. Im Jahr 1900 war der Geheime Bergrat ROSENBUSCH Prorektor. Er starb am 20. 1. 1914 [29].

Der Briefwechsel der Zeit zwischen Ende 1907 und dem Jahr 1908 ist uns leider nicht überliefert.

Im Februar 1909 schreibt CURTIUS einen aufschlußreichen Brief. Wieder spielt seine große Hilfsbereitschaft eine Rolle: Er bittet DUISBERG um Hilfe für den Redakteur am „Heidelberger Tageblatt" DUFFNER! Außerdem spielt er auf die große Amerikareise DUISBERGs an.

27. 2. 1909   Heidelberg 27. Febr. 09
Th. C.
                          Lieber Freund!
    Erschrick nicht über die Anlagen! Ich möchte gern ein sehr gutes Werk tun, hauptsächlich meinem verehrten Freunde und Nachbarn hier, Rechtsanwalt Dr. Clemens Schottler zu Liebe, der sich der Familie des Petenten besonders annimmt. Der hier lebende Bruder des Petenten Duffner ist Redaktor beim Heidelberger Tageblatt hier und hat die sämtlichen Geschwister nach dem Tode des Vaters zu ernähren, ein vortrefflicher mir vorteilhaftest bekannter junger Mann, und Freund obbesagten Rechtsanwaltes. Der Bruder hat es ermöglicht, dass der Petent sein Studium wenigstens mit dem Dr. juris abschliessen konnte. Weiter aber reichten die Mittel nicht, und Petent muss sich sein Leben verdienen. — Habt Ihr in Euren weitverzweigten Reichen nun nicht ein Pöstchen?, wo du den Dr. jur. kaufmännisch oder sonst wie, vielleicht in deiner Patentabtheilung unterbringen könntest, sodass er zugleich sein Leben verdienen kann? Verzeih' dass ich ⟨dich⟩ mit der Sache belästige, aber es schoss mir so durch den Kopf, dass du einen frischen, arbeitsfreudigen Jüngling besagter Vorbildung doch vielleicht brauchen könntest. Lass mich unter Rückgabe der Anlagen, eine Zeile darüber wissen, bitte, alter Freund.

Wie geht es dir und den deinigen? Hoffentlich so gut wie mir.
Ich bin famos durch den arbeits- und hetze-reichen Winter durchgekommen, und heute in 8 Tagen kann ich mich wieder einmal für einige Zeit auf mich selbst besinnen. Vom April an bin ich wieder 3
Wochen im unvergleichlichen Karlsbad. Ich habe diesen Winter viel
Gesellschaftliches mitgemacht, ohne mich zu beschädigen. Das Institut ist überfüllt, Glaser[32] hat uns 10,000 Emmchen für Arbeiten
bei hoher Temperatur geschenkt. In das Schlussheft der Berichte
kommt das Referat über das Bunsenfest, das dich hoffentlich überzeugen wird, wie du uns gefehlt hast. Sprichst du überhaupt noch
deutsch? Oder bist du ganz Amerikaner geblieben? Hoffentlich
nicht.

Wenn ich mittags auf meinem Gaisberg bin, meine ich oft ich
hörte dich von ferne über den Rhein hinüberrufen. Hast du nicht
mehr oft in Ludwigshafen — Mannheim zu thun? Wenn, dann denke auch einmal an deinen nur 19 Klm. entfernten, viel und herzlich
Deiner gedenkenden alten Freund

Theodor Curtius

Viele Grüsse dir und den Deinigen!

Mit seiner Bitte um Einstellung seines Schutzbefohlenen hat CURTIUS — wie
eigentlich stets — keinen Erfolg. Man wundert sich, wie oft CURTIUS bittet, obgleich DUISBERG immer wieder ablehnt. Vielleicht wußte DUISBERG um das gute
Herz von CURTIUS und mißtraute dessem sachlichen Urteil ein wenig?

In der Antwort von DUISBERG geht dieser nun ausführlich auf seine Amerikareise ein.

Beachtenswert scheint der Satz, in dem DUISBERG zum Ausdruck bringt, daß
er für die Patentabteilung einer chemischen Fabrik nicht Juristen, sondern juristisch gebildete Chemiker vorziehe. Das ist in der chemischen Industrie bis zum
heutigen Tag fast ein Prinzip geworden.

2.3.1909   Elberfeld, den 2. März 1909.
C. D.
Lieber Freund!

Es geschehen Zeichen und Wunder, wenn einmal wieder liebe
Nachrichten aus Heidelberg zu uns dringen. Wie lange ist es her,
dass ich nichts von Dir gehört und viel, viel länger, dass wir uns
nicht gesehen haben. Allerdings liegt unsere Reise um die halbe Welt
dazwischen. Meine Frau und ich haben viel neues, interessantes und
anregendes gesehen. Von den Schönheiten Californiens sind wir

---

[32] Vgl. S. 178 (BASF-Vorstand).

jetzt noch voll der Begeisterung. Die Reise war sehr anstrengend, aber ausserordentlich lohnend und ist sowohl meiner Frau wie mir recht gut bekommen. Es war eigentlich eine Geschäftsreise, die ich machen musste, an die wir dann aber eine Erholungsreise bis an die Grenzen Mexikos angeknüpft haben. Auch mit den geschäftlichen Erfolgen bin ich zufrieden, und wir rüsten uns demnächst für eine Reise nach Moskau, da ich auch dort einmal gründlich Umschau halten und neue organisatorische Massnahmen treffen muss. Nachdem die chemische und technische Organisation so läuft, wie ich es wünsche, bin ich jetzt und sicherlich noch für die nächsten Jahre rein kaufmännisch tätig und, wie ich hoffe, nicht ohne Erfolg.

Meine Frau und ich haben uns sehr gefreut, dass es Dir so gut geht und Du trotz vieler Gesellschaften gut durch den Winter gekommen bist. Es ist sehr vernünftig von Dir, dass Du, obgleich Du es nicht nötig hast, die gewohnte Karlsbader Kur machen willst. Wenn Du dann zurück bist, sehen wir uns hoffentlich einmal, obgleich ich nur sehr selten nach Ludwigshafen komme und dort seit einem halben Jahr nicht gewesen bin. Habe ich aber in Mannheim zu tun, so sollen die 19 km Entfernung bis Heidelberg kein Hindernis für mich sein, Dich aufzusuchen. Ich habe nämlich grosse Sehnsucht und gedenke oft Deiner. Sehr einsam fühlte ich mich Anfang Januar in München, wo ich bei Adolf von Hildebrand 8 Tage sitzen musste, da die Beamten und Arbeiter unserer Fabrik diesen Plan für mein im September stattfindendes Geschäftsjubiläum ausgeheckt haben. An sich war es eine köstliche Zeit, fern von Pflicht und Beruf den Tag über mit einem unserer vornehmsten Künstler und im Kreise seiner Familie plaudern zu können. Nachmittags sass ich dann fast täglich mehrere Stunden am Schmerzenslager unseres alten Lehrers v. Baeyer, und wir plauderten über alles mögliche. Damals glaubte man noch, dass man bei dem Leistenbruch ohne Operation durchkommen würde. Leider ist dies nicht der Fall gewesen, und, wie ich von Frau v. Baeyer hörte, geht es jetzt wieder gut, ja sie erwartet, dass er sich in den nächsten Tagen in gewohnter Weise wieder den Berufsgeschäften widmet. Es ist eigentlich schade, daß Adolf sich noch immer nicht zum Rücktritt entschliessen und zur rechten Zeit, ehe sein Ruhm anfängt zu verblassen, in's Privatleben zurückziehen kann.

Abends aber war ich in München einsam und allein. Der einzige, mit dem ich hätte zusammen sein können, war Besthorn[33], und der weilte in Frankfurt. Da sass ich denn in der Odeonsbar und gedach-

---

[33] Vgl. S. 118.

Carl Duisberg

te der schönen Zeiten, die wir zusammen mit manchem, der schon heimgegangen, vor einem Vierteljahrhundert verbracht.

Seitdem war ich schon 3 oder 4 mal in Berlin, aber noch nie in Deiner Nähe. Habe ich aber wahrscheinlich Ende dieses oder Anfang nächsten Monats in Ludwigshafen zu tun, wie das gewöhnlich bei Austausch unserer Bilanzen und Feststellung der Reingewinne und Dividenden der Fall ist, dann bist Du nicht in Heidelberg. Daher musst Du auch, wenn Du einmal nach Duisburg reist, mir Nachricht geben. Ich bin gern bereit, Dich auch daselbst aufzusuchen, wenn Du nicht zu uns kommen kannst.

Doch nun zu Deinem Schutzempfohlenen, Dr. Dufner (Duffner). Leider kommt der junge Mann um 3 Monate zu spät; denn es war damals für uns notwendig, in unserer juristischen Abteilung einen jungen Juristen anzustellen. Die Wahl ist auf den jüngsten Sohn unseres gemeinsamen Freundes Heinrich Caro gefallen, der im vorigen Herbst sein Assessorexamen in Baden gemacht hat und am 2. Januar ds. Js. bei uns eingetreten ist. Also in der juristischen Abteilung ist zurzeit keine Möglichkeit. Aber auch mit Dr. Kloeppel, dem Leiter unserer Patentabteilung, habe ich gesprochen, da ich gern einen Gefallen tun und für den Empfohlenen sorgen wollte. Abgesehen davon, das auch dort eine Stelle nicht frei ist, können wir aber wie wir uns sehr reiflich überlegt haben, auch für diesen Teil unseres Geschäfts rein juristisch gebildete Herren nicht brauchen, sondern müssen hier den Chemikern den Vorzug geben. Die Verhältnisse in der Patentliteratur werden immer schwieriger und komplizierter, und nach unseren Erfahrungen kann sich hier nur ein hervorragend gebildeter Chemiker durchfinden. Das wenige, was juristisch notwendig ist, lernt dann der Chemiker sehr bald. Es tut mir deshalb sehr leid, dass ich nicht nur keine Stellung in unserem Geschäfte für Herrn Dr. Dufner weiss, sondern ihm auch keinen Rat geben kann, woran er sich wenden soll. Doermer, Kloeppel und ich werden aber die Augen offen halten, und, wenn wir etwas finden, Dir Nachricht geben. Am besten wäre es daher, wenn der junge Dr. Dufner in der Stellung, in der er sich befindet, bliebe oder sich hier sogar zu spezialisieren sucht. Für einen rein juristisch gebildeten jungen Mann ohne Staatsexamen und juristischer Praxis ist wenig Aussicht, da derselbe immer zurücktreten muss hinter Gerichtsassessoren, die sich massenhaft der Industrie und dem Bankfach zuwenden, und nach meinen Erfahrungen dort auch nur die zweite, aber nicht die erste Geige spielen können. Zeugnis und Lebenslauf von Dr. Dufner folgen anbei zurück.

In alter Freundschaft verbleibe ich mit herzlichsten Grüssen von uns Allen

Dein treuer Carl Duisberg

Die Amerikareisen waren für DUISBERG immer sehr bedeutungsvoll. Bei seiner ersten Reise im Jahr 1896 errichtete er eine Verkaufszentrale für das Farbengeschäft in den USA unter der Leitung von I. J. R. MUURLING. Außerdem sollte DUISBERG erkunden, ob die Errichtung eigener Produktionsstätten für pharmazeutische Produkte − vor allem für Phenacetin − möglich sei. Bei der Betrachtung verschiedener chemischer Anlagen war DUISBERG überwältigt. Er fand hier erstmals bestätigt, daß man in vielen Fällen die menschliche Arbeitskraft durch Maschinen ersetzen kann. Eine stark rationalisierte Schwefelsäurefabrik, in deren Ofenhaus kein einziger Arbeiter in dieser „menschenfressenden Atmosphäre" tätig sein mußte, kommentiert er: „eigenartiger Eindruck". Außerdem konnte DUISBERG damals Fabriken von ganz anderen Dimensionen sehen, als er sie von Deutschland her kannte.

Aus der damaligen Zeit ist aber vor allem eine Rede für die Zukunft der deutschen Chemie von Bedeutung, die DUISBERG am 18. 5. 1896 in New York über die Ausbildung von Chemikern hielt [18].

18.5.1896
C.D.

Im Gegensatz zu vielen meiner Freunde stehe ich auf dem Standpunkt, daß nichts schlimmer ist, als aus einem Chemiker einen Ingenieur-Chemiker zu machen, wie dies in Frankreich geschieht, oder einen Chemie-Ingenieur, wie so oft in England. Das Feld der Chemie, das der Chemiker beherrschen muß, ist gegenwärtig so groß, daß es für ihn praktisch unmöglich ist, gleichzeitig auch noch Mechanik zu studieren, die Sache des Ingenieurs ist. Arbeitsteilung ist hier absolut notwendig. Und deshalb kommt es darauf an, den Chemiker auf seinem Gebiet bis zu einem Höchstmaß auszubilden. In unseren Werken in Elberfeld und Leverkusen, in denen wir für unser Spezialgebiet fast ausschließlich junge Chemiker von den Hochschulen auswählen, bevorzugen wir diejenigen, die nach ihrem Examen noch ein oder zwei Jahre bei einem der Professoren gearbeitet haben, mit denen wir in Verbindung stehen. Wenn dann ein solcher Chemiker bei uns eintritt, erwarten wir nicht – angenommen, er sollte in die Farbenabteilung kommen –, daß er auch nur weiß, was ein Farbstoff ist. Wir haben es als sehr zweckmäßig erfahren, wenn wir selbst den jungen Mann auf unserem Spezialgebiet ausbilden.

Er schließt seinen Vortrag mit der erneuten Betonung der Notwendigkeit theoretischer Forschung, theoretischer Ausbildung und wissenschaftlicher Vertiefung (wir würden heute sagen „Grundlagenforschung").

Die Gedanken, die DUISBERG hier vorgetragen hat, haben sich in der deutschen Chemie durchgesetzt; sie erwiesen sich als außerordentlich fruchtbar.

Die zweite Amerikareise erfolgte zusammen mit FRIEDRICH BAYER im Jahre 1903. Jetzt konnten zwei Werke für die Pharmaproduktion – vorwiegend Phenacetin und Aspirin – erworben werden (Hudson River Aniline Color Works in Albany und American Color and Chemical Co.). Wieder hält DUISBERG einen Vortrag im Chemist Club in New York – zur 100-Jahrfeier des Geburtstags von JUSTUS VON LIEBIG. Der Vortrag fand verständlicherweise Widerspruch. Nach einer Würdigung der Wissenschaft sagte DUISBERG: [18]

1903
C.D.

Das Licht wissenschaftlicher Erkenntnis, das Liebig angezündet hatte, drang in alle Zweige der Industrie, in ihre dunkelsten und mit vielfachen Geheimschlössern verschlossenen Fabrikationsräume hinein, und mehr und mehr brach sich die von Liebig zuerst gelehrte Erkenntnis Bahn, daß die Technik nur dann von Erfolg zu Erfolg eilen und ungeahnte Fortschritte machen kann, wenn wissenschaftlich erzogene Chemiker in ihr in allen Zweigen wirken und streben, wenn wissenschaftliche Forschungsmethoden in ihr herrschend sind.

Später weist DUISBERG auf die ungeheuren Bodenschätze der USA hin. Leider wird DUISBERG aber dann von seinem Stolz auf die deutsche Industrie zu fast nationalistischen, überheblichen Tönen hingerissen. Er spricht davon, daß – entsprechend dem deutschen Nationalcharakter (!) – der wissenschaftliche Geist sich in Deutschland ausbreiten konnte, nicht aber in Amerika, und er meint, daß die Deutschen für die nächste Zeit Konkurrenz nicht zu fürchten hätten. Wenn er dann sagt, daß „auch sie (die USA) . . . mit den Naturschätzen sparsamer werden umgehen müssen" klingt es freilich schon wieder fast visionär.

Die späteren Reisen – so auch die, von der in dem Brief vom Februar 1909 die Rede ist – unternimmt DUISBERG vorwiegend, um die Organisationsformen der amerikanischen Firmen und Trusts zu studieren. Die Ergebnisse sind in die Organisationsform der späteren I. G. Farbenindustrie AG [24] eingeflossen.

Das Jahr 1909 war ein bedeutendes Jahr für die Chemie. In dieser Zeit gelang FRITZ HABER[34] die Synthese von Ammoniak aus Wasserstoff und Stickstoff. Die BASF griff dieses Verfahren auf, das verhältnismäßig hohe Temperaturen und hohen Druck erforderte und daher eine besondere Apparatetechnik benötigte. Das Verfahren wurde CARL BOSCH übertragen und bis 1912 zu einer wirtschaftlichen Lösung gebracht. Bei BAYER hatten die Arbeiten zur Kautschuksynthese begonnen, und am 12. 9. 1909 wurde das erste Patent: Verfahren zur Herstellung von künstlichem Kautschuk[35] erteilt. Die AGFA schließlich begann mit dem Bau der Filmfabrik Wolfen bei Bitterfeld. Die Werke des sog. Dreibundes wuchsen also aus Farben- und Pharmabetrieben zu großen gemischten Werken heran, in denen im vertikalen Aufbau, beginnend mit den anorganischen Grundchemikalien, über die vielen organischen Zwischenprodukte schließlich die Endprodukte wie Pharmazeutika, Farben, Kunststoffe, Photoprodukte hergestellt wurden. DUISBERG, dem diese Konzeption vorwiegend zu verdanken war, konnte mit Stolz am 29. September 1909 sein 25jähriges Dienstjubiläum feiern. Am Rande ist zu bemerken, daß 1909 bei BAYER die 8-Stunden-Schicht eingeführt wurde [23].

In dem Brief von DUISBERG an CURTIUS vom 7. Juli 1909 wird deutlich, daß das ein Schreiben eines Mannes ist, der sich seines Wertes bewußt ist und der nun auch Zeit sucht, sich zu erholen und Schönheiten der Welt zu sehen. An seinen Freunden nimmt er weiter Anteil. Er freut sich an der Berufung von EDUARD BUCHNER (geb. 20. 5. 1860), den er aus dem Laboratorium von A. v. BAEYER in München kannte. BUCHNER hatte sich schon in München mit Gärungschemie beschäftigt. Als er Professor an der Landwirtschaftlichen Hochschule in Berlin war, erhielt er 1907 den Nobelpreis für Chemie für seine biochemischen Untersuchungen und die Entdeckung der zellfreien Gärung. Buchner hatte gefunden, daß die alkoholische Gärung der Zucker durch das aus Hefezellen isolierbare Ferment Zymase bewirkt wird. Das war damals ein entscheidender Schlag gegen die Theo-

---

[34] Vgl. S. 123.

[35] Die Kautschukproduktion erwies sich als nicht zweckmäßig und wurde bald eingestellt. Das Produkt war zu teuer und gegenüber Temperatureinflüssen nicht stabil genug.

rie von der „Lebenskraft", die den Hefezellen innewohnen sollte. BUCHNER vertrat dagegen die Ansicht: „Die Zellen der Pflanzen und Tiere erscheinen uns immer deutlicher als chemische Fabriken, wo in getrennten Arbeitsstätten die verschiedensten Produkte erzeugt werden. Als Werkmeister betätigen sich dabei die
Enzyme." (Nobelvortrag) Vielleicht war es diese materialistische Auffassung, die
BUCHNER erst mit 49 Jahren die — wie DUISBERG schreibt — „Universitätskarriere" eröffnete. BUCHNER starb übrigens am 12. 8. 1917 an den Folgen einer
Kriegsverwundung.

7. 7. 1909   Elberfeld, den 7. Juli 1909.
C. D.
                                          Lieber Freund!
    Von Berlin, wo ich bei Max Liebermann weilte und ausserdem
eine 3tägige Patent-Enquete im Reichsamt des Innern mitzumachen
hatte, nach hier zurückgekehrt, fand ich Deine Bunsen-Broschüre
vor, deren Studium mir grosse Freude bereitet hat. Es war wirklich
zu schade, dass ich an dem Tage, an dem die Enthüllung des Bunsen-
denkmals unter Deinem Präsidium stattfand, in Norwegen sein
musste und deshalb weder diesem interessanten Ereignis, noch der
wissenschaftlichen Nachsitzung beiwohnen konnte.
    In Berlin traf ich auch unseren gemeinsamen Freund Eduard
Buchner, der ganz glücklich über seine Berufung nach Breslau ist.
Er hat wirklich Glück, dass die preussische Regierung nicht den in
erster Linie vorgeschlagenen Knorr[36], sondern ihn, den zweiten auf
der Vorschlagliste, genommen. Denn Knorr, den ich in London ge-
troffen, war fest entschlossen, eine Berufung nach Breslau anzunehmen. Mit Buchner habe ich mich wirklich von Herzen gefreut, dass
er endlich die schon so lange erhoffte Universitätskarriere einschla-
gen konnte. Ich traf Buchner zuerst bei einer Sitzung der Deutschen
Chemischen Gesellschaft und dann später bei einem kleinen Abendessen, das Fischer und Nernst im Anschluss an die Akademie-Feier
im Kaiserlichen Automobil-Club gaben. Du hättest die neidischen
Gesichter sehen sollen, die im Hofmannhaus auf Buchner herabsa-
hen. Es ist wirklich jetzt dort ein weniger erfreuliches Bild, und ich
bin nicht mit Stolz im Herzen ein Chemiker zu sein, wie es doch früher der Fall war, von dort fortgegangen.
    Was hast Du nun in den bevorstehenden Ferien vor? Wahr-
scheinlich singst Du das alte Lied vom Engadin und eilst im schnellen Tempo Deiner Silser Mühle zu. Leider können wir auch in diesem Jahre nicht folgen. Ich habe noch so viel zu tun und bin durch
geschäftliche Konferenzen so viel abgehalten, dass ich, wenn über-

---

[36] Vgl. S. 102.

haupt, nicht vor Oktober zum Ausruhen kommen werde. Am störendsten für mich ist die Hauptversammlung des Vereins deutscher Chemiker, die vom 14. September a. c. ab in Frankfurt a. M. stattfindet. Ich habe seinerzeit wie ein Löwe dafür gekämpft, dass sie in Anbetracht des Internationalen Kongresses zu London in diesem Jahr ganz ausfallen solle, aber man hat mich mit grossser Majorität im Stich gelassen, und die deutschen Chemiker wollen ihre Hauptvollversammlung haben. Das Programm für dieselbe ist ja, wie Du gesehen haben wirst, sehr interessant und reichhaltig, aber ich als Vorsitzender habe die Arbeit und Mühe davon, damit sich die deutschen Chemiker für 3 Tage amüsieren.

Anschliessend an diese Versammlung muss ich dann als Mitglied des Vorstandes der Gesellschaft Deutscher Naturforscher und Ärzte nach Salzburg, wo ich, wenigstens im Stillen, die Hoffnung habe, Dich wiederzusehen. Ich weiss ja, dass Du allen Kongressen abhold bist, aber da diesmal das herrliche Salzburg in Betracht kommt, so lockt Dich dies vielleicht, vom Engadin aus dorthin zu reisen, um dort gleichzeitig auch mit Adolf v. Baeyer zusammenzukommen. Es ist wirklich nicht gut, dass Du Dich so von allem zurückziehst, und man Dich nur noch aus der Ferne kennt.

Ende September a. c. bin ich dann durch die Feier meines 25jährigen Geschäftsjubiläums, das schon jetzt seine Wellen schäumend über mich ergiesst, hier festgehalten. Kommen meine Frau und ich dann nicht im Oktober zu einer Erholungsreise, so fahren wir Anfang Januar nach Egypten. Du siehst, nicht nur auf dem Papier, sondern auch in Wirklichkeit reise ich soviel herum, dass ich kaum noch zu Hause bin, worüber meine Frau und Kinder mir die bittersten Vorwürfe machen. Trotzdem sehe ich Dich dabei nie, da ich in diesem Jahre noch nicht in der Nähe von Heidelberg geweilt habe oder dort durchgereist bin. Ich habe aber Sehnsucht, Dich einmal wiederzusehen und hoffe zuversichtlich, dass sich dieses recht bald ermöglichen lässt.

In alter Freundschaft bin ich mit herzlichen Grüssen, auch von meiner Frau

Dein getreuer Carl Duisberg

Auf das Dienstjubiläum von Duisberg geht Curtius am 24. September 1909 ein. Er muß die Einladung nach Leverkusen absagen, da er das Dekanat der Naturwissenschaftlich-mathematischen Fakultät der Universität Heidelberg übernehmen muß. Diese Fakultät war zum 1. Oktober 1890 von der Philosophischen Fakultät abgetrennt worden. Die Amtszeit der Dekane betrug stets ein Jahr. Curtius war schon 1902/1903 Dekan gewesen. Von dem Botaniker Georg

KLEBS übernahm er 1909 wieder das Dekanat, das er dann nochmals 1914/15
und 1920/21 bekleidete. CURTIUS war in der Selbstverwaltung nicht unerfahren;
denn – wie bereits erwähnt – war er im Amtsjahr 1905 Rektor bzw. Prorektor
der Universität [30]. CURTIUS scheint sich demnach für Aufgaben der Selbstverwaltung geeignet zu haben. Geliebt hat er diese Ämter offenbar nicht besonders,
sonst würde er in seinem Brief nicht so sehr die Ruhe im Engadin loben.

24. 9. 1909   Baden-Baden 24. Sept. 09.
Th. C.
                              Lieber Freund!
     Ich hatte gedacht, dass ich deiner und deiner Frau liebenswür-
digen Einladung zu deinem Ehrenabend Folge leisten könnte. Ich
muss aber leider darauf verzichten, da ich am 1. Oktober das Dekanat einmal wieder übernehmen muss, und mein Vorgänger Geheimrat Klebs die Übergabe mit allen Schreibereien dazu am 30. September vollziehen will, da er selbst verreisen will. Ich selbst habe dabei
ein paar Tage viel zu thun, bis alles in Ordnung gebracht ist. Also
verzeiht mir, wenn ich euch nur mit diesen Zeilen danken kann. Ich
bin dadurch auch an der Sitzung des Deutschen Museums in München verhindert teilzunehmen, die ich jedenfalls mitgemacht hätte
und die mit deiner liebenswürdigen Einladung sich hätte combinie-
ren lassen. So bin ich dann statt von Zürich nach Bayern hierher gereist und habe mich hier telephonisch und brieflich gleich in einem
Sturzbad von Arbeit befunden. Dazu schnappe ich wie der Fisch auf
dem Lande nach der 6 Wochen lang geatmeten Luft des Engadins.
Es war reizend wie immer und sehr gemütlich in meinem Häuschen.
Leider fehlten Fräulein Koenigs mit Ihrem Hofstaate. Sonst waren
die alten Stammgäste, von denen der grösste Teil im Edelweiss sitzt,
aber fast vollzählig, v. Kettlers an der Spitze. Trotz viel grauen Him-
mels, aber bei nur seltenem Regen bin ich sehr viel herumgestiegen
und habe auch Musse gefunden einmal ruhig etwas zu arbeiten. Mit
Dr. Jay wurde in meiner kleinen Mühle sogar eifrig Music gemacht,
kurz ich fühlte mich ruhig wohl und frisch. Und die herrliche Stille
der Nächte: einmal wieder Menschenschlaf geniessen können nach
dem Hexensabbat des Sommers auf dem Wredeplatz[37] zu Heidelberg! Hoffentlich kommt ihr auch einmal wieder im Herbst ins
Engadin hinauf. – Deinen lieben ausführlichen Brief habe ich eben
noch einmal durchgelesen und danke dir sehr dafür. Hoffentlich haben dich die Versammlungen in Frankfurt und Salzburg befriedigt.
Doch das alles wird ja nun für dich verschwinden in den schönen

---

[37] jetzt: Friedrich-Ebert-Platz.

Festtagen, die dir persönlich mit so vielen wohlverdienten Ehrungen bevorstehen. Ich nehme den wärmsten Anteil daran, denn wohl selten hat einer einen solchen Erfolg durch seine eigene Kraft in der Entwicklung eines riesigen industriellen wissenschaftlichen Unternehmens gehabt wie du. Da darf man wirklich einmal von Herzen und ohne Rückhalt bewundern, was du alles geschaffen und der Allgemeinheit zu Nutzen gemacht hast.

Nimm also meine bewundernden, herzlichen Glückwünsche dazu entgegen. Aber auch deine Frau verdient diesen Glückwunsch mit dir zugleich. Hoffentlich bleibt dir Gesundheit und Kraft noch weitere Jahre allen Anstrengungen zu trotzen und neues Grosses zu leisten.

Mit vielen herzlichen Grüssen Dir und den Deinigen

Dein alter treuer Theodor Curtius

Im Jahr 1911 wird der auffindbare Briefwechsel wieder lebhaft. Wenn CURTIUS am 20. März schreibt, so bezieht sich das auf ein Vortragsmanuskript, das er an DUISBERG gesandt hat. Im übrigen teilt er mit, das er im April wieder nach Karlsbad fahren will (offenbar in den Osterferien). Interessant ist die Antwort DUISBERGs vom 22. März, weil hier von der technischen Verwendbarkeit der großen Entdeckung von CURTIUS — der Stickstoffwasserstoffsäure — die Rede ist. Jetzt erst kommt man dazu, das Bleiazid technisch zu prüfen!

22.3.1911
C.D.

Elberfeld, den 22. März 1911.

Lieber Freund!

Herzlichen Dank für die Zusendung des schönen Vortrags und des begleitenden Briefes vom 20. ds. Mts.

Ich habe im Geiste noch einmal Deinen Experimenten gelauscht und freue mich der wirklich lebendigen Darstellung und der durchsichtigen Lösung des gestellten Problems.

Deine Mahnung, dass die Technik sich der Stickstoffwasserstoffsäure annehmen solle, ist, wie Du wohl besser als ich weisst, inzwischen von Wöhler beherzigt worden. Als Initialzündungsmaterial wird jetzt das Bleisalz verwendet.

Unsere Chemiker, welche gestern in der Sprengstofffabrik zu Troisdorf zu tun hatten, sahen dort ein kg desselben, auch wurden ihnen Versuche vorgemacht, welche die grössere Wirksamkeit gegen Knallquecksilber und anderen Stoffen an Bleiausbauchungen zeigten. Wie ich mich überzeugen konnte, ist die Wirkung ungefähr doppelt so gross.

Dass Du mit Deinen alten Karlsbader Freunden auch in diesem Frühjahr wieder Brunnen trinken willst, sollte mich eigentlich veranlassen mitzutun, damit ich endlich einmal gründlich Erfolg mit meinen Fastenkuren habe. Seit Neujahr bemühe ich mich, durch Bremsen im Essen und Trinken und durch Einschiebung von Fasttagen, mein im vorigen Jahre um fast 10 Pfund gestiegenes Körpergewicht wieder normal zu gestalten. Als wir an die Riviera reisten, hatte ich dies erreicht. Obgleich ich auch dort äusserst mässig lebte und meine Fasttage beibehielt, nahm ich doch wieder in den 3 Wochen, zumal als wir uns zum Schluss in 2tägigem Aufenthalt in München dem leckeren Bier hingaben, wieder um 5 Pfund zu. 3 davon sind zwar wieder fort, aber den Rest fortzubringen und eventuell auch noch etwas mehr, macht mir unglaubliche Mühe.

Leider bin ich jetzt allzusehr in Anspruch genommen und kann nicht fort. Die Bilanz ist fertig, die Besprechungen mit unseren Interessengemeinschaftsfreunden stehen vor der Türe. Daran schliessen sich dann Aufsichtsratssitzungen und Generalversammlungen. Deshalb bin ich von Mitte März bis Ende April a.c. hier unabkömmlich. Es ist schade, da ich allzu gern mit Euch zusammen in Karlsbad sein möchte.

Im übrigen geht es mir und meiner Frau sehr gut. Wir haben uns an der Riviera ausgezeichnet erholt und unterhalten.

Mit herzlichen Grüssen von uns allen hier,

Dein getreuer Carl Duisberg

Das in dem Brief[38] erwähnte Bleiazid hat sich tatsächlich als hochexplosiver Sprengstoff erwiesen, den man zur Herstellung von Sprengkapseln verwendet. Da er nur in geringem Maße schlag- und druckempfindlich ist, aber beim Erhitzen auf etwas mehr als 300° explodiert, kann man billige Aluminiumsprengkapseln herstellen und einigermaßen sicher lagern. Bleiazid gehört heute zu den leicht herstellbaren und ausgezeichnet untersuchten chemischen Substanzen [31].

Am 25. April schreibt CURTIUS wieder einen Brief aus Karlsbad. Dieser Brief ist deshalb interessant, weil er einen Einblick in den Lebensstandard eines deutschen Professors zu Beginn des 20. Jahrhunderts gibt. CURTIUS kann sich nicht nur ausgedehnte Zugreisen in das Engadin, nach Meran und nach Karlsbad leisten; er besitzt auch einen Diener und eine Köchin. Bei der Erkrankung des Dieners leisten zwei katholische Schwestern Pflegedienste. — Bei den in dem Brief

---

[38] Bei dem in dem Brief zitierten WÖHLER ist nicht der berühmte Chemiker FRIEDRICH WÖHLER gemeint, sondern L. WÖHLER, der 1917 eine grundlegende Arbeit über den Brisanzwert des Bleiazids veröffentlicht hat.

erwähnten Medizinern handelt es sich um den weltberühmten LUDOLF KREHL, der 1911 Direktor der Medizinischen Universitätsklinik in Heidelberg war, und um FRIEDRICH VOELCKER, a. o. Professor und Leiter der Chirurgischen Universitätsklinik — auch er ein 1911 schon sehr, vor allem auf dem Gebiet der Urologie, anerkannter Mann [29].

Der in dem Brief erwähnte KONRAD JULIUS BREDT (geb. 29. 3. 1855), Schüler von FITTIG in Straßburg, war damals Professor in Aachen (Er starb am 21. 9. 1937.).

Wenn CURTIUS von „Auwers" spricht, so meint er:

CARL FRIEDRICH VON AUWERS (geb. 16. 9. 1863), der bei A. W. von Hoffmann und Victor Meyer gearbeitet hatte, war 1890 in Heidelberg Privatdozent, 1894 wurde der a. o. Professor Direktor des Chemischen Instituts in Greifswald und 1913 — 28 in Marburg. Er starb am 3. 5. 1939. Auwers war ein sehr produktiver Chemiker, der mehr als 500 Arbeiten publiziert hat, und der zusammen mit Victor Meyer die Stereochemie begründete.

<table>
<tr><td>25. 4. 1911
Th. C.</td><td style="text-align:right">Karlsbad 25. April 1911</td></tr>
</table>

Lieber Freund!

Es ist wirklich schade, dass Du nicht einmal mit uns hier in Karlsbad warst, dass du in dieser Zeit gerade unabkömmlich bist. Ich garantiere Dir dafür, dass, wenn du meine Lebensweise hier 14 Tage befolgst, du ebenso guten Erfolg von dem kurzen Aufenthalt haben würdest. Leider konnte ich diesmal vorher nicht nach Meran, welches nur als Vorkur, noch auf deutlich alkoholischer Basis, immer besonders gut tut. Ich bin erst am 11. April von Heidelberg fortgekommen und habe seit Mitte Januar sehr sorgen- und kummervolle Zeiten hinter mir, indem mein treuer ausgezeichneter Diener Karl an einem mörderischen Fieber erkrankte. Kein Arzt konnte ihm helfen. Krehl und 6 andere haben sich bemüht mir zu helfen. Ich habe den Patienten zu Hause mit meiner ausgezeichneten Köchin Auguste und 2 kath. Schwestern die ganze Zeit über gepflegt und wir durften die Hoffnung nie verlieren, dass der gesunde kräftige Körper des so soliden Menschen die Krankheit überstände. Da er nirgends Schmerzen hatte, trauten sich die Chirurgen (4) nicht zu operieren. Endlich führte Prof. Völcker doch noch die Operation aus, da Karl sicher sonst verloren war, fand auch sofort die durch eine Embolie ganz nekrotisch gewordene Milz (an die niemand gedacht hatte!) und Karl sollte durchkommen. Das Herz war aber schon zu schwach, und am Tage nach der Operation (7. d. M.) musste ich ihn hergeben. Das alles hat mich recht heruntergebracht, da ich mir immer eingebildet hatte, ich würde die Partie dem Tode abgewinnen.

Hier habe ich mich sehr erholt in der kurzen Zeit, aber mein Behagen im Hause, und besonders auch für den Herbst in Sils, ist nun sehr in Frage gestellt. Samstag bin ich wieder in Heidelberg.

Bredt war sehr munter hier. Ebenso hat sich Auwers ausgezeichnet erholt. Mit beiden u. E. v. Meyer hatten wir sehr gemütlichen Mittagstisch. Morgen reisen die letzten Bekannten ab. Das Wetter war immer herrlich. –

Hoffentlich hat euch allen der Aufenthalt an der Riviera noch weiter wohl getan. Für deinen lieben Brief vom 22. März sage ich Dir noch herzlichen Dank. Werdet Ihr wieder nach Sils kommen? Es wäre zu nett. Von Fräulein Koenigs hatte ich einen etwas traurigen Brief. Sie will im Sommer wieder nach Freudenstadt. Frl. von Wederkop schrieb mir, daß es „Täntchen“ seit Januar nicht so gut geht wie im Spätherbst, als wie sie sahen.

Viele treue Grüße sendet Dir und den Deinen

Dein alter betrübter Theodor Curtius

Der folgende Brief von Duisberg wirft in seinem letzten Absatz auch ein Licht auf den Lebensstil der Familie Duisberg. Die Tochter war in einem Pensionat in der französischen Schweiz und kommt in ein Pensionat in England. Der Sohn erhält eine gründliche kaufmännische Ausbildung.

Der in dem Brief erwähnte Ludwig Knorr (geb. 2. 12. 1859, gest. 4. 6. 1921) war Schüler von Emil Fischer [39] und der Erfinder des Antipyrins. Er hatte sich wie Curtius in Erlangen habilitiert und war später Professor in Würzburg und dann in Jena. Auch bei Johannes Thiele (geb. 13. 5. 1865, gest. 17. 4. 1918) handelt es sich um einen bedeutenden Chemiker, der als Professor in Straßburg tätig war und sich vorwiegend mit Substanzen befaßte, die konjugierte Doppelbindungen enthalten (1, 4-Addition). Der Vorstand der Deutschen Chemischen Gesellschaft war damals ganz offensichtlich eine Gruppe von bedeutenden Männern.

Daß das Jahr 1911 für das BAYER-Werk ein gutes Jahr war, zeigt der Hinweis auf Auszahlung von 25 % Dividende. In diesem Jahr weitet sich die Aktivität dieser Chemiefirma beträchtlich aus. In Japan werden Büros in Kobe und Yokohama gegründet, in Rio de Janeiro entsteht eine Vertretung. – Es sei angemerkt, daß die Industrie und der Staat sich der Bedeutung der Grundlagenforschung für diese gute industrielle Entwicklung bewußt werden, und dies findet z. B. seinen Ausdruck in der Gründung der „Kaiser Wilhelm-Gesellschaft“ (heute Max-Planck-Gesellschaft) am 11. 1. 1911.

---

[39] Vgl. S. 138.

28. 4. 1911
C. D.

Elberfeld, den 28. April 1911

Lieber Freund!

Ausserordentlich leid hat es mir getan, von Dir zu hören, daß Dein treuer und für Dich und Dein Wohlbefinden so wichtiger Diener Karl Dir durch den Tod entrissen wurde. Wir könen uns lebhaft in Deine trübe und traurige Stimmung hineinversetzen und begreifen, wie sehr Du ihn in Deinem behaglichen Heim zu Heidelberg und während der Ferien auch in Sils entbehren wirst. Hoffentlich findest Du recht bald einen guten Ersatz.

Im übrigen herzlichen Dank für Deine lieben Zeilen vom 25. aus Karlsbad, aus denen wir ersehen, dass Du Dich dort wiederum gut erholt hast und neu gestärkt und gekräftigt in den nächsten Tagen nach Heidelberg zurückkehren wirst.

Bei der Frühjahrs-Vorstandssitzung der Deutschen Chemischen Gesellschaft, die am vergangenen Sonntag in Berlin stattfand, fehlten leider eine große Zahl auswärtiger Vorstandsmitglieder, darunter Thiele, der mir aus London schrieb, dass er daselbst seine Schwester verheiratet habe. Nur Knorr[40] und v. Meister[41] waren ausser mir als Vertreter auswärtiger Vorstandsmitglieder anwesend. Zusammen mit Pschorr[42] und einigen anderen jüngeren Kollegen haben wir uns aber recht gut amüsiert.

Nachdem wir die Generalversammlung mit 25% Dividende hinter uns haben, wollen wir, meine Frau und ich, sogleich mit unserem Sohne Walther, der das Abiturientenexamen ausgezeichnet unter Befreiung von der mündlichen Prüfung bestanden hat, nach Hamburg, um ihn dort in ein kleines Chinaexportgeschäft in die kaufmännische Lehre zu bringen. Wir nehmen unsere Tochter Hildegard, die vor 8 Tagen aus der Pension in Lausanne zurückgekehrt ist, mit, um mit ihr via Bremen auf dem Dampfer „Kaiser Wilhelm II" nach Southampton und von da nach London bzw. Eastbourne zu fahren. Dort bringen wir sie in einem englischen Pensionat unter, wo sie bis Ende des Jahres bleiben wird. Ende nächster Woche hoffen wir dann wieder zurück zu sein. Ob wir im Herbst wieder nach Sils kommen, kann ich noch nicht sagen. Das Hotel Barblan hat ja einen neuen Besitzer erhalten. Möglicherweise reisen wir im August mit der ganzen Familie in ein englisches Seebad. Doch das wird sich

---

[40] Vgl. S. 102.

[41] Geb. 26. 12. 1866, gest. 2. 8. 1919. 1902–1915 im Vorstand d. Farbwerke Hoechst.

[42] R. PSCHORR war Mitarbeiter von KNORR.

erst im Laufe des Sommers ergeben. Zuversichtlich hoffe ich aber, dass wir Dich irgendwo treffen und sehen werden.

Mit vielen herzlichen Grüssen, auch von meiner Frau und den Kindern, zumal auch von Carl Ludwig, der im Sommersemester von Berlin nach Bonn geht, in alter Treue

Dein Carl Duisberg

Aufgeschlossenheit gegenüber der Wissenschaft spricht aus dem nächsten Brief von DUISBERG vom 14. August 1911. Das Deutsche Museum war immer ein Lieblingskind von DUISBERG wie auch von CURTIUS und beide haben dem Museum beträchtliche Zeit geopfert.

Der von DUISBERG erwähnte ARTHUR RUDOLF HANTZSCH (geb. 7.3.1857, gest. 14.3.1935) war damals Professor in Leipzig. Die Beurteilung in DUISBERGS Brief ist in diesem Fall wohl nicht ganz zutreffend. HANTZSCH war ein sehr vielseitiger Chemiker mit vielen fast genial zu nennenden Ideen; er neigte zu vielleicht zu raschen Veröffentlichungen. Dabei kam es zu Fehlern. Für ihn spricht aber, daß er gelegentlich später seine eigenen Irrtümer so heftig bekämpft hat, als ob sie von einem Fremden publiziert worden seien — unter Nennung seines eigenen Namens —.

Eine für die deutsche Chemiegeschichte bedeutungsvolle Gesalt ist der von DUISBERG erwähnte PAUL JACOBSON (5.10.1859—25.1.1923). JACOBSON — einer alten Königsberger Familie entstammend — war in Königsberg und Berlin aufgewachsen, hatte in Heidelberg und Berlin studiert und in Berlin den Doktorgrad erworben. Er entdeckte frühzeitig seine Liebe zur chemischen Literatur, und er knüpfte einen freundschaftlichen Briefwechsel mit FRIEDRICH BEILSTEIN an. Nach einem kurzen Zwischenspiel in der Industrie ging JACOBSON 1886 nach Göttingen und trat in den Kreis um VICTOR MEYER ein. Mit VICTOR MEYER ging JACOBSON nach Heidelberg, nachdem er sich schon 1887 habilitiert hatte. Trotz großer Erfolge in der präparativen Chemie entwickelte er einen Plan für die Weiterführung von BEILSTEINs Handbuch der Organischen Chemie durch die Deutsche Chemische Gesellschaft. Die Verhandlungen führten zur Berufung JACOBSONs als Generalsekretär dieser Gesellschaft. JACOBSON ging nun daran, das Handbuch neu zu organisieren und über die von F. BEILSTEIN bearbeitete 3. Auflage hinaus weiterzuführen. BEILSTEIN selbst war von der Arbeit JACOBSONs begeistert. Am 1.1.1898 übernahm dann JACOBSON auch die Redaktion der Berichte der Deutschen Chemischen Gesellschaft. Er nahm wesentlichen Einfluß auf die Gestaltung des neu errichteten Hofmann-Hauses in Berlin, sorgte sich um die Finanzen der Deutschen Chemischen Gesellschaft und nahm vor allem entscheidenden Einfluß auf die Nomenklatur der organischen Verbindungen; schließlich schrieb JACOBSON noch ein großes Lehrbuch, das freilich nicht vollendet wurde. — Ob das ärgerliche Urteil DUISBERGS über JACOBSON's Tätigkeit als Berichte-

Redakteur richtig ist, muß dahingestellt bleiben, denn eigentlich galt JACOBON's Urteil ganz allgemein als sehr sachlich [32].

14.8.1911
C.D.

Elberfeld, den 14. August 1911

Lieber Freund!

In der Annahme, dass Du Dich aus dem heissen Backofen Heidelbergs hinaus geflüchtet hast auf die kühlen Höhen des Oberengadin, in Deine traute Mühle in Sils Maria, wo meine Frau und ich Dich auf die Postille gebückt, im Lehnstuhl sitzend, vermuten, senden wir Dir mit bestem Dank für die freundliche Zusendung der zusammengefassten Publikationen über „Einwirkung von Basen auf Diazoessigester" herzlichste Grüsse. Wir bedauern sehr, dass wir nicht bei Dir sein und auch unsererseits das schöne Sils geniessen können. Frau Koenigs und Töchter, die wir vor 8 Tagen auf ihrem herrlichen Sommersitz in Sinzig besuchten, werden Dir schon die Gründe mitgeteilt haben. Wir wollen nämlich Mitte Oktober eine von Berliner Familien arrangierte Griechenlandfahrt mitmachen, die unter Führung der Direktion der Berliner National-Galerie veranstaltet wird. Dafür müssen wir jetzt hier einsam und allein zu Hause bleiben und sowohl Haus und Hof, wie das Geschäft hüten. Dennoch hoffe ich, Dich vor unserer Herbstreise zu sehen und zwar in München bei der Hauptversammlung des Deutschen Museums am 4. und 5. Oktober. Man will mich dort zum Vorsitzenden des Vorstandsrates in Vorschlag bringen und gleichzeitig soll ich vor dem Prinzen Ludwig und seinen Gästen im Wittelsbacher Palais den üblichen Festvortrag halten. Ich rechne sehr darauf, dass Du dann auch hinkommst.

Bei der Zusammenfassung Deiner Publikationen hat mich besonders gefreut, dass Du auf die Irrtümer in den Arbeiten von Hantzsch und seinen Mitarbeitern erneut hingewiesen hast. Nachdem er sich auch beim Acetessigester wieder verrechnet, was Knorr aufgedeckt hat, kann man seinen Publikationen überhaupt keinen Glauben mehr beimessen. Jacobsen hätte besser getan, die Hantzsch'schen Arbeiten zurückzuweisen, statt diejenigen von Adolf Baeyer und Emil Fischer zu monieren, wie er dies vor kurzem getan hat und worüber Emil Fischer, der mich Samstag hier auf der Durchreise nach St. Blasien besuchte, sehr böse war.

Indem ich Dir im Engadin gute Erholung wünsche und Dich bitte, alle Bekannten dort, auch Fräulein v. Wedderkop, von meiner Frau und mir herzlichst zu grüssen, verbleibe ich

in alter Freundschaft Dein Carl Duisberg

Theodor Curtius

Am 23. August 1911 bedankt sich CURTIUS für den vorstehenden Brief von
DUISBERG. Er schreibt:

23.8.1911   am 14. bin ich aus der glühenden Heidelberger Nacht in den rei-
Th. C.   nen kühlen Engadiner Nachmittag wie mit einem Luftschiff empor-
                 gestiegen und war um 5 Uhr in meinem Häuschen.

DUISBERG hat also recht gehabt, als er CURTIUS in Sils vermutete. In dem
Brief folgen dann Schilderungen von Engadiner Wetter- und Personalbegebenhei-
ten. Schließlich kommt CURTIUS auf das Deutsche Museum zu sprechen:

23.8.1911   Ob ich am 4. und 5. October nach München komme? Ich schäme
Th. C.   mich fast wieder so viel Gastfreundschaft in Anspruch zu nehmen;
                 denn ich habe in diesem Jahre nichts für das Deutsche Museum ge-
                 tan. Ich freue mich sehr, dass du Vorsitzender des Vorstandsrates
                 werden sollst und du den obligaten Vortrag halten wirst. Na, ich
                 wills noch überlegen. Ich will die letzten beiden Tage die Karlsruher
                 Naturforscherversammlung mitmachen, dann muss ich am 1. Oct.
                 (2. Oct. ist der eigentliche Tag) Jannasch 70. Geburtstag feiern.
                     Wegen des Beitrags zur Jubiläumsstiftung habe ich wohl noch
                 Gelegenheit mit dir zu reden. —
                     ... Heute kommt noch Prof. Stollé an und morgen Fräulein von
                 Wedderkop.
                     An deine Frau und die Kinder viele Grüsse. Dir besondere von
Deinem alten treuen
                                                             Theodor Curtius

Der in dem Brief erwähnte ROBERT STOLLÉ (geb. 17.7.1869) war schon nach seiner 1893 erfolgten Promotion in Bonn Assistent von CURTIUS gewesen. Er kam im April nach Heidelberg, habilitierte sich im Juli 1899 und wurde am 20.2.1903 a.o. Professor in Heidelberg, wo er nach Kriegsdienst (1914−1918) bis zum 1.4.1935 als etatmäßiger a.o. Professor tätig war. STOLLÉ starb am 9.8.1938.

Am 5. Oktober 1911 ist dann CURTIUS doch nicht nach München gefahren. CARL DUISBERG wurde dort zum Vorsitzenden des Vorstandsrates des Deutschen Museums gewählt. Seine kurze Rede hierzu sei im folgenden wiedergegeben: [33]

5.10.1911	Königliche Hoheit! Sehr verehrte Herren!
C.D.	Mit herzlichem und aufrichtigem Dank nehme ich die auf mich gefallene Wahl zum Vorsitzenden des Vorstandsrates des Deutschen Museums an, betrachte sie aber als eine Auszeichnung, die nicht mir, sondern der von mir vertretenen chemischen Industrie zuteil wird.

Daß auch wir ein außerordentliches Interesse am Deutschen Museum nehmen, obgleich unsere Kunst sich nicht wie diejenige der Ingenieure in solch schönen Modellen darstellen und dem Laien leicht verständlich machen läßt, haben wir schon wiederholt bewiesen; wir werden auch, das verspreche ich hier, zukünftig alles tun, was möglich ist, um das Museum zu fördern.

Ich werde ja heute abend in meinem Vortrage vor Ew. Königl. Hoheit und Höchstderen Gästen die Ehre haben, einen Überblick über das Zusammenwirken von Wissenschaft und Technik in der chemischen Industrie zu geben.

Deshalb kann ich mich jetzt darauf beschränken, das zu sagen, was mir als dem Vertreter der chemischen Industrie, insbesondere der Farbenindustrie, schon seit langer Zeit auf dem Herzen liegt, zumal hier in diesem altehrwürdigen Saal der Akademie der Wissenschaften, in der *Justus von Liebig* lange Jahre tätig war.

Die chemischen Industrie Deutschlands verdankt ihre großartige und glänzende Entwicklung, die sie in den letzten 50 Jahren genommen hat, in erster Linie der organischen Chemie, das heißt der Chemie des Kohlenstoffes, wie sie besonders von *Justus von Liebig* und seinem Freunde *Adolf Wöhler* (richtig: Friedrich Wöhler) begründet, von *August Wilhelm Hofmann* und *August Kekulé* entwickelt und von *Adolf von Baeyer* und *Emil Fischer* mit ihren wundervollen Synthesen zur höchsten Blüte gebracht worden ist.

Wie nicht anders zu erwarten war, und wie es im Laufe der Entwicklung aller Dinge immer geht, mußte aber auch hier ein gewisser Stillstand eintreten, der dann in glänzender Weise durch die physikalische Chemie überbrückt worden ist. So bedeutungsvoll und wichtig die letztere nun für die wissenschaftliche Erkenntnis, besonders auf den Grenzgebieten zwischen der Physik und der Chemie ist, so daß heute vielfach die physikalische Chemie als die eigentliche Trägerin der allgemeinen wissenschaftlichen Chemie betrachtet wird und dadurch auch die organische Chemie mehr und mehr in den Hintergrund gerückt wurde, möchte ich nicht verfehlen, an dieser Stelle ganz besonders darauf hinzuweisen, daß aber unsere ganze technische Arbeit, die wir heute leisten, und die großen technischen Erfolge, die wir, selbst bis in die neueste Zeit hinein, in der chemischen Industrie in Deutschland erzielt haben, im wesentlichen immer noch auf der organischen Chemie beruhen, daß die chemische Technik aus der physikalisch-chemischen Forschung bisher nur in beschränktem Maße Nutzen gezogen hat.

Wir werden auch in der chemischen Industrie, so weit ich sehen kann, noch Dezennien zu tun haben, um in gleicher Weise wie bisher auf dem Gebiete der organischen Chemie Fortschritt an Fortschritt zu reihen. Zahllose Aufgaben harren hier noch der Lösung und der weiteren Ausarbeitung. Deshalb möchte ich aber auch nicht, daß die wissenschaftliche organische Chemie, auf der also im Grunde noch unsere chemische Technik ruht, vernachlässigt wird. Sie muß ihren berechtigten Platz in Lehre und Forschung behalten und ihr die Huld der Reichs- und Landes-Regierungen im gleichen Maße in der Gegenwart wie in der Zukunft zuteil werden. Schon zeigt sich übrigens auch im Nebel der Weg, den die wissenschaftlich-organische Chemie beschreiten muß, um zu neuem Leben zu erblühen. Irren wir nicht, so wird es die Biochemie sein, die dann dazu berufen ist, der Biologie und Physiologie neue Bahnen zu weisen. Ich schließe mit dem Wunsche, im Deutschen Museum möge auch die organische Chemie mit ihren so mannigfaltigen Erzeugnissen der Industrie der Farbstoffe, der pharmazeutischen Produkte, der Riechstoffe und der sonstigen Derivate des Kohlenstoffs, zu der ihr gebührenden Geltung kommen, und ich werde nicht ermangeln, meinen Rat, meinen Einfluß und meine Mithilfe zur Erreichung dieses Zieles so weit als möglich zur Verfügung zu stellen.

Am Abend des 5. Oktober 1911 hielt dann DUISBERG bei der Hauptversammlung des Deutschen Museums den Festvortrag im Wittelsbacher Palais [34]. Dieser Vortrag ist höchst aufschlußreich und auch heute noch ganz aktuell.

DUISBERG sagt zunächst, daß er durch seinen Vortrag „etwas Licht und Farbe in das tote, trübe Bild der chemisch-technischen Abteilung des Deutschen Museums bringen möchte". Er weist darauf hin, daß in „Deutschland die Teerfarben-

industrie die höchste Entwicklung genommen" habe. Zunächst wurden Anilin-
und Alizarin-Farbstoffe produziert, dann folgte die Synthese pharmazeutischer
Produkte, von photographischen Artikeln, von Riechstoffen, Nährmitteln und
vielen anderen Stoffen. Die Grundstoffe wie Schwefelsäure, Salzsäure, Salpetersäure, Chlor, Soda, Natron, Chromsalze „erzeugt sie (die Teerfarbenindustrie)
heute selbst, und zwar in solchen Mengen, daß die hierfür gebauten Fabrikations-
einrichtungen zu den größten ihrer Art zählen".

5.10.1911   Duisberg geht auf die Verarbeitung der Kohle ein und sagt: Von
C.D.   unserer deutschen Teerfarbenindustrie werden also heute die von
                 den Sonnenstrahlen früherer Jahrtausende herrührenden, von den
                 Steinkohlen aufgespeicherten Energien auf direktem Wege in Pro-
                 dukte verwandelt, die in der Leuchtkraft ihrer Farbe, in der Lieblich-
                 keit ihres Duftes und in der Wirksamkeit ihrer Heilkraft mit den
                 schönsten, wohlriechendsten und heilkräftigsten Blumen, Blüten
                 und Kräutern konkurrieren.

DUISBERG erwähnt dann die große Zahl von Chemikern und Arbeitern, die in
den „großen Werken am Rhein und am Main beschäftigt" sind. Er schildert die
modernen Produktionsverfahren für Schwefelsäure, für Salpetersäure und Salzsäure, geht auf das gerade erfundene Haber-Bosch-Verfahren zur Erzeugung von
Ammoniak und Ammoniumsalzen ein, beschreibt die Alkalichlorid-Elektrolyse,
die Herstellung des synthetischen Rubins und anderer künstlicher Edelkorunde.
Hier überreicht DUISBERG eine Sammlung künstlicher Rubine und Saphire, die,
wenn es sich um Naturprodukte (mit den gleichen Eigenschaften) handeln würde,
„einen Wert von vielen hunderttausend Mark" gehabt hätten. DUISBERG erwähnt
weiter Entdeckungen von OTTO HAHN (Mesothorium) und von MARIE CURIE
(Radiumbromid). Er geht auf die neusten Ergebnisse der Metallindustrie ein, z. B.
auf das Elektrolyteisen, auf die Osmium- und Wolfram-Glühfäden und auf die
Verwendung von Tantal. Auch von diesen seltenen Metallen überreicht er Samm-
lungen.

Mit besonderer Ausführlichkeit beschreibt dann DUISBERG das weite Feld der
organischen Produkte, die letztlich aus Steinkohlenteer zu gewinnen sind. Von
den zuerst besprochenen Farben reicht seine Beschreibung bis hin zum Coffein,
dem Aspirin, dem Salvarsan. Er kommt auf die Kunstseide zu sprechen und
schließlich auf den Kautschuk.

Der Schluß der Rede zeigt den Optimismus und den Stolz, der einen Mann
der Technik damals beseelte:

5.10.1911   Wir sind am Ende unsere Wanderung durch die weiten Gefilde
C.D.   der chemischen Industrie. Wo früher Ödland und Heide war, grünen

jetzt saftige Wiesen, duften blühende Auen und wogen ährenschwere Saaten auf goldigem Halm. Noch ist Brachland mit Stein und Geröll in Hülle und Fülle und Auen, wo deutscher Fleiß, deutsche Zähigkeit und Ausdauer und deutsche Intelligenz sich betätigen können, um weiter chemische Kulturarbeit zu leisten. An Erfolgen kann und wird es nicht fehlen; das zeigten uns die buntfarbigen, herrlichen Blumen und Blüten, die wir am Rain pflücken durften; das bewiesen die mit reifen Früchten schwer beladenen Erntewagen, denen wir begegneten.

,Der Tag der Gunst ist wie der Tag der Ernte; man muß geschäftig sein, sobald sie reift', sagt Goethe.

Etwas von diesem Stolz kommt dann auch in dem Brief zum Ausdruck, den DUISBERG am 12. Oktober 1911 an CURTIUS geschrieben hat.

12. 10. 1911　　　　　　　　　　　Lieber Freund!

C. D.　　　　Du hast viel versäumt, dass Du dem Deutschen Museum aus dem Wege gegangen bist, nicht, weil Du meinem Vortrag nicht anwohntest, obgleich derselbe, wie ich glaube, gut gewirkt hat, Du wirst ihn ja demnächst zu lesen bekommen, sondern weil wieder einmal so viel des Interessanten geboten wurde und so viele nette Menschen da waren, dass ich jetzt noch von den schönen Eindrücken zehre, die ich dort wieder empfangen habe.

Da aus unserer Griechenlandfahrt nichts geworden ist und ich doch ausspannen muss, so wollen meine Frau und ich zusammen mit unseren Freunden Friedr. Bayer und Frau morgen nach Meran fahren, um dort einige Wochen zu bleiben.

Hoffentlich erholst Du Dich in Karlsbad in gewohnter Weise. Es ist ja sehr lieb von Freund Bredt, dass er Dir zu so später Zeit noch Gesellschaft leistet. Leider vernachlässigt er uns hier in Wuppertal, wo wir so nahe wohnen, in einer Weise, die mir äusserst schmerzlich ist. Ich habe das ganze Jahr nichts von ihm gehört und gesehen, obgleich er sicherlich häufiger in unserer Nähe geweilt hat. Du kannst ihm einmal in meinem Namen gehörig die Leviten lesen und ihm sagen, dass er sich unbedingt bessern muss.

Im zweiten Teil des o. a. Briefes ist von der „Beilstein-Gründung" die Rede. Hier handelt es sich um folgendes: FRIEDRICH BEILSTEIN hatte das große Handbuch der Organischen Chemie bis zur dritten Auflage fortgeführt. Als er mit diesem Werk fast am Ende war, trat er 1895 an PAUL JACOBSON heran und frug, ob dieser das Werk weiterführen wolle. JACOBSON lehnte dies ab, entwarf aber einen

Plan, im Auftrag der Deutschen Chemischen Gesellschaft das Handbuch fortzu-
führen. Die Gesellschaft gründete daher für diesen Zweck ein Büro und erwarb
die Rechte für die Herausgabe des Chemischen Zentralblatts und des Beilstein-
Handbuchs. JACOBSON vollendete bis 1906 zusammen mit B. PRAGER die 3. Auflage des Handbuches, und dann konnte die 4. Auflage mit einer neuen Konzeption begonnen werden [35]. Am 14. Dezember 1910 versandte eine Kommission der
Gesellschaft einen Aufruf, in dem die „Bildung einer Vereinigung von Förderern
der Beilstein-Herausgabe" angeregt wurde. Am 30. Januar 1911 konnte eine Liste
[36] vorgelegt werden, die die Namen von Förderern enthielt, die sich verpflichtet
hatten, bis 1914 einen jährlichen Beitrag zu Herausgabe des Beilsteinhandbuchs
zu leisten. Es sollten jährlich 39500 Mark gespendet werden. Deshalb konnte
DUISBERG am 12.10.1911 schreiben:

12.10.1911   Du fragst mich, ob Du Dich noch an der Beilstein-Gründung be-
C.D.   teiligen kannst? Obgleich die Liste schon seit einem Jahre geschlossen ist, zweifle ich doch keinen Augenblick, dass die Deutsche Chemische Gesellschaft immer noch Gelder anzunehmen bereit ist,
wenn auch der Fonds weit grösser geworden ist, als wir erwartet und
nötig haben. Es hat also keinen Zweck, dass Du Dich hier opfern
willst; dafür ist Dir viel besser Gelegenheit geboten beim Jubiläums-
fonds des Vereins deutscher Chemiker etwas mehr zu tun, als Du sowieso zu tun beabsichtigtest. Ich habe schon auf Grund von Briefen,
die ich an die hervorragenden Firmen der chemischen Industrie geschrieben habe, fast 100,000.– zusammen bekommen, wie Du aus
der beigefügten Liste ersehen willst.

Damit Du auch bei der ersten Publikation in der Zeitschrift für
angewandte Chemie glänzen kannst, füge ich einige Zeichenscheine
bei, von denen Du einen auch Freund Bredt in meinem Namen und
Auftrage übergeben willst.

Mit herzlichen Grüssen, auch an Freund Bredt
Dein getreuer Carl Duisberg

Die oben erwähnte Liste für den Beilstein-Fonds folgt:

	Jahresbeitrag für 1910–1914
Aktiengesellschaft für Anilinfabriken (Berlin)	1000 Mk.
Geheimrat E. Arnhold (Berlin)	1000 Mk.
Badische Anilin- und Sodafabrik (Ludwigshafen a. Rh.)	3000 Mk.
Kommerzienrat F. Bayer (Elberfeld)	1000 Mk.
Geheimrat H. T. v. Böttinger (Elberfeld)	1000 Mk.

Geheimrat H. v. Brunck (Ludwigshafen a. Rh.)	1000 Mk.
Dr. G. v. Brüning (Höchst a. M.)	1000 Mk.
Chemische Fabrik auf Aktien vorm. E. Schering (Berlin)	1000 Mk.
Chemische Fabrik Griesheim-Elektron (Frankfurt a. M.)	1000 Mk.
Chemische Fabriken vorm. Weiler ter Meer (Ürdingen)	1000 Mk.
Prof. L. Darmstädter (Berlin)	1000 Mk.
Deutsche Gold- und Silber-Scheideanstalt (Frankfurt a. M.)	1000 Mk.
Geheimrat C. Duisberg	1000 Mk.
Dr. F. Engelhorn i. Fa. C. F. Böhringer & Söhne (Mannheim)	1000 Mk.
Farbenfabriken vorm. Friedr. Bayer & Co. (Elberfeld)	3000 Mk.
Farbenwerke vorm. Meister, Lucius & Brüning (Höchst a. M.)	3000 Mk.
Geheimrat Emil Fischer (Berlin)	1000 Mk.
Dr. R. Geigy (Leopoldshöhe)	1000 Mk.
Dr. W. Haarmann (Holzminden)	1000 Mk.
Geheimrat C. Harries (Kiel)	1000 Mk.
Leopold Cassella & Co. (Mainkur)	3000 Mk.
Geheimrat C. Liebermann (Berlin)	1000 Mk.
Dr. C. A. v. Martius (Berlin)	1000 Mk.
Dr. H. v. Meister (Sindlingen a. M.)	1000 Mk.
E. Merck (Darmstadt)	1000 Mk.
Dr. F. Oppenheim (Berlin)	1000 Mk.
Dr. S. Pfaff (Groß-Lichterfelde)	1000 Mk.
Prof. R. Pschorr (Grunewald-Berlin)	1000 Mk.
Schimmel & Co. (Leipzig)	1000 Mk.
Geheimrat O. Wallach (Göttingen)	1000 Mk.
Konsul H. Wallich (Berlin)	1500 Mk.
Summa	39500 Mk.

CURTIUS entschließt sich, dem Beilstein-Fonds kein Geld zu stiften. Er macht aber eine Stiftung für das Jubiläum des Vereins Deutscher Chemiker von 300 Mark jährlich für 5 Jahre. Der Brief vom 14. Oktober 1911 schildert im übrigen den Aufenthalt in Karlsbad, der zu Wanderungen genutzt wird. Professor AUGUST DARAPSKY begleitet CURTIUS.

DARAPSKY (geb. 3. Mai 1874, gest. 26. April 1942) hatte am 8. 6. 1899 in Heidelberg den Doktortitel erworben, hatte sich 1903 habilitiert und war 1908 a. o. Professor geworden. Später ging er an die städt. Handelshochschule in Köln und wurde am 1. Juli 1919 o. Professor und Direktor des Chemischen Instituts der

Universität Köln. DARAPSKY war in seinem wissenschaftlichen Werk der Schule
von CURTIUS verhaftet. Außerdem arbeitete er an dem Lehrbuch der Organischen
Chemie von BERNTHSEN mit.

14.10.1911   Karlsbad, Haus Bremen
Th. C.   14. October 1911

Lieber Freund!

Heute erhielt ich Deinen freundlichen Brief vom 12. October
und habe mich daraufhin an der Jubiläumsstiftung des Vereins D.
Chem. mit M 300 jährlich für 5 Jahre betheiligt und dies angemeldet. Die Beilsteinaffaire, die eine so schöne Lösung bereits gefunden
hat, habe ich fallen gelassen. Ich habe so wie so genug für die
Wissenschaft auszugeben.

Collegen Bredt habe ich ordentlich auf der Seele gekniet. Er will
es sich aber „zuerst überlegen". Ich denke aber, er wird schon reagie-
ren.

Hier haben wir − hatte mir noch Prof. Darapsky eingeladen −
sehr nette Tage zusammen verlebt. Stets herrlichstes Wetter. Auch
Bredt marschierte die ersten Tage ordentlich mit, hat sich aber etwas
erkältet und hütet sich nun jüngferlich-ängstlich. − Morgen reist er
ab. Darapsky und ich Dienstag. Mittwoch Abend bin ich zu Hause.
Dann giebt es vom 21−25. Logierbesuch zu dem grässlichen Liszt-
fest. Und dann geht die Hetze wieder los. Meine Gedanken werden
euch jetzt im schönen Meran suchen. Vor 19 Jahren lag ich um diese
Zeit dort auf dem Tode. Nun es hat noch mal gut gegangen und vielleicht geht es so noch ein Stückchen weiter.

Ich wünsche gute Erholung. Mit herzlichen Grüssen Dir und
Deiner Frau und besten Empfehlungen an Commerzienrat Bayer
und Gemahlin

Dein alter treuer Theodor Curtius

In dem Briefwechsel ist nun wieder eine Lücke zu bemerken. Der nächste Brief
von DUISBERG ist vom 16. Juli 1913 datiert. DUISBERG bedankt sich für Hydra-
zinarbeiten von CURTIUS, die man wohl am besten in einem von DARAPSKY 1930
verfaßten Artikel [8] zusammengestellt findet. Er berichtet von einem geruhsa-
men Leben, und nebenbei ist erwähnt, daß DUISBERG nun eine maßgebliche Rolle in der Gesellschaft Deutscher Chemiker und auch in der Gesellschaft Deutscher
Naturforscher und Ärzte spielt.

16.7.1913   Leverkusen, den 16. Juli 1913
C. D.
                                        Lieber Freund!
   Schon längere Zeit liegt Dein neuestes Bändchen von 6 Abhandlungen über „die Einwirkung von Hydrazin auf Nitroverbindungen"
auf meinem Schreibtisch, ohne dass ich bis jetzt dazu gekommen
bin, Dir, wie ich schon lange wollte, für die Zusendung und die dabei übermittelten Grüsse herzlichst zu danken. Ich habe solange
nichts mehr von Dir weder direkt noch indirekt gehört, dass ich
nicht weiss, wie es Dir geht und voraussichtlich werde ich Dich auch
nicht vor Spätherbst oder Winter wiedersehen können, da wir diesmal wieder nicht ins Engadin kommen werden, weil wir Ende September unsere silberne Hochzeit feiern und anschliessend daran
dann mit unseren Kindern eine grössere Italienreise machen wollen.
Das ist schade und tut mir sehr leid. Deshalb musst Du nun überlegen, ob Du nicht vorher einmal kurz nach Semesterschluss zu uns
hier nach Leverkusen kommen willst, wo es jetzt wirklich wunder-
schön ist trotz des regnerischen Wetters. Uns hier geht es sehr gut,
wir haben viel Abwechslung, so war noch zuletzt am vergangenen
Montag die Jahresversammlung der Internationalen Vereinigung für
gewerblichen Rechtsschutz hier in Leverkusen.
   Heute nachmittag muss ich geschäftlich nach Frankfurt a. M.
und von da zur Vorstandssitzung der Deutschen Chemischen Gesellschaft nach Berlin reisen. Ich hoffe es jetzt durchzusetzen, dass die
D. Ch. G. sich endlich bereit finden lässt, die Vorbereitungen für die
Sektionssitzungen der Naturforscherversammlungen zu übernehmen, um diese attraktiver zu gestalten, zumal, wenn im Herbst meine Anregung, die Naturforscherversammlungen nur noch alle 2 Jahre abzuhalten, Gnade in den Augen der Vorsitzenden der grossen
naturwissenschaftlichen und medizinischen Gesellschaften, wie ich
hoffe, findet.
   Im Gegensatz zu früher bin ich jetzt seit Monaten nicht mehr in
Berlin gewesen und will die Gelegenheit benutzen, mir auch einmal
die Jubiläumsausstellung anzusehen.
   Herzlichste Grüsse, auch von meiner Frau,
                                        Dein getreuer Carl Duisberg

   CURTIUS antwortet am 30. Juli. Zunächst berichtet er, dass er in der ersten
Augustwoche noch viel zu tun habe und dann in das Engadin fahren will. Er sagt:
   „So ist es denn sehr schade, dass wir uns nicht sehen werden." Im folgenden
wird dann von einem Ausbau des Chemischen Instituts berichtet und von dem
Fortschritt der wissenschaftlichen Arbeit.

30. 7. 1913
Th. C.

Ich bin den Sommer über sehr tätig gewesen und habe nebenbei viel Logierbesuch gehabt. Ausserdem baue ich in meinem Institut den Bunsensaal um und habe einen Teil meines Gartens hergeben müssen, um einen zweiten Hörsaal für 100 Personen im Barackenstil[43] zu erhalten. Schon jetzt sieht es schauderhaft aus in den alten Räumen und am Samstag müssen alle Praktikanten heraus, wenn wir am 1. November glücklich in die neuen, fertigen Säle einziehen wollen. Es wird sehr hübsch werden, aber natürlich bleibt es Flickwerk. — Auch wissenschaftlich habe ich eine ganze Reihe netter Sachen ausgeführt, auf denen vielleicht sogar das Auge des chemischen Technikers mit Wohlgefallen ruhen wird. Wenn ich ein junger chemischer Dachs wäre, würde ich eine Publikation „über den einwertigen Stickstoff" loslassen, aber ich halte es nicht für richtig, dass man Radikale als solche hinstellt, von denen man nur die Wirkungen kennt, die allerdings, ebenso wie bei dem zweiwertigen Stickstoff, höchst interessant sind.

Hoffentlich ist es Dir gelungen den mir sehr sympathischen Vorschlag bei der Chemischen Gesellschaft durchzusetzen, die Vorbereitungen für die Sektionssitzungen der Naturforscherversammlung ihrerseits zu übernehmen, und auch der Plan, die Naturforscherversammlungen nur noch alle zwei Jahre abzuhalten, erscheint mir höchst zeitgemäss. Deiner Frau und Deinen Kindern sende ich viele Grüsse und bleibe mit vielen herzlichen Grüssen

Dein alter treuer Theodor Curtius

P. S. Der Nachruf auf Koenigs von Bredt und mir erscheint Mitte September im Schlussheft der Berichte für 1912.

D. O.

WILHELM KOENIGS war am 15. Dezember 1906 in München gestorben. Jetzt, im Jahr 1912, erschien ein Nachruf [27] mit einem persönlichen Teil von CURTIUS und einem wissenschaftlichen Teil von JULIUS BREDT. CURTIUS hat den Sonderabdruck dieses Nachrufs offenbar im Dezember 1913 an DUISBERG geschickt. Der Brief DUISBERGS vom 24. Dezember 1913 spricht davon. Er macht auch wieder die große Arbeitsbelastung deutlich, der DUISBERG ausgesetzt ist und die ihn sogar davon abhält, seine Freunde — wie es bei ihm Tradition war — am 27. Dezember zu treffen.

---

[43] Dieser Hörsaal, der eine wunderbare Akustik besass, hat zwei Weltkriege überstanden. Er wurde abgerissen, nachdem die Chemischen Laboratorien in das Neuenheimer Feld verlegt worden waren.

Leverkusen, den 24. Dezember 1913

Lieber Freund!

Schon lange habe ich die Absicht, Dir zu schreiben, um Dir zu danken für die Zusendung des trefflichen und charakteristischen Nachrufs, den Du unserem gemeinsamen Freunde Koenigs gewidmet hast. Ich wollte Dir dies gelegentlich des Festes der unschuldigen Kindlein, am Samstag, den 27. ds. Mts., in Köln persönlich sagen.

Aber leider geht es mir in diesem Jahre wieder wie vor 2 Jahren auch, ich kann leider nicht teilnehmen, da ich an dem Tage in Berlin sein muß. Dort findet am Sonntag eine wichtige Sitzung statt, bei der ich nicht fehlen darf. Obgleich ich mir nach allen Richtungen hin überlegt habe, wie ich davon frei kommen könnte; und deshalb fahre ich Samstag Nacht nach dort, bin aber Montag früh wieder hier und hoffe dann noch Gelegenheit zu haben, Dich zu sehen, indem ich dich herzlichst bitte, doch am Montag vormittag zu uns zu kommen und den Mittag und Abend mit uns zu verbringen, wie Du das auch im vorigen Jahre getan hast. Es tut mir ja in der Seele weh, wieder auf das Zusammensein mit den lieben alten Freunden im Domhotel verzichten zu müssen, aber es geht nicht anders, und deshalb musst Du mir die Freude bereiten, und am Montag zu uns kommen. Du bist gewiss so lieb, und telephonierst oder telegraphierst, wann und wo Dich am Montag unser Automobil abholen kann.

Vor wenigen Jahren war ich auch bei Richard Koenigs in Düsseldorf und sprach auch kurz vorher seine Schwägerin, die Frau Johanna Koenigs in Cöln. Beide haben sich über die von Herzen kommenden und deshalb auch zu Herzen gehenden Worte Deines Nachrufes auf ihren Bruder bezw. Schwager innig gefreut, und ich kann mich dem nur als Freund voll und ganz anschliessen.

Da ich nicht weiss, ob Dich dieser Brief noch in Heidelberg antrifft, so sende ich gleichzeitig Kopie an Deine Adresse ins Domhotel nach Cöln und hoffe also auf ein frohes Wiedersehen am nächsten Montag.

Entschuldige mich bitte bei Bredt, Claisen und den anderen teilnehmenden Herren, drücke Ihnen mein Bedauern aus, über meine geschäftlichen Verpflichtungen, die mich von ihnen fernhalten und grüsse sie alle aufs beste.

Indem ich Dir fröhliche Weihnachten wünsche, bin ich in alter Freundschaft

Dein Carl Duisberg

CURTIUS antwortet aus Heidelberg (er datiert den Brief auf den 3. Januar 1913, meint aber wohl den 3.1.1914!); „vier verlassene Kindlein" haben sich am 27.12.1913 im Domhotel zu Köln eingefunden. Von diesen wurden BREDT und DARAPSKY schon oben erwähnt (S. 101 u. S. 112), LUDWIG RAINER CLAISEN (geb. 14.1.1851, gest. 5.1.1930) war 1899 Professor in Kiel und seit 1904 in Berlin.

3.1.1914   Heidelberg 3. Jan. 13
Th. C.

Lieber Freund!

Ich bin so influenziert von Marburg vorgestern hier angekommen, dass ich mich erst heute für Deinen lieben Brief und die prächtige Plakette von eurer Silber-Hochzeit bedanken kann. Leider verderbe ich mich jedesmal in den Weihnachtstagen am Rhein, so nett und schön es auch dort ist. Leider konnten wir 4 verlorenen Kindlein (Bredt, Claisen, Darapsky u. ich) nur in Wehmut Deiner gedenken. Stollé ist in Engelberg den verwandschaftlichen, schlechbekömmlichen Weihnachtsfreuden aus dem Wege geblieben. Sehr leid ist mir, dass ich eurer freundlichen Einladung nach Leverkusen am 29. diesmal nicht folgen konnte. Darapsky hatte mich mit seinem Studiendirektor Eckert zu sich zum Essen eingeladen und Abends bin ich nach Frankfurt, um von dort meinen alten Vetter Steinmetz in Marburg zu besuchen.

Hoffentlich führt uns das Neue Jahr aber endlich einmal wieder zusammen. Bis dahin nimm mit Deiner Frau und den Kindern alle guten Wünsche von mir entgegen.

Mit viel herzlichen Grüssen
Dein alter treuer Theodor Curtius

Es ist nicht erstaunlich, dass der Briefwechsel hier nun eine Zeitlang unterbrochen ist; denn bald brach in die so friedliche Welt des Gelehrten und in die arbeitsreiche des Industriellen, der gerade die Pläne für eine Fabrik in Dormagen entwickelt und das Gelände gekauft hatte, der erste Weltkrieg herein.

Die Korrespondenz im Krieg ist kurz aber interessant.

CURTIUS führt ein annähernd normales Gelehrtenleben weiter. Seine Karte vom 5. Juni 1915 berichtet von seinen kleinen Einschränkungen – er kann nun nicht mehr nach Karlsbad und ins Engadin reisen – und von großen persönlichen Opfern der Kollegen. Zum ersten Mal tauchen auch Studentinnen in größerer Zahl in dem Universitätslaboratorium auf. Sie werden von CURTIUS offenbar nicht gerade mit großer Begeisterung und auch nicht mit Achtung begrüßt.

5.6.1915   Hdbg. 5. Juni 1915
Th. C.
           Lieber Freund!
              Vielen Dank für Deinen freundlichen Geburtstagswunsch. Wir
           haben so lange nichts mehr voneinander gehört! Hoffentlich geht es
           Dir und allen den Deinen gut. Von mir kann ich nur Gutes melden.
           Trotzdem Karlsbad unmöglich und das Engadin nun auch in weite
           Ferne gerückt ist, bin ich sehr zufrieden. Im Institut geht der Betrieb
           wie immer fort: 120 Vorlesung, 35 Practicum; 55 Medizinpracti-
           canden. Über 1/3 im letzteren Damen. Ich komme mir vor wie der
           Derwisch in „Tausend u. eine Nacht", der am Ende seines Lebens in
           einen Hühnerhof gesperrt wurde, um die Nichtigkeit aller Weisheit
           kennen zu lernen. – Der arme Knoevenagel, der selbst immer im
           Frontdienst, hat seinen 17jährigen Sohn verloren. 15 Professorenfa-
           milien haben einen Sohn hergeben müssen.
              Hoffentlich bekommen wir keine Dürre. So viel Sonne haben wir
           seit Jahren nicht mehr gehabt. – Mit Thiele und Besthorn war ich
           vor 3 Wochen einen Sonntag in Baden, um Thiele[44] als 50ger ein
           wenig zu feiern. Er ist furchtbar schön in seiner feldgrauen Uniform
           anzuschauen! Es war ein sehr netter Tag, an dem auch Deiner ge-
           dacht wurde. –
              Nimm viele Grüsse für Dich, Deine verehrte Frau und die Kin-
           der.
                                        In alter Treue Dein Theodor Curtius

Der in dem Brief erwähnte EMIL BESTHORN (geb. 10.12.1858) hatte in Heidelberg und in München bei EMIL FISCHER studiert und arbeitete in München
vor allem über Stoffe der Chinolinreihe. Er starb am 15.11.1921.

In seiner Antwort berichtet DUISBERG Interessantes. Die deutsche Chemie
hatte sich ganz in den Dienst der kriegsführenden Nation gestellt. Der erste Weltkrieg war im Herbst 1914 begleitet von einer historisch einzigartigen Kriegsbegei-
sterung und von einer allgemeinen Mobilisierung – nicht nur der wehrfähigen
Männer – sondern der gesamten Volkswirtschaft. Der Welle des Patriotismus
folgend hatte schon Anfang August 1914 die Unternehmensleitung von BAYER
die wehrfähigen Männer aufgefordert, sich freiwillig zu stellen [23]. Die Familie
DUISBERG schloß sich vom Kriegsdienst nicht aus, wie aus dem Schreiben vom
7.6.1915 hervorgeht. In Leverkusen wird im Hauptlaboratorium ein Lazarett
errichtet, in dem Frau und Tochter DUISBERG tätig werden. Die Produktion stellt
sich auf die Kriegserfordernisse um. Dabei ist es wohl noch verständlich, daß im

---

[44] Vgl. S. 102.

März 1915 eine Salpetersäuresyntheseanlage in Betrieb genommen wird [23]. Aber die anderen Kriegsaktivitäten, von denen DUISBERG berichtet, nämlich die Produktion und Erprobung chemischer Waffen, sind kein Ruhmesblatt für die deutsche Chemie. Naturwissenschaftlich-technisches Wissen wurde in den Händen des Militärs zu schrecklichen Waffen, die ihre Wirksamkeit so besonders entfalten konnten, weil sie mit einer spezialisierten, hoch entwickelten Ingenieurtechnik gekoppelt wurden. Als im Herbst 1914 der rasche Angriffskrieg der deutschen Truppen zum Stehen kam — als die Fronten in einem Stellungskrieg erstarrten —, kam man auf die Idee (Major im Generalstab MAX BAUER), Artilleriegeschosse mit chemischer Wirkung zu entwickeln, die den Gegner aus seinen Grabenstellungen zwingen und die Möglichkeit für offensives Vorgehen schaffen sollten. Der Kriegsminister, General ERICH VON FALKENHAYN, setzte eine Kommission ein, die aus dem damaligen „Benzinleutnant" WALTHER NERNST, CARL DUISBERG und zwei Artillerieoffizieren, BAUER und MICHAELIS, bestand, um diese Idee zu prüfen [59].

Zunächst der Brief von DUISBERG:

7.6.1915   Leverkusen, den 7. Juni 15
C.D.

Lieber Freund!

Es war mir eine große Freude, endlich auch einmal ein Lebenszeichen von Dir zu erhalten und zu hören, daß es Dir gut geht. Ich kann dasselbe auch von mir und den Meinen melden, obgleich ich seit vergangenem Herbst vor einem Jahre keinen eigentlichen Urlaub mehr gehabt und andauernd tätig gewesen bin, noch dazu während der Kriegszeit mit doppeltem Eifer, geht es mir recht gut. Dasselbe kann ich auch von meiner Frau und den Kindern melden, obgleich die erstere durch die Leitung unseres hiesigen Lazaretts mit mehr als 300 Betten viel Arbeit gehabt hat und wie es überall geht, auch bei uns der Zank und Streit zwischen Ärzten und Schwestern, oder Schwestern und Helferinnen kein Ende nimmt und meine Frau dann immer den Friedensengel machen muss. Unsere Tochter Hildegard erträgt den Krieg mit seinen Aufregungen, wo ihr Bräutigam als Beobachtungsoffizier beim Luftschiffer-Bataillon und bei der Fliegerabteilung vor Ypern dauernd in Gefahr ist, heldenhaft. Obgleich ihr Bräutigam einmal einen Streifschuss am Kopf gehabt hat und er wiederholt mit seinem Ballon unsanft zur Erde niederkam, ist bis jetzt alles gut gegangen und bleibt es hoffentlich auch so. Carl-Ludwig war, als der Krieg erklärt wurde, auf der Weltreise und gerade auf der Fahrt von Neuseeland nach Australien. Er wurde sofort in Sydney Kriegsgefangener, bekam dann eine schwere Blinddarmreizung, bei der er 8 Tage in höchster Lebensgefahr schwebte, aber durch den mit ihm reisenden Freund und Mediziner Kussmann gerettet wurde. Gegen Leistung des Neutralitätseides wurde Carl-Ludwig mit der Verpflichtung, den Atlantic nicht zu kreuzen, nach Nordamerika freigelassen. Dort ist er jetzt, nachdem er längere Zeit in Newyork war, auf Anordnung des Auswärtigen Amtes bezw. des deutschen Botschafters in Washington dem Konsulat in San Francisco als Hülfsarbeiter zugeteilt. Walther, der zweite Sohn, hat, nachdem er zuerst Röntgenphotograph am Kriegslazarett in Düsseldorf war, wo seine Schwester sich als Helferin betätigte, seit Dezember vorigen Jahres zuerst im Westen bei St. Quentin und dann im Osten in den Karpathen und in Südgalizien beim Stabe des 41. Reservekorps unter v. Francois die Kämpfe und Strapazen als Benzinleutant des Kaiserlich Freiwilligen Automobilkorps gründlich mitgemacht. Schon in Frankreich hat er dafür das Eiserne Kreuz bekommen. Zurzeit weilt er für einige Tage in Berlin, um seinen ganz zusammengebrochenen Wagen reparieren zu lassen. Unser Jüngster, Curt, möchte allzu gern als Oberprimaner sobald wie möglich das Notabiturientenexamen machen, er bemüht sich andauernd, bei der aktiven Truppe oder als Sanitäter an der Front unterzukommen, aber bis jetzt wegen seiner Jugend und der zwar geheilten aber noch immer bemerkbaren Hüftgelenksluxation vergeblich. Ich selbst bin seit Ende Oktober 1914 zusammen mit Nernst, der als Benzinleutnant der Obersten Heeresleitung zugeteilt ist, auf dem Wahner Schiessplatz tätig gewesen, chemische Reizgeschosse zu machen und bin immer noch bemüht, sie zu verbessern. Schon sind ausser einer Brandgranate, die wir ausprobiert haben, sogenannte T-Granaten, die die Augen reizen, und K-Granaten, die der Lunge „wohl tun", sowie entsprechende Minen an der Front. Es ist ein besonderes Minenwerfer-Bataillon gebildet worden, das nichts anderes macht, als unsere Minen dem Gegner in die Schützengräben zu werfen. Dasselbe wird seine Tätigkeit aber erst in den nächsten Tagen eröffnen. Neben den „chlorreichen" Siegen von Ypern, denen aber leider weitere des vom Vizefeldwebel zum Hauptmann avancierten Haber nicht gefolgt sind, wird man demnächst auch über andere chemische Erfolge berichten können. Unsere Fabrik hier habe ich ganz umorganisiert. Nachdem unser Farbstoffexport fast ganz aufgehört hat, machen wir jetzt mit Hochdruck Sprengstoffe aller Art und in grossen Mengen, sicherlich doppelt soviel wie die ganze Sprengstoffindustrie Deutschlands. Ausserdem füllen wir Granaten, Minen und Fliegerbomben mit Sprengstoffen.

Hoffentlich bleiben wir von Fliegern, wie sie neulich Ludwigshafen heimsuchten, verschont. Deshalb bitte ich Dich auch über alle diese Dinge, die ich Dir geschrieben, nichts weiter verlauten zu lassen. Wenn Du aber einmal in unsere Nähe kommst, solltest Du nicht versäumen, Dir unsere Kriegsbetriebe anzusehen.

Schade, dass ich neulich beim 50. Geburtstag Thieles in Baden nicht dabei sein konnte.

Mit herzlichen Grüssen von Haus zu Haus
in alter Treue Dein Carl Duisberg

Zu den Vorgängen auf dem Wahner Schießplatz hat DUISBERG selbst geschrieben [60]:

Mai 1916
C. D.

Als der Stellungskampf im Westen und später auch im Osten an die Stelle des Bewegungskrieges trat und die Artillerie ... mit ihren Steilfeuergeschützen nicht mehr viel ausrichten konnte, kam Excellenz von Falkenhayn auf Anregung von Oberstleutnant Bauer von der Operationsabteilung des Generalstabes des Feldheeres auf den Gedanken, Geschosse konstruieren zu lassen, die weniger oder überhaupt nicht durch ihre Sprengstücke, wie bei den mit Sprengstoffen gefüllten Granaten... Wirksamkeit entfalten, sondern die durch die Moleküle der darin eingeschlossenen festen, flüssigen oder gasförmigen Chemikalien den Gegner schädigen oder kampfunfähig machen. Sofort wurde der damals als Mitglied des Kaiserlich Freiwilligen Automobilkorps bei dem Armeeoberkommando Kluck befindliche Professor für physikalische Chemie an der Universität Berlin, Geheimer Regierungsrat Dr. Nernst ins Hauptquartier berufen, um mit ihm diese Angelegenheit zu besprechen. Als Geheimrat Nernst die an ihn gestellte Frage, ob dieses Problem zu lösen sei, bejahte, wurde er beauftragt, zusammen mit dem damaligen Adjudanten des Generals der Fußartillerie im großen Hauptquartier, Major Michaelis, als artilleristischen Sachverständigen, und dem Unterzeichneten, als Vertreter der chemischen Industrie, diesbezügliche Versuche auf dem Schießplatz in Wahn bei Cöln zu machen, bei denen Oberstleutnant Bauer, der oft vom Hauptquartier herüber kam, uns mit wertvollem Rate zur Seite stand.

Mit Unterstützung eines zur Verfügung gestellten Artilleriekommandos und den erforderlichen Geschützen führten wir unsere Versuche mit selbst laborierten Granaten aus. Wir machten aber dabei bald die Erfahrung, daß die uns gestellte Aufgabe viel schwerer zu lösen war, als wir erwartet hatten, zumal wir zuerst versuchten, mit möglichst harmlosen Stoffen zum Ziele zu kommen, die den Gegner nur zeitweilig kampfunfähig machen. Erst nach und nach entschlossen wir uns dazu, auch solche Substanzen durchzuprobieren, die den Feind dauernd schädigen oder vernichten.

Nun berichtet DUISBERG, daß zunächst Versuche mit „Stinkstoffen" gemacht wurden. Aber selbst das sehr stark riechende Äthylmerkaptan erwies sich bei der starken Verdünnung, die beim Verschiessen eintrat, als ungeeignet, und das Gleiche galt für Gifte wie Blausäure, Arsenwasserstoff oder Arsentrichlorid.

Aber leider blieb es nicht bei diesen relativ harmlosen Versuchen. Es folgten Versuche mit „Reizstoffen" – die mit Dianisidin gefüllte NI-Granate. Aber der Erfolg im Sinne des Kriegsministers war gering. Daraufhin verlangte Falkenhayn stärkere Mittel. Auch der Reizstoff Xylylbromid befriedigte den Minister noch nicht (T-Stoff). Der K-Stoff, das Umsetzungsprodukt zwischen Methanol und Phosgen, war dagegen schon sehr viel besser (übler!).

Die Kommission gab dann ihre Tätigkeit nach einem Abschlußbericht auf.

Wer war dieser WALTHER NERNST, mit dem DUISBERG auf dem Schießplatz zusammen arbeitete? Es handelte sich um einen besonderen Mann [37]:

HERMANN WALTHER NERNST war am 25.6.1864 geboren (er starb am 18.11.1941 auf seinem Gut bei Görlitz). NERNST studierte zunächst Physik in Zürich, Berlin, Graz und Würzburg; 1887 promovierte er bei KOHLRAUSCH. Er wurde beeinflußt von BOLTZMANN, ARRHENIUS, FRIEDRICH WILHELM OSTWALD und VAN'T HOFF – aber auch von EMIL FISCHER. 1889 habilitierte er sich in Leipzig bei OSTWALD. 1891 bis 1904 war er Professor in Göttingen, 1905 ging er an die Universität Berlin (Lehrstuhl für Physikalische Chemie der Universität). NERNST faßte früh den Entschluß, die Physik auf chemische Probleme anzuwenden, und dies führte ihn in fast alle Gebiete der Physikalischen Chemie, zu denen er Grundlegendes beisteuerte. Eine fast unglaubliche Phantasie, ein klarer Blick für das Richtige, ein großes pädagogisches Talent machten ihn zu einem der Gründerväter der Physikalischen Chemie. Schon am 23.12.1905 publizierte er in einem Vortrag in Göttingen sein Wärmetheorem (3. Hauptsatz der Thermodynamik) und schuf damit die Grundlage für die Erkenntnisse über das chemische Gleichgewicht. Die Anwendung auf die Ammoniaksynthese erfolgte schon 1907 durch NERNST und JOST, und die äußere Anerkennung durch den Nobelpreis geschah 1920. Die Berührung mit FRITZ HABER war selbstverständlich, die mit MAX PLANCK ergab sich, da das Nernst'sche Theorem eigentlich eine Verbindung zwischen der chemischen Thermodynamik und der Quantentheorie schuf. Nachdem PLANCK und NERNST 1905 auch ALBERT EINSTEIN bewegen konnten, nach Berlin zu kommen, entwickelte sich in Berlin ein kaum vorstellbares geistiges Leben, dessen einer Mittelpunkt WAHLTER NERNST war. Ein solcher Mann ist nun 1915 „Benzinleutnant". Dies mag sogar noch angehen; denn NERNST war ein begeisterter Autofahrer; aber ein Benzinleutnant, der Reizgranaten füllen läßt? Das ist doch wohl nur verständlich, wenn man sich die Woge von Patriotismus vergegenwärtigt, die damals das ganze deutsche Volk – besonders aber das Bürgertum – erfasst hatte. Für viele Äußerungen aus diesen Kreisen mag die Rektoratsrede von MAX PLANCK vom Herbst 1914 zitiert sein:

Herbst 1914   Das Eine wissen wir, daß wir Glieder unserer Universität, mit
Max Planck   allem, was wir sittlich empfinden und was wir wissenschaftlich be-
                 deuten, wie ein Mann zusammen stehen und so lange durchhalten
                 werden, bis, allen feindlichen Verleumdungen zum Trotz, die
                 Wahrheit und die deutsche Ehre vor aller Welt zur endgültigen An-
                 erkennung gebracht worden ist [38].

Der „Gaskrieg" trat in sein schreckliches Stadium ein, als FRITZ HABER neue
Vorschläge machte. HABER war am 9. 12. 1868 geboren. Nach einem Studium in
Heidelberg und Berlin wurde er 1891 in Berlin promoviert. 1898 bis 1911 war er
Professor in Karlsruhe und dann bis 1933 Direktor des Kaiser Wilhelm-Instituts
für Physikalische Chemie und Elektrochemie in Berlin-Dahlem. Haber hatte die
Grundlagen für die Ammoniaksynthese aus Stickstoff und Wasserstoff entwickelt, und dafür erhielt er 1919 den Nobelpreis des Jahres 1918 für Chemie.
Dieser Mann war bei Beginn des 1. Weltkriegs Vizewachtmeister der Landwehr;
nach dem Einsatz von Chlorgas bei Ypern wurde er formal zum Hauptmann be-
fördert und dann zum Leiter der Chemischen Abteilung des Preußischen Kriegs-
ministeriums. Er stellte sein ganzes Institut in den Dienst der Kriegsführung und
zog eine ganze Reihe qualifizierter Naturwissenschaftler zur Mitarbeit heran;
OTTO HAHN, RICHARD WILLSTÄTTER, JAMES FRANCK und GUSTAV HERTZ waren einige von ihnen. Nicht nur Angriffswaffen wurden entwickelt, sondern auch
Gasmasken [60] für die verschiedensten Zwecke. An Letzterem war besonders
WILLSTÄTTER beteiligt, wie sein Briefwechsel mit DUISBERG ausweist. HABER
und WILLSTÄTTER starben in der Emigration[45] – WILLSTÄTTER am 3. 8. 1942 in
Locarno, HABER am 29. 1. 1934 in Basel –.
Die Industrie folgte den Vorschlägen der Wissenschaftler willig. Alle Beteilig-
ten setzten sich für die Entwicklung und den Einsatz chemischer Kampfstoffe ein.
DUISBERG war dabei offenbar besonders an der Produktion von T- und K-Stof-
fen beteiligt. Später hat er seine Tätigkeit für die Entwicklung chemischer
Kampfstoffe als „negative Tätigkeit aller Kultur" bezeichnet! [59]
FRITZ HABER war zu einer derartigen Einsicht nicht in der Lage. Am 11. Nov.
1920 hielt er einen Vortrag vor Offizieren des Reichswehrministeriums, in dem er
sagte [62]:

11. 11. 1920   „... das Gebiet der chemischen Kampfstoffe ist für eine ortho-
Fritz Haber   doxe Betrachtung mit einem Odium behaftet... Die Gaskampf-
                  mittel sind ganz und gar nicht grausamer als die fliegenden Eisen-
                  teile; im Gegenteil, der Bruchteil der tödlichen Gaserkrankungen
                  ist vergleichsweise kleiner, die Verstümmlungen fehlen und hin-
                  sichtlich der Nachkrankheiten, über die naturgemäß eine zahlen-

---

[45] Eine Folge der Rassengesetze des Hitler-Regimes.

mäßige Übersicht vorerst nicht zu erlangen ist, ist nichts bekannt, was auf ein häufiges Vorkommen schließen ließe. Aus sachlichen Gründen wird man unter diesen Umständen zu einem Verbote des Gaskrieges nicht leicht gelangen."

Leider hatte HABER mit der in dem letzten zitierten Satz ausgesprochenen Prophezeihung Recht!

Die beiden Briefe vom Dezember 1916 (Curtius) bzw. 3. Januar 1917 nehmen weniger auf den Krieg bezug, sondern betreffen vielmehr die Alltagsereignisse, die die beiden Freunde bewegen, CURTIUS freilich wird noch immer von seinem Blei-azid und seiner Verwendung bewegt, die sich ja auch als zweckmäßig erwiesen hat.

31. 12. 1916   Wiesbaden, Palasthotel
Th. C.   31. Dez. 1916

Lieber Freund!

Beinahe hatte uns ja der Stern unter dem kleinen Weihnachtsbaum bei Darapasky zusammengeführt. Wie schade! Nur Bredt war noch da, unverändert durch die 2 1/2 Jahre, in denen ich ihn nicht mehr gesehen hatte. Ich habe ihn ganz besonders gern. Darapsky hat sich nun mit Feuer als Redaktor des Journals pr. Ch. habilitiert. Einen besseren für diesen Zweck könnte man weitherum vergeblich suchen. Sein kritischer Verstand, seine chemische und allgemeine Bildung werden dem Unternehmen sehr zu Gute kommen. Vor allem auch sein chemisches Gedächtnis, das ich mit seinem Fortgange von Heidelberg sehr entbehre.

Sehr schade ist es, dass die Sitzungen und Festlichkeiten des Deutschen Museums in München abgesagt wurden. Ich hätte bestimmt zugesagt. Vielleicht sehen wir uns dort im Februar. Ich würde mich sehr darüber freuen. Mit meiner Tätigkeit in Heidelberg bin ich ganz zufrieden. Es giebt sehr viel zu tun, nur fehlen die älteren Praktikanten für die Doctorarbeiten. Mit meinem vortrefflichen Prof. Müller und dem alten Jannasch, einem Dr. Apotheker und einem lahmen Assistenten halte ich den Unterricht aufrecht. Prof. Trautz haust als Physiko-Chemiker für sich und schwebt in seinen Arbeiten in den höchsten Regionen der „Meta"-Physiko-Chemie, wie neulich Auwers diese Richtung sehr trefflich nannte. Mit einer Vorlesung von 100 Personen, meist mit (−) Vorzeichen, kann man auch zufrieden sein.

Vor einiger Zeit war euer Quincke in Heidelberg und sprach schaudernd von dem Auftrag, Stickstoffnatrium in der reinlichen und gefahrlosen Atmosphäre von Leverkusen machen zu sollen. Ich teilte ihm mit, dass man Stickstoffnatrium ebenso gefahrlos fast wie Calciumcarbid machen könne; nur müsse man die Temperatur durch 10 dividieren. Das geht sicher nach dem Wislicenus'schen Verfahren ($N_2O + NH_2Na = N_3Na + H_2O$). Nach welchem Verfahren das bisher für die Darstellung von N_6Pb benötigte N_3Na von den rheinischen Sprengstofffabriken (welchen?) gemacht worden ist, weiss ich nicht. Nach Raschig aus Hydrazin wohl kaum, denn Raschig müsste sonst bedeutend mehr N_3Na geliefert haben, als dies wenigstens vor einem Jahr, wie er sagte, der Fall war. Grössere Mengen N_6Pb sind aber jedenfalls schon seit Jahren verwendet worden. Fachmann dafür ist ein Ingenieur Matter (Schweizer), der in Cöln jetzt als Privatmann lebt, wie mir Darapsky sagte. Ich hörte, dass neuerdings für die Torpedozünder N_6Pb unerlässlich sei. Es wäre aber auch lohnend festzustellen, ob nach Nölting aus Diazobenzolimid nicht technisch N_3Na abzuspalten sei. Ich vermute, dass gerade dieses Verfahren benutzt worden ist. —

Man müsste Diazobenzolimid (nach Griess aus Anilin, Nitrit u. Amoniak) zu nitrieren versuchen, und das erhaltene Product: Dinitrodiazobenzolimid oder Trinitrodiazobenzolimid vielleicht ganz sanft mit Bleioxyd in ein Gemisch von Dinitrophenolblei und Pikrinsaurem Blei und Stickstoffblei verseifen können, ein Gemisch, das *direct* gewiss eine Zündmasse von höchster Brisanz bilden würde. Vielleicht kann ich Dir über einige Versuche in dieser Richtung im Kleinen in einiger Zeit berichten. —

Hoffentlich hast Du mit Deinen Lieben die Weihnachtstage angenehm verlebt und konnte auch Dein Schwiegersohn an dem Feste teilnehmen. Ich war in Duisburg, wo ich einige sehr gemütliche Tage zubrachte und mich erholte im Kreise der Meinigen. Die sind dann alle sehr lieb mit dem alten Onkel. Neffe Dr. Hans ist sehr zufrieden mit seinen technischen Erfolgen; es ist ihm zu gönnen nach aller Mühe und Arbeit.

Möchte Deine Kraft und Gesundheit in dem neuen Jahr weiter aushalten um dem Vaterland so ausgezeichnete Dienste zu leisten wie bisher. Dir und Deiner verehrten Frau und den Kindern herzlichste Segenswünsche für das Neue Jahr, das uns allen den ersehnten Frieden bringen möge.

In alter Freundschaft getreu

Dein alter Theodor Curtius

P.S. Ich habe ganz vergessen Dir für Deinen so freundlichen Brief von Ende November zu danken. D.O.

3. 1. 1917
C. D.

Leverkusen, den 3. Januar 1917

Lieber Freund!

Auch mir hat es sehr leid getan, nicht zu der vom Kollegen Darapsky veranstalteten Zusammenkunft der „unschuldigen Kindlein" kommen zu können. Allzugern hätte ich Dich einmal wiedergesehen und gesprochen. Da ich am Vormittag durch eine Sitzung meines Direktoriums, die sich bis spät in den Nachmittag hinein hinzog, verhindert war, wollte ich gern später zu Euch stossen. Professor Darapsky teilte mir aber mit, dass Du schon gegen 4 Uhr weiterreisen würdest und war es mir deshalb nicht möglich, Dich zu treffen.

Sehr nett hätte ich es gefunden, wenn Du einmal zu uns hier nach Leverkusen herausgekommen wärest, Ich hätte Dir ein Automobil senden können, wodurch die lästige und unangenehme Fahrt mit der Elektrischen oder mit der Staatsbahn vermieden würde. Du hättest Dich dann auch einmal von der wirklich sehenswerten Umstellung unserer Friedensbetriebe, die fast sämtlich und gänzlich ruhen, auf Kriegsarbeit überzeugen können, zumal jetzt, wo wir dabei sind, noch eine Verdopplung unserer Anstrengungen vorzunehmen. Auch meine ziemlich vollständige Sammlung von Präparaten und Gegenständen, die auf dem Gebiete der chemischen Industrie während des Krieges gemacht worden sind, ist sehenswert. Dazu kommt, dass gerade die Feiertage mich veranlasst haben, einmal längere Zeit zu Hause zu bleiben, während ich sonst fast in jeder Woche einmal in Berlin gewesen bin und voraussichtlich auch im neuen Jahr wieder sein werde. Heute Abend um 8 Uhr reise ich nun nach Frankfurt, wo ich morgen I.-G. Sitzung habe. Ich würde allzugern in Wiesbaden aussteigen und einen Zug überschlagen, um mit Dir zusammen zu sein, wenn ich es möglich machen könnte. Ich fürchte aber, die ziemlich grosse Tagesordnung wird mich morgen den ganzen Tag von früh bis spät abends zum letzten Zuge nach hier, in Frankfurt festhalten. Auf jeden Fall muss ich nämlich am Freitag früh wieder hier sein, da für Samstag unser Aufsichtsrat einberufen ist und ich mich am Tage vorher unbedingt zu dieser Sitzung vorbereiten muss. Ausserdem begeht mein Freund Friedr. Bayer, der jetzige Vorsitzende[46] des Aufsichtsrates, an diesem Tage seine vierzigjährige Zugehörigkeit zur Firma und am Freitag Abend wollen die Arbeitsvertretungen ihren Dank für die von ihm gemachten Stiftungen aussprechen, wobei ich ebenfalls nicht fehlen darf.

Es wird also wieder längere Zeit dauern, bis wir uns begegnen, es sei denn, dass Du es wirklich wahr machst, wie Du in Aussicht

---

[46] BAYER war stellvertretender Vorsitzender, Boettinger Vorsitzender.

nimmst, am 5. u. 6. Februar nach München zu kommen, um der Hauptversammlung des Deutschen Museums beizuwohnen. Ich bin auf alle Fälle, wahrscheinlich sogar schon einige Tage vorher und hoffentlich auch noch einige Tage nachher da, da ich zurzeit noch den Vorsitz im Vorstandsrat des Deutschen Museums habe und ihn jetzt, nachdem ich ihn 2 Jahre länger geführt, als es die Satzungen erlauben, an meinen Nachfolger, Herrn Dr. Krupp von Bohlen und Halbach, übergeben will. Ich nehme wahrscheinlich meine Frau und Tochter mit, da ich die Gelegenheit benutzen möchte, um wenigstens einige Tage ganz den geschäftlichen Dingen fern zu sein und endlich einmal auszuspannen. Seit mehr als 3 Jahren habe ich keinen Urlaub mehr gehabt, da wird es allmählich Zeit, etwas für sich zu tun. Schon vor einigen Monaten fing mein Herz wieder an, unruhig zu werden und zu wackeln. Ich bin dann einmal 4 Wochen in Leverkusen geblieben und nicht nach Berlin gereist, habe länger geschlafen und weniger gearbeitet und fühle mich jetzt wieder ganz wohl. Es war aber doch eine Mahnung zur Vorsicht. Es wäre also allzu schön, wenn Du Dich einige Tage länger freimachen könntest, da zwei Tage für die in jetziger Zeit so lästige Reise nach München zu wenig sind.

Was die Darstellung von Stickstoffnatrium angeht, so habe ich mich inzwischen einmal darnach erkundigt, wie gross denn der Bedarf an Bleiazid sein würde, wenn alles Knallquecksilber durch letzteres ersetzt wird. Bei der fast fünffach grösseren Wirksamkeit des Bleiazids kommen dann noch keine 150 kg Natriumazid pro Tag dabei heraus. Das ist so ausserordentlich wenig, dass wir den Firmen, die bis jetzt das Produkt gemacht haben, es ruhig überlassen wollen. Zu Deiner Ehre und Freude möchte ich aber nicht unerwähnt lassen, was ich von zuverlässiger Seite, nämlich von dem Generaldirektor der Rheinisch-Westfälischen Sprengstoff Aktiengesellschaft in Troisdorf, Dr. Müller, gehört habe, dass nämlich das Bleiazid, wenn man es richtig präpariert und vor allem gegen Feuchtigkeit zu schützen versteht, dem Knallquecksilber nach jeder Richtung hin überlegen ist. Da nun die Rheinisch-Westfälische Sprengstoff-Aktiengesellschaft etwa 80% sämtlicher in Deutschland gefertigter Sprengkapseln in ihrer Fabrik in Troisdorf und den gleichen Prozentsatz auch von Zündhütchen in ihrer Fabrik in Nürnberg herstellen, so ist das Urteil dieses ausgezeichneten Chemikers und Fabrikleiters für mich entscheidend und massgebend.

Soviel für heute. Hoffentlich sehen wir uns dann also in München und können uns dann einmal eingehend über die Kriegslage und alles, was damit zusammenhängt, unterhalten. Bis dahin verbleibe ich mit herzlichsten Glück- und Segenswünschen für Dich

und die lieben Deinigen, auch für das neue Jahr, in alter Freundschaft

Dein getreuer Carl Duisberg

Die in dem Brief von CURTIUS erwähnten Chemiker sollen kurz charakterisiert werden:

Der schon früher erwähnte ERNST MÜLLER lebte vom 18.2.1881 bis
10.4.1945. Er promovierte 1904 in Heidelberg und war langjähriger Assistent von
CURTIUS. Seine Habilitation erfolgte 1909; am 11.3.1915 wurde er a.o. Professor. Dann wechselte er als planm. a.o. Professor nach Köln, um 1922 als planm.
a.o. Professor nach Heidelberg zurückzukehren. Er vertrat in Heidelberg die Anorganische Chemie, war aber Organiker. Nach Aussagen derer, die ihn kannten,
muß er ein integrer, liebenswürdiger Mann gewesen sein, der viel Herz für seine
Studenten und Studentinnen hatte.

PAUL JANNASCH, geb. 2.10.1841, gest. 20.3.1921 studierte in Leipzig, Breslau, Greifswald, Göttingen, war dann in Halle an der Agrikulturchemischen Versuchsstation und an der Landwirtschaftlichen Akademie Proskau. Er promovierte
in Göttingen am 9.1.1869 und habilitierte sich dort 1883. Am 7.6.1889 kam er
als a.o. Professor nach Heidelberrg, wurde am 4.5.1892 planm. a.o. Professor
und trat am 1. April 1919 in den Ruhestand. CURTIUS hatte, wie man sieht, recht,
von dem „alten Jannasch" zu sprechen. JANNASCH war auf dem Gebiet der Analytischen Chemie seiner Zeit anerkannt.

Wie CURTIUS schreibt, wurde damals die Physikalische Chemie in Heidelberg
vertreten von

MAX TRAUTZ, der vom 9.3.1880 bis 19.8.1960 lebte. TRAUTZ studierte in
Karlsruhe, woher er stammte, und in Leipzig, einer Hochburg der Physikalischen
Chemie. Dort wurde er 1903 promoviert. 1903 bis 1906 war er Assistent in Freiburg, wo er sich 1905 habilitierte und 1910 planmäßiger a.o. Professor wurde. Im
Sommersemester 1910 kam er nach Heidelberg, konnte aber erst am 28.1.1927
o. Professor und Direktor eines eigenen Physikalisch-chemischen Instituts werden. − Damals begann die Trennung des ehemaligen Curtius'schen Instituts in
Teilinstitute. − TRAUTZ ging dann später als Ordinarius nach Rostock und
1936−45 nach Münster. Das negative Urteil, das v. AUWERS über die Arbeiten
von TRAUTZ gefällt haben soll, wird verständlich, wenn man die große Verschiedenheit der Arbeitsgebiete ansieht: v. AUWERS hatte die Keto-Enol-Tautomerie
mit Hilfe der Molekularrefraktion aufgeklärt, TRAUTZ arbeitete auf dem Gebiet
der Gaskinetik.

Von dem von CURTIUS erwähnten O. MATTER sind mehrere Patente zur Herstellung von Bleiazid, PbN_6 bekannt [31].

WILHELM WISLICENUS lebte vom 23.1.1861 bis 7.6.1922 und war zunächst
Professor in Würzburg und ab 1902 Professor in Tübingen. Ihm verdanken wir

das einfachste Verfahren zur Herstellung von Natriumazid, das beim Einleiten von Lachgas (Distickstoffmonoxid) in geschmolzenes Natriumamid entsteht.

FRIEDRICH RASCHIG lebte vom 8.7.1863 bis 4.2.1928. Er war Gründer (1891) der Firma F. Raschig in Ludwigshafen a. Rhein. RASCHIG war ein genialer Mann, dessen „Schwefel- und Stickstoff-Studien" [39] (1924) voller Ideen steckten, und im Rahmen dieser als Buch veröffentlichten Studien fand er die Hydrazinsynthese durch Oxidation vom Ammoniak mit Hypochlorit.

Am 5. April 1917 hat CURTIUS seine alte Denkschrift über die Stickstoffwasserstoffsäure aus dem Jahr 1895 an DUISBERG gesandt. Leider ist diese Schrift in dem Archiv des Bayer-Werks nicht mehr auffindbar.

4.4.1917   Heidelberg, 4.4.1917
Th. C.
     Lieber Freund!

     Anliegend sende ich Dir einen Abzug meiner alten Denkschrift über die Stickstoffmetalle, die ich 1895 auf Wunsch von Althoff für das preußische Ministerium schrieb. Vielleicht kannst Du dieselbe Deiner chemischen Kriegssammlung einverleiben und dieselbe zum Andenken aufbewahren. Ich ärgere mich immer noch, daß ich mit Dir nicht in München zusammentreffen konnte. Hoffentlich hast Du mit Deinen Lieben den Schrecken von der fürchterlichen Explosion ohne Schaden überwunden. Ich habe oft an euch gedacht. Zu den Ostertagen sende ich Dir, Deiner Frau und den Kindern herzliche Grüße und gute Wünsche. Vor allem, daß Dir Deine Gesundheit und Arbeitskraft für die noch bevorstehende schwere Zeit der liebe Gott erhalten möge! Getreu Dein alter

Theodor Curtius

Die „fürchterliche Explosion", von der in dem Brief vom 5. April die Rede ist, ereignete sich am 27. Januar 1917 in der Granatfüllanlage des Werkes Leverkusen. Acht Arbeiter starben, mehr als hundert wurden verletzt [25].

Die Antwort DUISBERGs vom 12. April 1917 zeigt, daß man nun dem Krieg kritischer gegenüber steht. Man will zwar noch den Krieg „erfolgreich" zu Ende bringen; aber von Hurra-Patriotismus ist nichts mehr zu spüren.

12.4.1917   Leverkusen, den 12. April 1917
C.D.
     Lieber Freund!

     Herzlichen Dank für Deine lieben Zeilen vom 4. ds. Mts., denen ich einen Abzug Deiner alten Denkschrift über Stickstoffmetalle entfaltete, die Du 1895 auf Wunsch von Althoff für das preussische Kultusministerium verfasst hast. Ich habe sie mit grossem Interesse gelesen und werde sie als historisches Dokument, das für die Geschichte des Bleiazids von besonderer Wichtigkeit ist, aufheben und meiner Kriegssammlung einverleiben.

Um meine Frau und Tochter aus dem Rohbau unseres Hauses, in dem wir uns schon seit Wochen befinden und voraussichtlich leider noch Monate zubringen müssen, endlich für einige Tage herauszubringen, damit sie sich auch noch von dem Schrecken der furchtbaren Explosion erholen, sind wir am Donnerstag vor Ostern ins Hotel Mattern nach Königswinter gegangen und dort bis vergangenen Dienstag geblieben. Wir haben 5 schöne Tage am Rhein und im Siebengebirge bei glänzender Verpflegung verbracht. Jetzt sind wir wieder auf unserem vulkanischen Boden hier angelangt, wo uns hoffentlich weitere derartige Störungen unseres häuslichen und persönlichen Gleichgewichts erspart bleiben, bis hoffentlich in 4−5 Monaten die wichtigsten und grössten Gefahrenbetriebe von hier fort und in die in Worringen im Bau befindliche neue Fabrik verlegt sind. Es würde mich sehr freuen, wenn ich Dich gelegentlich einmal sehen könnte. Oder wenn Du auf Deinen Reisen rheinabwärts einmal zu uns hier nach Leverkusen kommen wolltest. Die Schäden der Explosion sind zwar, wie oben erwähnt, noch nicht beseitigt und wir brauchen noch viele, viele Monate, bis wir wieder im alten Gleise sind. Aber wenn das das Schlimmste ist, was uns der Krieg zufügt, dann wollen wir alles mit Ruhe und Geduld ertragen. Die Hauptsache ist, dass wir den Krieg erfolgreich zu Ende bringen. Hoffentlich bald, obgleich die Aussichten dazu geringer sind, als die meisten wähnen. Wir tun hier, was wir können, um mitzuhelfen. Wenn nur endlich auch die politischen Schwätzer aufhören und lieber das Volk auf die Grösse der Gefahr, in der wir schweben, und auf die Notwendigkeit, selbst bei Entbehrungen durchzuhalten, aufmerksam machen wollten.

Mit nochmaligem Dank und herzlichen Grüssen, auch von meiner Frau und Tochter, in alter Freundschaft

Dein getreuer Carl Duisberg

Am 27. Mai 1917 wurde CURTIUS 60 Jahre alt. Er bedankt sich bei DUISBERG für dessen Glückwünsche.

3.7.1917   Lieber Freund!

Th. C.   Nimm vielen herzlichen Dank für Dein freundliches Gedenken bei meinem Überschreiten der Schwelle des Alters. Du hast mir große Freude damit bereitet. In alter Freundschaft

Dein Theodor Curtius

Ein ganz anderes Problem wird von CURTIUS in seinem Brief vom 6. November 1917 angesprochen. Es betrifft die Heidelberger Akademie der Wissenschaften. Der große Aufschwung der Industrie im ersten Dezennium des 20. Jahrhunderts machte es vor allem den leitenden Männern der Wirtschaft bewußt, daß der Grundlagenforschung — vor allem auf dem Gebiet der Naturwissenschaften — viel zu verdanken sei. Die Wissenschaften fördern, das bedeutete, Nachwuchs für die Industrie heranzuziehen und konkurrenzfähig gegenüber dem Ausland zu bleiben. Die Forscher ihrerseits erkannten, daß der Einzelne immer mehr in die Gefahr geriet, sich zu sehr zu spezialisieren. Die einzelnen Spezialgebiete begannen auseinander zu klaffen; aber man sehnte sich nach der Einheit der Wissenschaft zurück. In Heidelberg war 1890 die Naturwissenschaftlich-mathematische Fakultät aus der Philosophischen Großfakultät herausgelöst worden. Einigen Gelehrten mag dies als Zerfall der Wissenschaften in „zwei Kulturen", wie das H. P. SNOW [40] später genannt hat, erschienen sein.

Kommunikation der Wissenschaftler über die Fachgrenzen hinaus — das erkannten die Wissenschaftler, die nicht „Fachidioten" waren, — war geboten. Schon VICTOR MEYER hatte 1893 versucht, diesem Ziel durch Gründung einer Akademie näher zu kommen; aber das badische Staatsministerium war dafür nicht zu gewinnen gewesen. Im April und Mai des Jahres 1909 gelang dann jedoch die Gründung einer Heidelberger Akademie [41]. Der Professor für bürgerliches Recht FRIEDRICH ENDEMANN trat an die Erben von HEINRICH LANZ, der 1905 gestorben war, heran, um sie zu einer Stiftung zu veranlassen. Die Firma Heinrich Lanz war damals die größte Landmaschinenfabrik Deutschlands, und LANZ hatte seine Erben verpflichtet, im Laufe von 10 Jahren 4 Millionen Mark für „wohltätige Zwecke" zu stiften. Es stand also eine Finanzmasse bereit, aus der man bei der Stiftung einer wissenschaftlichen Vereinigung schöpfen konnte. Durch die Vermittlung von Prinz VICTOR SALVATOR VON ISENBURG[47] konnte Endemann der Familie LANZ die Zusage abhandeln, „für eine Heidelberger Akademie im Laufe der nächsten zehn Jahre eine Million Mark unter der Bedingung zur Verfügung zu stellen, daß der Stiftername Teil der offiziellen Benennung werde". UDO WENNEMUTH [41] hat die Gründungsgeschichte der Akademie beschrieben, die schließlich zu der Konstitution der Akademie am 25. Juni 1909 führte. Mitglieder waren in der Mathematisch-naturwissenschaftlichen Klasse: OTTO BÜTSCHLI, THEODOR CURTIUS, GEORG KLEBS, LEO KOENIGSBERGER (der sich besonders um die Gründung bemüht hatte), ALBRECHT KOSSEL, PHILIPP LENARD, FRANZ NISSL, MAX WOLF und ERNST ANTON WÜLFING. In der Philosophisch-historischen Klasse gab es die Mitglieder: KARL BEZOLD, WILHELM BRAUNE, FRIEDRICH VON DUHN, EBERHARD GOTHEIN, OTTO GRADENWITZ, FRITZ SCHÖLL, RICHARD SCHRÖDER, ERNST TROELTSCH und WILHELM WINDELBAND [42].

Schon damals gab es Unzufriedenheiten, Rivalitäten, die dadurch bedingt waren, daß nur so wenige Gelehrte in die Akademie Aufnahme gefunden hatten. Sol-

---

[47] geb. 29.2.1872, gest. 4.11.1946 [54], Dr. phil. h.c.

che Querelen werden in dem Brief von CURTIUS vom 6.11.1917 angesprochen. Der Brief zeigt aber auch das Verantwortungsbewußtsein von CURTIUS. Der Antwortbrief von DUISBERG vom 8.11.1917 spricht für sich selbst.

6.11.1917   Heidelberg 6. Nov. 17
Th. C.   *Vertraulich*

Lieber Freund!

Ich weiß, wie sehr Deine Zeit in Anspruch genommen ist, und doch möchte ich Dich um einen kleinen Gefallen bitten, den Du mir, wie ich glaube, leicht tun kannst, und der im Interesse der Heidelberger Akademie der Wissenschaften von größter Wichtigkeit ist. Diese sehr fleißige (wenigstens unsere Naturw. Mathem. Sektion) Körperschaft, eine Stiftung der Firma Lanz mit einer Million wie Du wissen wirst, ist, nach meiner unmaßgeblichen Ansicht im Begriff, sich grenzenlos zu blamieren, indem sie einen Prinzen Victor Salvator von Isenburg zu ihrem Ehrenmitglied machen will. Als Ehrenmitglied figuriert *nur* der Stifter der Akademie Heinrich Lanz (und Professor Endemann – Jurist – in Heidelberg, der seinerzeit durch seine Initiative die Firma Lanz zu der großen akademischen Stiftung bewegt hat). Also, es wäre etwas ganz Unerhörtes, wenn *dieses* dritte Ehrenmitglied dazukäme.

Begründet wird dies durch die Antragsteller wie folgt: <u>Prinz Victor Salvator von Isenburg hat sich während des Krieges die größten Verdienste um die Organisation unserer Volkswirtschaft, insbesondere des Munitionswesens erworben</u>. „Er ist jetzt als Generaldirektor <u>der Skodawerke eine der unentbehrlichsten Persönlichkeiten für uns und unsere Verbündeten geworden</u>"!! Mir ist nur bekannt, daß der Prinz vor einigen Jahren (Renommier)Chauffeur bei Lanz war. Doch das alles, wie auch sonstiges Persönliche, kommt gar nicht in Betracht. Es handelt sich nur um obige unterstrichene Sätze in dem Antrage. Könntest Du nicht durch einen der Herren von Krupp, oder Ehrhardt oder sonst welcher Fachinteressenten feststellen lassen und mir möglichst schnell mitteilen, was davon richtig ist?! Ich halte solche Ungeheuerlichkeiten für unmöglich. Peinlich wäre es natürlich, wenn Heinrich Lanz selbst, der Stifter der Akademie, dem Prinzen die Ehrenmitgliedschaft neben ihm, dem Stifter, gerne zuerkennen möchte! Ich kann das nicht glauben, und höre vielmehr, ohne Gewähr für die Richtigkeit, daß Lanz's froh waren, als die den Prinzen glücklich los waren! Auch andere Leute, die den Prinzen hier im Hause seiner Verwandten (Prinz Weimar-Isenburg) kennen lernten, halten ein Zumass solch wunderbarer Qualitäten an seine

Person für gänzlich unwahrscheinlich. Du würdest mir einen großen Gefallen tun, wenn Du mir die gewünschten Nachrichten in Bezug auf die unterstrichenen Sätze bald verschaffen könntest. Sei nicht böse, daß ich Dich, bei Deiner furchtbaren Anspannung an den Dienst für unser aller Wohlergehen, mit dieser Bitte belästige. — Ich denke noch gerne an die schönen Stunden in Frankfurt zurück, da ich endlich einmal wieder mit Dir zusammen sein durfte.

Nimm im Voraus herzlichen Dank, und sei mit den verehrten lieben Deinigen treu gegrüßt

von Deinem alten Theodor Curtius

8. 11. 1917
C. D.

Leverkusen, den 8. November 1917

Lieber Freund!

Dass nicht nur bei Butter und Schmalz, Nahrungs- und Kriegsartikeln, sondern auch bei den wissenschaftlichen Körperschaften Oberschieber ihr Gewerbe treiben, wundert mich gar nicht. Auf jeden Fall ist, was den Prinzen Salvator von Isenburg anbetrifft, Dein Verdacht durchaus begründet. Ich stehe doch mitten in diesen Kriegsorganisationen und der Versorgung unseres Heeres mit Waffen- und Munition, bin Mitglied des Beirats des Waffen und Munitionsbeschaffungsamtes und gehe im Kriegsministerium und in der Kriegsrohstoff-Abteilung aus und ein. Ich habe nie von Verdiensten des Prinzen, am wenigsten von grössten Verdiensten um die Organisation unserer Volkswirtschaft und inbesondere des Munitionswesens etwas gehört. Dass er Generaldirektor der Skodawerke geworden, habe ich vernommen, aber auch bei meinem Besuch mit dem Vorstand des Deutschen Museums in Wien vor einigen Wochen habe ich nichts von dieser unentbehrlichen Persönlichkeit für uns und unsere Verbündeten gehört, wohl aber, dass man bei den Skodawerken insofern von Grössenwahn befallen ist, als man sich dort einbildet, Krupp übertroffen und wirtschaftlich besiegt zu haben. Ich habe aber auch sofort telefonisch im Hauptquartier in Kreuznach nachgefragt, um zu hören, ob man dort den grossen Prinzen kennt. Zu meiner Überraschung und Freude war er dort überhaupt, selbst dem Namen nach, nicht bekannt. Ich werde mich nun weiter erkundigen, zumal ich am Sonntag Abend nach Berlin fahre, wo ich einige Tage im Kriegsministerium beschäftigt bin. Sollte ich weiter irgend etwas hören, was zu Gunsten des Herrn Victor Salvator spricht, so werde ich Dir drahten oder schreiben. Ich will aber auch noch an Herrn von Bohlen schreiben und ihn fragen, ob er etwas Näheres weiss.

Es war auch mir eine grosse Freude, mit Dir einige schöne Stunden in Frankfurt verleben zu können. Hoffentlich gehst Du nicht an Leverkusens Tür vorbei, wenn Du einmal wieder an den Niederrhein kommst.

Meine Frau und Kinder lassen Dich herzlich grüßen, denen sich in alter Treue anschließt

Dein C. Duisberg

„Seine Durchlaucht Prinz Victor Salvator von Isenburg" wurde übrigens in der Gesamtsitzung der Akademie von 27. November 1917 zum Ehrenmitglied gewählt „wegen seiner Verdienste bei der Gründung der Akademie". Er trat damit neben KARL LANZ und FRIEDRICH ENDEMANN.

Auch der nun folgende Briefwechsel vom 12. Dezember 1917 (CURTIUS) bzw. vom 14. Dezember (DUISBERG) betrifft wieder die Frage, ob ein „Außenseiter" geehrt werden soll.

Interessant ist, daß diese Ehrung in Zusammenhang mit der Gründung der Orthopädischen Klinik in Heidelberg steht. — Diese große Klinik besteht noch heute, als Stiftung des öffentlichen Rechts, in naher Beziehung zur Universität. — Bemerkenswert ist auch die Beurteilung der Verleihung von Ehrendoktortiteln — quasi auf „Bezugsschein" für Spenden. — In die Literatur eingegangen ist tatsächlich nicht Oskar Neuberg sondern CARL NEUBERG, der die „zweite Gärungsform" auffand, bei der aus Glucose durch geeignete Lenkung der alkoholischen Gärung Glycerin in beträchtlicher Menge gewonnen werden kann. Dieses Verfahren, das im Krieg zur Glyceringewinnung benutzt wurde, hat wissenschaftliche und technische Bedeutung.

Etwas verwunderlich ist es ja, daß die beiden Herren sich Sorgen um eine Ehrenpromotion machen, während in Rußland die Oktoberrevolution siegt und die neue Regierung am 15. Dezember 1917 den Waffenstillstand mit Deutschland schließt.

12. 12. 1917   Heidelberg 12. Dez. 1917
Th. C.

Lieber Freund!
Vielen herzlichen Dank für Deinen Brief vom 5. Dez. und gleich zuvor, eine Entschuldigung, daß ich schon wieder Dich bitte, mich über die wissenschaftliche Qualifikation einer Person zu informieren. Diesmal geht es mir an die eigene Haut: Ich soll eine Ehrenpromotion für Dr. Neuberg in Szene setzen und dafür verantwortlich zeichnen. Alles Nähere ersiehst Du aus der Anlage, die mir (verfaßt von keinem Chemiker, sondern kompiliert von einem Juristen resp. Nationaloeconomen) zukam.

Du wirst wohl schon gehört haben, daß hier mit einem Kapital von 2 1/2 − 3 Millionen ein großes Orthopädisches Institut für die Kriegsbeschädigten geschaffen und der Universität angegliedert werden soll. Die Stiftungen aus der Großindustrie (das Nähere darüber ist mir noch nicht bekannt) erfolgen gegen Bezugschein von Titeln, Orden und Ehrenpromotionen.

Haben die Dinge auf Seite 3 der Anlage auch eine wissenschaftliche Bedeutung und entspricht der Erfolg der „Anregungen" und Entdeckungen des Dr. Neuberg ungefähr den in der Anlage angeführten Tatsachen? Das zu erfahren ist für mich das Wichtigste. Ich habe auch Emil Fischer gebeten, mich über die Glycerinfrage zu informieren, was er doch sicher kann. Ist Deine Firma, oder einer ihrer Herren an diesen Stiftungen beteiligt? Wohl kaum. Die Badische ist mit 100000 Mark beteiligt.

Da die Stiftung noch vor Jahresschluß proklamiert werden soll und die Ehrenpromotionen allerschnellst vorher festgelegt werden sollen, würdest Du mich mit einigen vertraulichen Zeilen sehr erfreuen, aber recht bald, und verzeih, daß ich Deine kostbare Zeit wieder in Anspruch nehme.

Ich war in Würzburg zu der Gedächtnisfeier für Buchner, Harries hat ausgezeichnet gesprochen; ebenso alle anderen Redner. Die arme Frau Buchner! Ich war von Allem sehr bewegt. Und nun die arme Frau von Lupin! ich habe noch nichts Näheres gehört.

Wie es mit mir zu Weihnachten wird, weiß ich noch nicht. Ich sitze mit chronischen, schweren Erkältungen in meiner, nicht warm zu kriegenden großen Dienstwohnung. Hoffentlich geht das mal vorüber, wie so oft.

Herzlich grüßt Dich und die Deinigen Dein dankbarer alter

Theodor Curtius

14.12..1917   Streng vertraulich: Leverkusen, den 14. Dezember 1917
C.D.

Lieber Freund!

Selbstverständlich bin ich gern bereit, Dir die gewünschte Auskunft über die geplante Ehrenpromotion für Dr. Oskar Neuberg in Wiesbaden zu geben. Ich kann dies umsomehr, als ich über die Verhältnisse, soweit wenigstens der Glycerinersatz infrage kommt, genau unterrichtet bin.

Bevor ich jedoch auf diese Verhältnisse selbst eingehe, möchte ich Bezug nehmen auf die Artikel, die in der letzten Zeit in der Presse, anknüpfend an die Ehrenpromotion von Mosse durch die juristische Fakultät der Universität Heidelberg, über die Ehrenpromotion überhaupt erschienen sind. Mit den Verfassern dieser Artikel kann ich mich der Ansicht ebenfalls nicht verschliessen, dass es wohl wünschenswert wäre, wenn die Universitäten und technischen Hochschulen etwas seltener Gebrauch von dieser schönen Auszeichnung, die im allgemeinen nur für wissenschaftliche Verdienste gegeben werden sollte, machen wollten. Der Ehrendoktor ist in der letzten Zeit bereits soweit gesunken, dass man schon nicht mehr wir früher auf die Verleihung dieses Titels stolz sein kann. Wird er doch häufig schon an Männer verliehen, die wissenschaftliche Verdienste überhaupt nicht haben. Damit kann man sich abfinden, wenn man an die Stelle der wissenschaftlichen Verdienste Leistungen auf anderen Gebieten setzen will, bei denen dann aber die Allgemeinheit oder das Vaterland oder bestimmte Berufskreise Vorteile erlangten, die über das sonst übliche Mass erheblich hinausgehen. Geht man aber soweit, dass man den Ehrendoktor schon solchen Personen verleihen will, welche der einen oder anderen Universität Stiftungen in relativ kleinem Umfang machten, ohne sich sonst auf irgendwelchem Gebiet ausgezeichnet zu haben, so würde ich wenigstens an Deiner Stelle dagegen Protest erheben und diese, während des Krieges üblich gewordenen Schiebereien nicht mitmachen.

Ein solcher Fall scheint mir auch beim Herrn Dr. Neuberg vorzuliegen, bei dem er als Vorsitzender des Direktoriums der „Chemischen Fabrik vorm. Goldenberg Geromont u. Cie." wohl selbst dahinter sitzt. Schon dieser Titel sagt für mich genug, wenn ich bedenke, dass es sich hierbei um eine ganz kleine Firma handelt, bei der Dr. Oskar Neuberg allein imstande wäre, ohne weiteres Direktorium die Firma zu leiten. Die Firma bzw. Herr Dr. Neuberg hat während des Krieges sehr viel Geld verdient, wahrscheinlich auch durch den in der Schilderung besonders hervorgehobenen Ersatz des Glycerins durch die basischen Salze der Milchsäure. Wenn er sich jetzt durch Stiftung von Geldern aus diesen Kriegsgewinnen zu Gunsten des in Heidelberg geplanten orthopädischen Instituts für Kriegsbeschädigte einen Bezugsschein für den Ehrendoktor verschaffen will, so würde ich ihm dabei Schwierigkeiten machen, weil das weitere Erfordernis, das Ihr unbedingt verlangen müßt, hervorragende Leistungen auf wissenschaftlichem, technischem oder kriegerischem Gebiet, in diesem Falle nicht vorliegen. So viel ich weiß, hat nämlich nicht Herr Dr. Neuberg, sondern sein Bruder, der Leiter des chemischen Laboratoriums des Kaiser Wilhelm-Instituts für experimentelle Therapie, seinerzeit, als das Glycerin knapp wurde und nur ausschließlich für die Pulverfertigung verwandt werden durfte, das für technische und medizinische Zwecke bis dahin verwandte Glycerin durch die Kalium- Natrium-Salze der Milchsäure ersetzt. Seit jener Zeit wird in den Gulaschkanonen, in den Rücklaufzylindern der Kanonen und auch in der Medizin kein Glycerin mehr, sondern dieses Ersatzprodukt verwandt und leistet hier dasselbe wie das Glycerin. Ich vermag aber in der Auffindung dieses Ersatzproduktes keine hervorragende Leistung in wissenschaftlicher oder technischer Hinsicht zu erblicken. Wenn wir alle Chemiker, die während des Krieges Ersatzprodukte gefunden und gemacht haben, zu Ehrendoktoren ernennen wollten, dann käme ein ganzes Batallion derartiger Kriegskünstler zustande, dann müßte ich allein von meiner Firma dutzende von Herren für diese Zweck in Vorschlag bringen. Ich bin überzeugt, jeder tüchtige Chemiker, dem die Aufgabe gestellt worden wäre, für die oben genannten Zwecke Glycerinersatzprodukte zu machen, hätte sie bald gefunden. Als Erfinder gilt hier aber auch, wie ich schon sagte, der Bruder des bei Euch in Vorschlag gebrachten Ehrendoktor-Kandidaten, wenigstens hat der erstere sich mir gegenüber als solcher hingestellt. Wenn nun der Direktor der Chemischen Fabrik vorm. Goldenberg Geromont u. Cie. behauptet, er habe die Anregung dazu gegeben, so mag er sich dieserhalb mit seinem Bruder auseinandersetzen. Auf jeden Fall ist nicht der der Erfinder, der es angeregt hat, sondern der, der es gemacht hat. Überdies hat die Firma und damit ihr „Vorsitzender des Direktoriums" viel Geld damit verdient. Dadurch ist er gut entlohnt und abgefunden, indem er einen seiner Artikel, dessen Fabrikation durch den Krieg erhebliche Beschränkung im Absatz gefunden hatte, zu einer großen Entwicklung brachte. Ähnlich liegen die Verhältnisse beim Ersatz der essigsauren Tonerde durch die ameisensaure Tonerde für pharmazeutische Zwecke, nur daß es sich hier um ein solch kleines Anwendungsgebiet handelt, daß andere Leute darüber überhaupt nicht reden würden. Was die Verdienste des Herrn Dr. Neuberg anbetrifft, soweit sie vor dem Krieg liegen, so bin ich nicht in der Lage, nachzuprüfen, ob das richtig ist, was darüber behauptet wird. Aber selbst wenn es richtig wäre, ist es bei weitem nicht ausreichend, um dafür dem Herren den Doktortitel zu verleihen.

Soviel über dieses Thema. Es freut mich, aus Deinem Brief zu ersehen, daß es Dir möglich war, der Gedächtnisfeier für unseren gemeinsamen Freund Eduard Buchner in Würzburg beizuwohnen. Ich war leider nicht abkömmlich, sonst wäre auch ich hingefahren, zumal, wenn ich damit die Ersparung einer lästigen Reise wegen irgendwelcher geschäftlicher Besprechungen in Frankfurt hätte verbinden können. Das war leider nicht der Fall. Daß Harries seine Sache gut gemacht hat, war mir lieb zu hören. Man kann das leider nicht immer von ihm sagen, zumal dann nicht, wenn persönliches infrage kommt.

Hoffentlich kannst Du es doch noch einrichten, während Deiner Weihnachtsreise an den Niederrhein auch einmal zu uns zu kommen. Kohlen haben wir hier noch genug, um Dir ein behaglich gewärmtes Zimmer, sowie gute Kriegsküche zur Verfügung zu stellen. Du sollst mit uns zufrieden sein und das ganze Haus Duisberg freut sich, Dich einmal wiederzusehen.

Mit herzlichen Grüßen von uns Allen

In Freundschaft   Dein getreuer Carl Duisberg

In den beiden Briefen sind wieder zwei Chemiker erwähnt: Nach dem tragischen Tod von BUCHNER (s. S. 95) hält CARL DIETRICH HARRIES die Gedächtnisrede. HARRIES (geb. 12. 8. 1866) war o. Professor in Kiel. Ihm war es gelungen, durch Ozonspaltung Licht in die Konstitution des Kautschuks als polymeres Isopren zu bringen.

Die Korrespondenz, die auffindbar war, ist hier wieder für längere Zeit unterbrochen. Das ist nur zu verständlich. Am 8. Dezember 1918 besetzen englische Truppen das Werk Leverkusen. Der Traum von der chemischen Großindustrie scheint zunächst ausgeträumt. Die BAYER-Tochtergesellschaften in den USA werden beschlagnahmt und von dem Alien Property Custodian verkauft, und in Deutschland herrschen zunächst chaotische Zustände.

Daß gerade DUISBERG in der Folgezeit kräftig an einem Wiederaufbau der von ihm geleiteten Werke wirkte, wurde schon in der Kurzbiographie erwähnt. Er galt als „Erfüllungspolitiker" (ein Schimpfwort in der Hitlerzeit), politisch wohl verwandt mit STRESEMANN und dem Neffen von THEODOR CURTIUS, JULIUS CURTIUS, der am 7. 2. 1877 geboren – 1926 bis 1929 Reichswirtschaftsminister und 1929 bis 1931 Reichsaußenminister war und sich um die Erfüllung des Young-Plans bemühte (Testamentsvollstrecker STRESEMANNs).

Der Briefwechsel des Jahres 1920 zeigt, in welch großem Ausmaß nun die Wirtschaft daran geht, die Wissenschaft zu fördern. DUISBERG ist einer der Initiatoren und lebhaften Förderer dieser Bewegung. Es ist z. B. die Rede von der „Emil-Fischer-Gesellschaft zur Förderung der chemischen Forschung".

HERMANN EMIL FISCHER war am 9. 10. 1852 geboren und starb am 15. 7. 1919 (der Brief von CURTIUS vom 13. 4. 1920 deutet das an). FISCHER entstammte einer Fabrikantenfamilie des Rheinlandes. Er studierte 1871 zunächst in Bonn und dann bei A. v. BAEYER in Straßburg, wo er mit einer Arbeit über Fluorescein 1874 promovierte. 1875 folgte er BAEYER nach München, wo er sich 1878 habilitierte und ein Jahr später a. o. Professor wurde. Schon 1874 hatte E. FISCHER mit seinen Arbeiten über Phenylhydrazin begonnen – und sich eine chronische Vergiftung zugezogen –; diese Arbeiten setzte er in München fort. Daneben beschäftigte er sich zusammen mit seinem Vetter OTTO FISCHER[48] mit den Triphenyl-

---

[48] Vgl. S. 88.

methanfarbstoffen Rosanilin und Fuchsin. Dann ging E. FISCHER auf das Ordinariat in Erlangen und begann sein großes Werk: Die Systematik der Zucker und die Synthese der Glucose. 1885 ging FISCHER nach Würzburg und 1892 nach Berlin. Hier wandte er sich dann den Eiweißstoffen zu. Die Aminosäuren wurden untersucht und ihre Synthese in optisch aktiver Form. Er schritt fort zu den Peptiden und ab 1910 zu den Gerbstoffen und schließlich zu den Fetten. − 1902 erhielt E. FISCHER den Nobelpreis für Chemie „als Anerkennung des außerordentlichen Verdienstes, das er sich durch seine synthetischen Arbeiten auf dem Gebiet der Zucker- und Puringruppen erworben hat". Aus seinem Nobelvortrag seien die Sätze zitiert: „So lüftet sich denn auf dem Gebiet der Kohlenhydrate immer mehr der Schleier, hinter dem die Natur ihre Geheimnisse so sorgfältig versteckt hat. Trotzdem wird das chemische Rätsel des Lebens nicht gelöst werden, bevor nicht die organische Chemie ein anderes noch schwierigeres Kapitel, die Eiweißstoffe, in gleicher Art wie die Kohlenhydrate bewältigt hat." [44] FISCHER nahm einen großen Anteil an der Entwicklung der Chemie in Deutschland. Er baute ein neues Institut in Berlin, das richtunggebend war [45], stand Pate bei der Gründung der Max-Planck-Gesellschaft (Kaiser Wilhelm-Gesellschaft). Im Krieg unterbrach auch EMIL FISCHER seine Forschertätigkeit. Er leitete Ausschüsse der Kriegswirtschaft, die die Versorgung der Armee und der Bevölkerung mit Rohstoffen sicherstellen sollten. − FISCHER ist im In- und Ausland hoch geehrt worden. Eine Gesellschaft zur Förderung der chemischen Forschung trug mit Recht seinen Namen.

Die anderen Gesellschaften, die damals gegründet wurden, waren die „Justus-Liebig-Gesellschaft zur Förderung des chemischen Unterrichts" und die „Adolf-Baeyer-Gesellschaft zur Förderung der chemischen Literatur".

Die drei Gesellschaften wurden durch Abgaben der chemischen Industrie finanziert (die Unternehmen zahlten 20 bis 30 Pfennig jährlich pro Mitarbeiter [23]). DUISBERG − aufgefordert, den Vorsitz aller drei Gesellschaften zu übernehmen − wurde Vorsitzender der Justus-Liebig-Gesellschaft.

Ganz so uneigennützig, wie das zunächst scheinen mag, war das Interesse der Industrie an den Fördergesellschaften nicht. DUISBERG selbst schreibt dazu [17]: „Aus dem Liebig-Stipendienverein wurde auf meine Initiative hin 1920 die Justus-Liebig-Gesellschaft zur Förderung des chemischen Unterrichts. Damit war der erste Pfeiler, auf dem die wissenschaftliche Chemie ruht, die Ausbildung der Chemiker, fundiert.... Es ist ein besonderes Glück für Deutschland und die deutsche Wirtschaft gewesen, daß bereits damals die Wichtigkeit und die Bedeutung der wissenschaftlichen Forschung, Ausbildung und Weiterbildung erkannt und von den großen deutschen Vereinen unterstützt worden ist. Die weitsichtigen Gründungen haben es mit sich gebracht, daß die chemische Industrie zu den wenigen Zweigen der deutschen Industrie gehört, die sich trotz Not und Schwierigkeit auf dem Weltmarkt behaupteten. Unbewußt, in Treue zu den von uns übernommenen Aufgaben ließen wir uns von den Worten eines früheren Premierministers, Lord Beaconsfield, leiten, der einmal in einer Rede gesagt hat: „Der Stand der chemischen Industrie eines Landes ist das Barometer seiner künftigen wirtschaftlichen Entwicklung."

Die Briefe, die CURTIUS und DUISBERG vom April bis Juni 1920 wechseln, sprechen für sich selbst. Sie geben Einblick in der Lebenstil der beiden Freunde, lassen die Ereignisse des Privatlebens erkennen und beschäftigen sich mit der Gründung der oben genannten Gesellschaften. Erwähnt wird, daß am 9. Juni 1920 HENRY VON BÖTTINGER stirbt — der langjährige Aufsichtsratsvorsitzende der BAYER-Werke (von 1907 bis 1920). BÖTTINGER war mit DUISBERG eng befreundet. Bald nach ihm starb der stellvertretende Aufsichtsratsvorsitzende und ebenfalls guter Freund von DUISBERG, FRIEDRICH BAYER, der Sohn des Firmengründers (am 21. Juni 1920). DUISBERG hielt beiden Freunden die Grabrede — tiefer bewegt als es die dürren Worte in seinem Brief ahnen lassen [18].

13. 4. 1920   Karlsbad, Haus Bremen 13. April 1920
Th. C.

Lieber Freund!

Hoffentlich erreichen Dich diese Zeilen noch vor Deiner Abreise nach Berlin, um Dir zu sagen, daß ich leider nicht bei den Sitzungen der Gesellschaft zur Förderung des chemischen Unterrichts in Berlin sein kann. Ich habe den Brief erst gestern erhalten, einen wohl zu erwartenden betr. Liebig-Stipendienverein überhaupt noch nicht. Die Post hierher arbeitet überaus langsam.

Ich bin am 30. März hierher abgereist und war erst am vierten Tage in Karlsbad. Eine 3wöchentliche Kur war nach 6jähriger Pause dringend angezeigt. Hoffentlich ist es nicht wie bei Emil Fischer mein letzter Aufenthalt hier! Ich fühle mich bei der strengen Kur jetzt sehr wohl und zeitweilige heftige Nervenschmerzen im linken Arm sollen durch Sprudelbäder beseitigt werden. Ich habe mir die Schmerzen durch einen Fall auf der Straße in den Neujahrstagen zugezogen; vor dem 26. werde ich wohl kaum in Heidelberg zurück sein. Die Sorgen um die Heimat haben mich, da ich ohne jede Nachricht blieb, im Anfang hier sehr herunter gebracht. Und schön sieht es in den Rheinlanden immer noch nicht aus.

Hier in Karlsbad lebt es sich wie immer. Die Verpflegung ist ausgezeichnet zu Preisen wie im guten deutschen Hotel. Kurgäste sind sehr wenige da. Der ganze kleine Kreis, der sich im April jeden Jahres hier vereinigte, ist zerstoben: Alle todt bis auf Bredt, den ich leider nicht hierher zu locken vermochte. Hoffentlich geht es Dir und den Deinigen gut und kreuzen sich unsere Wege im Sommer einmal wieder. Daß ich den Versammlungen nicht beiwohnen kann, ist mir wirklich schmerzlich.

Mit vielen herzlichen Grüßen an Dich und Deine Frau bin ich

Dein getreuer Theodor Curtius

Henry Th. von Böttinger

9. 6. 1920   Lieber Freund!
Th. C.   Zu meinem aufrichtigen Schmerz kann ich mich zu den Sitzun-
              gen in Berlin nicht freimachen. Ich müßte für eine Woche meine
              Vorlesungen (Mo, Di, Mi, Do) aussetzen; und, ehrlich gesagt, reise
              ich sehr gern in einem Halbcoupé Schlafwagen, falls ich gesicherten
              Platz hin und zurück zu bestimmtem Zuge habe; das ist aber für ei-
              nen gewöhnlichen Sterblichen im Voraus nicht von Heidelberg aus
              zu erreichen, ganz abgesehen von mehr als 2000 M. Unkosten, wel-
              che ich aber auch gern geopfert hätte, um den wichtigen Actionen
              in Berlin beizuwohnen. Bis vor etwa 3 Wochen hätte ich mit mei-
              nem, seit Januar dank einem Fall in Duisburg von starken Schmer-
              zen geplagtem linken Arm eine Reise ohne Diener, der sich meines
              Gepäcks annimmt, überhaupt nicht machen können. Nachdem ich
              im April 3 Wochen (seit 6 Jahren zum 1.mal wieder) in Karlsbad zu
              strenger Kur war, ist der Arm durch die täglichen heißen Sprudelbä-
              der wieder zur Raison gebracht worden (Ursache wahrscheinlich in-
              nerlicher Bluterguß) und seit etwa Monatsfrist wirklich ganz wieder
              auf dem Weg der Heilung. Seit dem 26. April lebe ich in einem
              Sturzbad von unerquicklichen Arbeiten, und es ist kaum ein Nach-
              mittag ohne Examina seither vergangen. Die Sorge um die Zukunft
              meines Instituts frißt geradezu an mir. Dazu ist Alles überfüllt und

die Praktikanten von einem Fleiß (allerdings ohne wesentlich tiefe-
res wissenschaftliches Interesse bis auf einzelne Ausnahmen) be-
seelt, wie wir es früher kaum kannten. Vorzügliche Resulate bringen
mir daher auch die sehr rigoros behandelten Verbandsexamina, so
daß dies wenigstens für die Lehrer eine wahre Freude ist. Für die
nächsten Semester gilt es nun etwa 70 bis 80 Doktorarbeiten für
mich und die Collegen bereit zu stellen: Auch keine Kleinigkeit. Und
es wird immer noch etwa 4 Semester dauern bis der Kriegsschwarm
sich endlich verlaufen hat, und ich glaube, und hoffe auch, daß
dann noch sehr reichlicher Zudrang zu der Chemischen Ausbildung
vorhanden sein wird. – Also entschuldige, bitte, mein Fehlen in
Berlin und nimm selbst meine innige Bewunderung und meinen
Dank entgegen, daß wir Institutsleute durch Deine unermüdliche
Initiative, so Gott will, unser Dasein zu Nutz und Frommen unsere
Wissenschaft weiterführen dürfen. Wenn endlich einmal wieder nor-
male Verhältnisse eingetreten sind, werden wir Chemiker erst voll
empfinden, wie viel wir an den Hochschulinstituten Deiner rast-
losen Fürsorge verdanken. Hoffentlich erlebe ich noch das gute gesegnete Ende, das Du für uns anstrebst! Gott erhalte Dir die Kraft
dazu. –

Ich bitte Dich, die auf anliegendem Blatt gemachten Mitteilungen und Anfragen einer geneigten Erwägung unterziehen zu wollen,
wenn es Deine Zeit irgendwie erlaubt und danke Dir im Voraus für
die Mühewaltung.

Werden wir uns in der nächsten Zeit einmal hier sehen? Ich sitze
bis Mitte August vollständig an der Kette. Vielleicht kommst Du mit
Deiner verehrten Gattin einmal wieder über Heidelberg. Dann denk
huldreich an mich. Ich würde mich so sehr freuen euch zu sehen.

Mit vielen herzlichen Grüßen, besonders an Deine Frau, bleibe ich
Dein getreuer Theodor Curtius

11.6..1920   Leverkusen, den 11. Juni 1920
C.D.

Lieber Freund!

Aus Deinen lieben Zeilen vom 9. ds. Mts. ersah ich zu meiner
großen Freude, daß Du von Karlsbad gut repariert zurückgekehrt
und Deine Schmerzen endlich los geworden bist. Ich wollte, die mir
bevorstehende Reparatur gelänge ebenso glatt und vollkommen. Seit
Beginn des Krieges habe ich nicht mehr wie früher zweimal jährlich
Urlaub nehmen können, um mich zu erholen und auszuspannen.
Meist bin ich garnicht oder nur 1mal und selbst dann wohl längstens
3 Wochen fortgewesen. Dazu habe ich wie ein Pferd mehr wie je ar-

beiten, reisen und verhandeln müssen; außerdem die vielen Aufregungen und Sorgen, die die durch die Revolution hervorgerufenen Zustände mit sich brachten. Obgleich mich alle Menschen meines guten Aussehens wegen bewunderten, fühle ich mich in den letzten Monaten doch nicht so wohl wie früher. Ich ging zum Arzt und der konstatierte höheren Blutdruck, Geräusch an der Herzspitze und auf dem Röntgenbild zwar kleine aber doch deutlich sichtbare Veränderungen am Aortenbogen. Geheimrat Moritz in Köln hat diesen Befund bestätigt, ihn mit der Bemerkung des Verbrauchs erklärt und mir anempfohlen, so bald und so schnell als möglich auszuspannen. Dabei soll ich nicht mehr so gut leben wie bisher, und vor allem außerordentlich wenig trinken. Ich habe ihm klar gemacht, daß mein Essen überhaupt immer sehr mäßig gewesen, da es sich auf zwei Mahlzeiten pro Tag beschränkt habe. Diese seien dazu äusserst einfach gewesen, so daß die augenblicklich nach Abzug der Engländer bei uns tätigen Handwerker zum Durchführen der Reparaturen, als sie in der Küche tätig waren, sich erstaunt zeigten über die Einfachheit des Lebens. Im Trinken habe ich auch nur dann und wann über die Stränge gehauen, im übrigen mich auf eine halbe Flasche Wein pro Tag beschränkt und nur abends Flüssigkeit zu mir genommen. Trotzdem habe ich mich in Übereinstimmung mit den Ärzten entschlossen, einmal für 3 Monate dem Alkohol ganz zu entsagen, da es leichter ist nichts, als wenig zu trinken. Ich würde auch sofort in das von mir schon zweimal besuchte Sanatorium von Dr. Dengler in B.-Baden gehen, wenn ich nicht zuerst nach Berlin zur Gründung der Emil-Fischer- und Adolf-Baeyer-Gesellschaft und von da aus direkt zu Wirtschaftsverhandlungen nach Paris müßte. Ist diese Arbeit beendet, dann nehme ich Urlaub, fahre zunächst mit meiner Frau und Fräulein Sonntag zur Taufe unserer ersten Enkelin Veltheim nach München und von dort begeben wir uns dann in die strenge Kur des Dengler'schen Sanatoriums nach Baden-Baden, um dort 4 Wochen auszuhalten. Auf diese Weise wird es mir hoffentlich gelingen, den Blutdruck herunterzudrücken und das Herzgeräusch zu beseitigen. Wenn nicht, muß ich mich ins Unvermeidliche fügen und meine Rechnung entsprechend einstellen. Ich habe ein reiches und gesegnetes Leben hinter mir, bin trotz Krieg und Revolution über alle Schwierigkeiten hinweggekommen, habe auch die mir anvertrauten Geschäfte unserer Fabrik und der Interessengemeinschaft und damit der ganzen Farbenindustrie Deutschlands, besser als alle erwartet haben, weiterführen können, und kann deshalb, wenn es mir jetzt gelingt, auch noch die Basis für unsere Tätigkeit in der chemischen Industrie, die Wissenschaft und Forschung und Literatur, wenigstens für die nächsten 20 Jahre zu sichern, voll befriedigt und beruhigt abreisen. Allerdings liegt mir die Sicherung der Wissenschaft außerordentlich am Herzen und ich bin stolz darauf, auch diesmal wieder den richtigen Augenblick erwischt zu haben, wie es damals, trotz Haber's Warnungen, bei der Gründung der Deutschen Gesellschaft zur Förderung des chemischen Unterrichts der Fall war, um auch die nötigen und diesmal ganz besonders hohen Beträge für die beiden noch fehlenden Stützen der Wissenschaft, Forschung und Literatur, zusammenzubringen. Schon jetzt sind für jede der beiden neuen Gesellschaften rund 18 Millionen Mark sichergestellt. Davon hat unsere Interessengemeinschaft mehr als 30 Millionen, die Pulver- und Sprengstoff-Industrie 3 Millionen und die pharmazeutische Industrie 1 Million Mark und sechs andere Werke den Rest zugesagt. Es muß also gelingen, die gewünschten 20 Millionen für jede Gesellschaft, also insgesamt 40 Millionen hereinzuholen. Schön wäre es, wenn dieser Betrag erheblich überschritten würde, dann könnten wir noch mehr machen, als wir wollen.

Schade ist nur, daß Du an der Gründung nicht teilnehmen kannst. Wir werden Dich sicher vermissen. Ich nehme es Dir aber nicht übel, wenn Du in Anbetracht der großen Reiseschwierigkeiten nicht kommst. Da Willstätter von Stockholm über Berlin zurück kommt, hat er, obgleich es auch ihm nicht gut passt, zugesagt zu bleiben, und einen kurzen Vortrag zu halten. Ich hoffe, wir werden immerhin mit 50 bis 100 Teilnehmern rechnen können. Das genügt für unseren Zweck. Ich danke Dir aber sehr für die Anerkennung, die Du mir für diese Bestrebungen zugunsten unserer chemischen Wissenschaft ausgesprochen hast. Sie haben meinem Herzen wohlgetan. Ich tue das alles, wie Du Dir denken kannst, zu meiner inneren Befriedigung und weil ich es für unsere Zukunft in wirtschaftlicher und ideeller Hinsicht für durchaus nötig halte. Ehrgeizige Absichten liegen mir fern. Ich habe genug erreicht, so daß mir zu wünschen nichts mehr übrig geblieben ist.

Wenn wir uns also jetzt, wie ich gewünscht und erwartet hatte, nicht wiedersehen können, so denke ich, wird es doch einmal im Laufe des Juli oder später in den Ferien der Fall sein. Wie wäre es, wenn Du uns einmal in B.-Baden besuchen würdest? Auf jeden Fall werden wir Dich einmal daran erinnern. Reisen wir, was noch nicht feststeht, aber möglich ist, mit dem Automobil, so werden wir auf der Rückfahrt von Baden-Baden noch hier in Heidelberg Ende Juli bei unserem lieben Freunde Theodor Station machen.

Die auf besonderem Bogen verzeichneten Wünsche wird unser Herr Direktor Dr. Heymann so freundlich sein, unabhängig von diesem Brief zu erledigen. Wir haben Bedarf an tüchtigen jungen Chemikern und würden uns also freuen, einige Deiner Schüler hier unterzubringen.

Daß der Vorsitzende unseres Aufsichtsrats, mein früherer Kollege und seit meiner Verheiratung liebster Freund Henry Th. v. Böttinger, ganz plötzlich, wenn auch nicht unerwartet, gestorben ist, hast Du wohl aus den Zeitungen gesehen. Ein Darmleiden hat ihm in den letzten Wochen große Schmerzen bereitet und, wie ich annehme, auch durch eine Blutung den Tod gegeben. Meine Frau und ich reisen heute Abend nach Berlin, wo morgen Mittag die Trauerfeier und dann die Überführung nach seinem Gut Arensdorf stattfindet. So fällt ein Blatt nach dem anderen aus dem Kranz der Freunde. Bleibe Du nur noch gesund und halte Dich weiter frisch. Dies wünscht von Herzen mit herzlichsten Grüßen, auch von meiner Frau,

in alter Freundschaft Dein getreuer C. Duisberg

Der damalige Vorsitzende des Aufsichtsrats, dessen Tod DUISBERG tief traf, war HEINRICH THEODOR VON BÖTTINGER, geb. am 10.7.1848, gestorben am 9.6.1920, seit 1907 Vorsitzender des Aufsichtsrats der Farbenfabriken Friedrich Bayer. Er war der Schwiegersohn von FRIEDRICH BAYER, dem Gründer der Firma. Seine kaufmännische Fähigkeit und seine durch viele Reisen erworbene Weltkenntnis waren ganz entscheidend für den Ausbau des Werkes und damit auch für die spätere I.G.. BÖTTINGER war allgemein interessiert und auch im Dienst der Allgemeinheit tätig. 1891 bis 1908 war er Abgeordneter des preußischen Landtags als Nationalliberaler. 1908 trat er in das Herrenhaus über. 1907 wurde ihm der erbliche Adel verliehen. Besonders lag ihm neben der Wirtschaft und dem Verkehrswesen die Förderung der Wissenschaft am Herzen; so unterstützte er z. B. besonders die Deutsche Bunsengesellschaft für angewandte physikalische Chemie. BÖTTINGER war Ehrendoktor der Philosophie der Universität Göttingen und Dr. Ing. E. h. der Technischen Hochschule Braunschweig [55]. BÖTTINGER besaß das Rittergut Arensdorf in der Neumark.

Anzumerken ist, daß nur 13 Tage nach dem Tode BÖTTINGERs der zweite Freund und Arbeitskamerad von DUISBERG gestorben ist: FRIEDRICH BAYER jun.[49] Beim Aufbau des BAYER-Werks waren BAYER, BÖTTINGER und DUISBERG sich ergänzende Partner gewesen. Die Kaufleute und der Chemiker hatten sich aufs Beste ergänzt. Die lebende Tradition der Firma verschwand nun [18]. Sie wurde zum Teil allerdings weitergetragen durch Chemiker wie dem oben genannten Dr. BERNHARD HEYMANN, der – 1861 geboren – 1899 von DUISBERG dem Aufsichtsratsvorsitzenden CARL RUMPFF empfohlen worden war. Das Empfehlungsschreiben erwähnte die ausgezeichnete Beurteilung des Kandidaten durch

---

[49] geb. 13.10.1851.

A. v. BAEYER und enthielt, um Einwendungen vorzubeugen, die Bemerkung „allerdings ein Jude". HEYMANN wurde bei BAYER stellvertretendes Vorstandsmitglied und kam 1929 in den Vorstand der I.G. Farbenindustrie AG [61].

13.7.1920
Th. C.

Heidelberg 13 Juli 1920

Lieber Freund!

Dein so liebes ausführliches Schreiben vom 11. Juni hat mir große Freude bereitet, aber mich doch sehr traurig gestimmt, daß Du jetzt für die Jahrzehnte Deiner aufopfernden Tätigkeit gezwungen bist einen Halt zu machen, um, so Gott will, Deine frühere Frische zurück zu gewinnen. Hätte ich Dich doch vor dem Krieg ein paar Mal zu meiner 3wöchigen Aprilkur nach Karlsbad mitnehmen können, zu der wirklich nötigen Lebenspause, die wir Arbeitsleute, wenn das zweite halbe Jahrhundert angebrochen ist, ja meist schon früher, so bitter nötig haben. Der Effekt davon hat mich körperlich über 6 Jahre hinübergebracht und in diesem Frühjahr habe ich zum ersten Mal wieder mir einen Ruck gegeben und die kurze aber völlig umgekrempelte Lebensweise auf mich mit dem altbewährten Nutzen einwirken lassen.

Nach all diesen Nachrichten liegt mir nun von Herzen daran Dich und Deine liebe verehrte Gattin wiederzusehen. Seid Ihr schon bei Dengler in Baden-Baden angelangt oder halten Dich die aufregenden Verhandlungen in Paris oder Spa noch in ihren Fesseln? Haben sich eure Pläne daraufhin anders gestaltet? Wäre es möglich, daß ich euch Sonntag d. 25. Juli in Baden-Baden besuchen könnte. Ich bin gegen Mittag da und kann am Abend wieder bequem zurücksein. Ich könnte auch am 18. wenn diese Zeilen euch noch rechtzeitig über Leverkusen erreichen; auch am 1. August kommen. Die Semesterhetze mit fast täglichen Examen geht für mich bis zum 7. August durch. Dann winkt mein Häuschen in Sils, wenn nicht politische Verwicklungen mich hier festhalten! Hoffentlich kannst Du mir bald gute Nachrichten geben. Zu Deinem glänzenden Erfolg in Berlin, an dem ich mich leider persönlich nicht erfreuen durfte, herzlichen Glückwunsch.

Mit viel herzlichen Grüßen Dir und Deiner Frau*) und innigen Wünschen für Dein Wohlergehen bin ich stets

Dein alter getreuer Theodor Curtius

*) Fräulein Sonntag nicht zu vergessen!
P.S. Der Heimgang Deiner treuen Freunde und Arbeitsgenossen von Böttinger und Bayer hat mich wahrhaft traurig gestimmt. Wie werdet ihr erst diese Verluste mit tiefem Schmerz empfinden! D.O.

Anzumerken ist, daß in dem Brief von CURTIUS vom 13.7.1920 zum ersten Mal von „Fräulein Sonntag" die Rede ist. Es handelt sich um MINNA SONNTAG, die rund vier Jahrzehnte bei Duisbergs war (bis zu ihrem Tod 1934) als stete Helferin der Hausfrau, Erzieherin und Beraterin der Kinder und später als häusliche Freundin [18]. Sie begleitete die DUISBERGs stets — auch auf den späteren Weltreisen und wurde von DUISBERG selbst als seine „älteste Tochter" bezeichnet.

Am 1. September 1920 befindet sich CURTIUS wieder im Engadin. Er schreibt aus seinem Besitz der „Mulin vegl". Die Stimmung ist gut, und CURTIUS redet seinem Freund gut zu, eine „Lebenspause" einzulegen. Die reizende Erzählung von der kleinen Wüstenschnecke soll dazu ebenso dienen wie das Zitat von RUDOLF PRESBER, das für THEODOR CURTIUS so etwas wie ein Motto war: „Alles Schöne war immer erst gestern — und alles Schlimme liegt weit, so weit". RUDOLF PRESBER (geb. 5.7.1868, gest. 1.10.1935) war damals ein viel gelesener Schriftsteller, der Romane und Novellen geschrieben hat und außerdem als Redakteur tätig war.

In diesem Brief taucht der Name einer bisher nicht genannten Vereinigung auf: der Verband der Laboratoriumsvorstände, dessen Vorsitzender damals CURTIUS war. Dies war für das Chemiestudium in Deutschland eine sehr wichtige Vereinigung, die dafür sorgte, daß die Ausbildung der Chemiker an den Universitäten und Hochschulen etwa gleichartig — oder besser der Qualität nach vergleichbar — war. Das Chemiestudium schloß damals mit einem „Verbandsexamen" ab, das die Voraussetzung für den Beginn einer Doktorarbeit bildete. Dieser Verband kam dadurch zustande, daß sich die Mehrzahl der Universitätslehrer 1897 der vor allem auch von Duisberg diskutierten Einführung eines Staatsexamens für Chemiker widersetzte. Aber die Industrie forderte eine vergleichbare Ausbildung ihrer Chemiker und die Technischen Hochschulen besaßen damals kein Promotionsrecht, so daß man nicht gut das Doktorexamen als vergleichbaren Abschluß vorschlagen konnte. ADOLF VON BAEYER, VICTOR MEYER und WILHELM OSTWALD luden deshalb alle Chemie-Professoren zum 9. September 1897 zu einer mündlichen Erörterung nach Braunschweig ein. Diese Sitzung fand statt. Ein Verband der Laboratoriumsvorstände wurde gegründet und Einigkeit zwischen Universitäten und Technischen Hochschulen hergestellt. Das „Verbandsexamen" kam den Wünschen der Praktiker entgegen und bewahrte vor staatlicher Reglementierung [46].

Der in dem Brief erwähnte Prinz MAX VON BADEN ist wohl der am 10.7.1867 geborene und am 6.11.1929 verstorbene Reichskanzler von 1918.

1.9.1920   Sils-Engadin Mulin vegl 1. Sept. 1920
Th. C.
          Lieber Freund!
             Also, so Gott will, werden wir uns bei den Münchner Tagungen wiedersehen. Von Sitzungen des Deutschen Museums habe ich noch nichts gehört, auch nicht von den von Dir prospektierten Vorträgen

über die weiße, braune und schwarze Kohle. Jedenfalls will ich am 25. Sept. abends in München sein um am 26 vormittags mit der für mich sehr wichtigen Vorstandssitzung der Vorstände der deutschen Laboratorien den Anfang zu machen. Könntest Du dieser Sitzung nicht auch beiwohnen? Mir wäre es besonders lieb. − Wie ist es Dir seit den für mich so lieben Stunden, die ich mit Dir und Deiner Frau in Baden verbringen durfte, ergangen? Hat die Kur Dir gegenüber ihre Pflicht getan − und umgekehrt auch? Mach Dich sicher Oktober und November frei, um in einem wärmeren Klima Dich vollends zu erholen! Seitdem ich mit Dir zusammen war, zweifle ich nicht mehr im mindesten daran, daß Dir dies gelingen muß. Ich bin berühmt wegen meiner Dia- und Prognosen und habe bei Dir nur schon seit längerem als eine alte Sünde wider den heiligen Geist festgestellt, daß Dein Feuergeist Dich verhindert hat, schon vor 10 Jahren die große Lebenspause vorzunehmen, die für jeden von uns, „der wirklich ein bischen was ist", unbedingt notwendig ist. Im britischen Museum soll eine kleine Wüstenschnecke 4 Jahre lang auf einem Bogen Papier aufgeklebt gewesen sein und, nachdem sie zufällig befeuchtet wurde, quitschfidel weitergelebt haben. Also mach es in Meran wie die Wüstenschnecke, dann darf sogar die Befeuchtung zum Weiterleben mit Alkohol, statt mit Wasser vorgenommen werden.

Aus diesen Auslassungen wirst Du ersehen, daß es mir hier gut geht, daß ich alles Widerliche − für kurze Wochen wenigstens − teilweise vergessen kann und mich statt dessen in meinem höchstbehaglichen Häuschen am prasselnden Kachelofen mit kleinen und großen Ewigkeitswerten beschäftige, zu denen vor allem gehört, das bischen von wahrer Freundschaft, das noch nicht verweht oder vergangen ist, festzuhalten. Nimm daher diese Zeilen freundlich entgegen. −

Seit dem 16. August bin ich von Hdbg. fort, war bei meinem Neffen Hans und Frau 2 Tage auf dem reizenden Schlößchen Riedingen im Hegau und seit dem 20. hier. Schon am 22. konnte ich aus dem Hotel in mein Häuschen ziehen. Wir haben beständig trockenes Wetter, mit viel Sonne, aber die Lufttemperatur ist viel zu kalt, um außerhalb der Sonne Behagen zu empfinden. Gäste sind kaum noch da. Deutsche so gut wie gar nicht. Prinz Max von Baden, der im Edelweiß wohnt, sprach gestern mit mir. Die Verpflegung ist ausgezeichnet. Abends esse ich oft im Fextal bei Frau Fümm. Dann kam der schöne Rückweg im Mondschein mit all den Erinnerungen an die vielen lieben Menschen, mit denen man dort weilen durfte. „Alles Schöne war immer erst gestern − und alles Schlimme liegt weit so weit" (sagt R. Presber im Bruder Benjamin).

Ein ganz köstlicher Spruch für den, der ihn sich zu eigen machen kann. –

Also nimm viel gute Wünsche für Dein Wohlergehen und sei mit Deiner verehrten Frau innig gegrüßt von Deinem alten treuen

Theodor Curtius

P.S. Ich freute mich sehr zu hören, daß mein Assistent Dr. Stötzer in Leverkusen aufgenommen worden ist. Hoffentlich legt er Ehre ein.

Denke Dir, Deinen Brief vom 1. Juli aus Berlin mit den ersten Nachrichten über die bevorstehenden Sitzungen in München etc. hat mir mein treuer Namensvetter Prof. Ludwig Curtius (damals Archäologe in Heidelberg [29] M. B.) erst am 29. Juli übermittelt. Du mußt Dich in Baden gewundert haben, daß ich nicht darauf einging im Gespräch.

Für die Nachricht, daß Frau M ? lebt, besonderen Dank. D. O.

In seinem Brief vom 6. 9. 1920 geht DUISBERG auf den Verband der Laboratoriumsvorstände ein. Die Aufgaben des Verbandes interessieren ihn naturgemäß. Bemerkenswert ist, daß er sich gegen die Meinung wehrt, daß er sich in Berufungsverhandlungen für Hochschullehrer einmische, – NERNST hatte dies offenbar vermutet. – DUISBERG mag selbst geglaubt haben, daß er sich zurückgehalten habe; aber in Wahrheit hat er bei der Nachfolge EMIL FISCHERs – auch mit finanziellen Drohungen – gegen den „Anorganiker" FRITZ HABER für einen „Organiker" als Institutsleiter gekämpft. Auch bei der Berufung von RICHARD WILLSTÄTTER nach München hat er mitgewirkt. WILLSTÄTTER war am 13. 8. 1872 geboren und hatte bei A. v. BAEYER studiert. BAEYER hielt ihn für den besten Nachfolger auf „seinem" Lehrstuhl. Aber in München gab es gewisse Bedenken im Ministerium, da WILLSTÄTTER Jude war. Da frug der Rektor der Universität, der Mediziner FRIEDRICH VON MÜLLER, DUISBERG um Rat. DUISBERG, der WILLSTÄTTER sehr hoch schätzte, empfahl, WILLSTÄTTER an erster Stelle vorzuschlagen, da er „allen überlegen" sei, „was wissenschaftliche Forschung anbetrifft". WILLSTÄTTER wurde berufen [61].

6. 9. 1920
C. D.

Leverkusen, den 6. September 1920

Lieber Freund!

Sei herzlichst bedankt für Deine lieben Zeilen vom 1. ds. Mts. aus dem Engadin. Du sitzt dort oben im herrlichsten Sonnenschein, wenn auch in der kalten Luft beim prasselnden Kaminfeuer, während wir hier unten des dauernden Regens wegen anfangen Schwimmhäute zwischen unsere Finger zu bekommen und Sonnenstrahlen kaum noch kennen. Wie bist Du zu beneiden, der Du die

Möglichkeit hast, Dich in der Schweiz auf sonnigen Bergeshöhen zu bewegen, was uns armen deutschen Staatsbürgern nach Bezahlung des Notopfers trotz noch so großer Einnahmen, von denen der größte Teil wiederum als Steuer abgeliefert werden muß, nicht möglich ist. Auf den Besuch unseres geliebten Sils Marias, das wir so oft und so gern im Herbst zur Erholung besuchten, werden wir wohl zeitlebens verzichten müssen. Wir werden dafür, da mit einer erheblichen Besserung unserer Valuta in den nächsten Jahren oder Dezennien nicht zu rechnen ist, im Lande oder besser zu Hause bleiben müssen. Leichtsinnig wie wir sind, werden wir uns noch einmal, bevor das Geld in den Rachen der herrschenden Regierungspartei abgeliefert wird, auf Reisen begeben und zwar, wenn möglich, per Auto, da das Eisenbahnfahren in den schmutzigen und verkommenen Coupees auch nicht mehr zu den Annehmlichkeiten des Lebens gehört. Wir werden dabei dem aus der Anlage ersichtlichen Programm folgen und am Donnerstag, den 23. September in München einzutreffen suchen, wie Du aus der ebenfalls beigefügten Tagesordnung der am Sonnabend, den 25. September stattfindenden Hauptversammlung des Vereins zur Wahrung der Interessen der chemischen Industrie Deutschlands ersiehst, finden dann schon die drei Vorträge über weiße, braune und schwarze Kohlen statt, von denen ich in Baden-Baden gesprochen habe. Da sämtliche Mitglieder des Verbandes der Laboratoriumsvorstände von unserem Verein sowohl zum Begrüßungsabend am Freitag wie zur Hauptversammlung mit anschließendem Abendessen am Sonnabend offiziell eingeladen worden sind, so wirst Du es hoffentlich so einrichten, daß Du schon am Freitag, statt am Sonnabend in München eintriffst, damit Du an diesen Veranstaltungen teilnehmen kannst. Leider werde ich Deinen Wunsch, am Sonntag der Sitzung des Verbandes der Laboratoriumsvorstände beizuwohnen, nicht nachkommen können. Auf meinen Wunsch und Antrag hin ist nämlich die einzige Zeit, die mir in München am Sonntag Vormittag freigeblieben ist, nachträglich noch mit einer Interessengemeinschaftssitzung der Farbenindustrie ausgefüllt worden. Hierbei handelt es sich um ausgesprochen wichtige Besprechungen und Beschlüsse, bei denen ich nicht fehlen darf. Es tut mir sehr leid, Deiner Aufforderung nicht folgen zu können. Es ist vielleicht aber auch besser, wenn ich bei diesen Beratungen der Verbandsmitglieder fern bleibe, wurde mir doch sowieso schon, so zuletzt bei Veranstaltungen in Berlin, von Nernst vorgeworfen, daß ich mich um Berufungsangelegenheiten kümmere, die ausschließlich Sache der Fakultäten seien. Dabei habe ich mich niemals um Personenfragen bekümmert, sondern nur darauf gesehen, daß rein sachlich die für unsere Industrie so wichtige organische Chemie nicht unter die Räder kommt. Es wird sich übrigens empfehlen, wenn Ihr bei Eurer Verbandssitzung zu einer strafferen Organisation unter Aufstellung von Satzungen etc. kommt, da Ihr zukünftig mit den drei grossen Gesellschaften, der Justus Liebig-Gesellschaft, der Adolf Baeyer-Gesellschaft und der Emil Fischer-Gesellschaft zusammenarbeiten müßt und auch sowieso manche wichtige Unterrichtsfrage, wie die Beschaffung von Chemikalien, Platingerät, die Ausgestaltung der Experimentalchemie in Vorlesung und Laboratorium auch nach den Prinzipien der Billigkeit, sowie endlich die Unterbringung der zahlreichen fertig werdenden Chemiker zu besprechen habt. Es wird auch immer praktisch sein, wenn Eure Hauptversammlung zukünftig gleichzeitig mit derjenigen des Vereins und der drei eben genannten Gesellschaften abgehalten wird. Wo der Verein zur Wahrung im nächsten Jahre tagen wird, weiß ich zwar noch nicht. Ich nehme dafür Düsseldorf, Essen oder Leipzig-Halle oder Kiel in Aussicht.

Was Du über die kleine Wüstenschnecke des britischen Museums schreibst, hat mich und meine Familie köstlich amüsiert. Auf jeden Fall fühle ich mich jetzt nach Beendigung der Baden-Badner Kur, die mir besser bekommen ist wie je zuvor, ebenso quitsch vergnügt, wie Deine Schnecke, die sicherlich noch fideler von dem Bogen Papier, auf dem sie 4 Jahre lang festgeklebt war, vorgekrochen wäre, wenn statt Wasser gute alkoholische Getränke, wie ich sie jetzt wieder einnehme, sie befreit hätten. Auf alle Fälle freuen wir uns sehr, Dich in München wieder einige Tage geniessen zu können. Erhole Dich nur weiter so gut wie bisher, grüße Frau Fümm und Deinen alten Bergführer im Fextal von uns und sei Du selbst aufs herzlichste begrüßt auch von meiner Frau und Fräulein Sonntag, sowie von unserer Tochter Hildegard, die mit ihrem köstlichen Baby bei uns ist, in alter treuer Freundschaft

Dein Carl Duisberg

Soeben kommt von München die Nachricht, daß die für Ende September in Aussicht genommene Sitzung des Deutschen Museums bis zum Frühjahr nächsten Jahres vertagt wurde.

C. D.

Am 15. September 1920 schreibt CURTIUS wieder aus dem Engadin. Er hat sich nun entschlossen, zu den erwähnten Tagungen nach München zu fahren. Der Verwaltungsbeamte, der ihn dazu ermutigt hat, muß wohl JOHANNES KARL RISSOM sein, der, am 30. 11. 1968 geboren, in Kiel und Bonn Chemie studiert hatte und am 12. 3. 1898 in Heidelberg zum Dr. phil. nat. promoviert worden war. RISSOM war Assistent am Chemischen Institut, bis er 1926 Leiter des Instituts für Leibesübungen wurde. Er starb am 2. 7. 1954. CURTIUS vergleicht RISSOM mit

dem Kanzler Ambrosius Volland aus Wilhelm Hauff's Novelle „Lichtenstein" —
und sich selbst mit Herzog Ulerich von Württemberg.

15.9.1920   Sils-Engadin 15 Sept. 1920
Th. C.
    Lieber Freund!

Dein lieber Brief vom 6. hat mich besonders erfreut; lese ich doch daraus, daß Du Dich wieder wohl und frisch fühlst.

Ich wollte Dir nur mitteilen, daß ich wohl kaum schon am 24. Abend in München eintreffen kann, sondern erst am 25. (Rhein. Hof). Könntest Du mir also doch per Postkarte nach Heidelberg mitteilen, zu welcher Stunde ungefähr am 25. die Vorträge im Bayrischen Hof stattfinden. Am 21. abends bin ich in Heidelberg und finde dort die nächsten Tage im Institut viel zu erledigen. Mein Verwaltungsbeamter Prof. Rissom winkt aber, wie der Kanzler Ambrosius Volland in Lichtenstein mit der Schwanenfeder und da muß Ullrich folgen.

Hier ist es seit dem 5. September herrlich. Morgen will ich nochmal mit Klucker und dem Vorsitzenden der Sektion Rohrschach (welche die Hütte übernimmt für den S. A. C.) in meine alte Fornohütte. Ich denke die wieder frisch geölten Beine, und dito Herz werden mich noch einmal zu der Hütte tragen, wo ich mit den Königs-Kindern und Genossen so viel Freude erlebte. — Prinz Max von Baden besuchte mich in Mulin v.. Er hat mir, wie früher auch, wieder sehr gut gefallen. Gott gebe, daß ihr im nächsten Jahr doch noch einmal hierher kommt: 14 Tage gelebt im Paradies ist mehr wert als 6 Wochen in den Regengüssen des bayrischen Gebirges. „Man muß sein bischen Geld dazu zusammenkriegen" sagte der Prinz. — Eben zeigt das Hygrometer nur noch 10% Feuchtigkeit; da hole ich mir aus dem Keller eine Flasche edlen alten Veltliner, und das erste Glas sei Dir, Deiner lieben, verehrten Gattin und Tochter (nebst Baby) geweiht. Beim 2. aber vergesse ich gewiß nicht Fräulein Sonntag!

Also, so Gott will, auf frohes Wiedersehen in München, mit viel herzlichen Grüßen

                        Dein getreuer Theodor Curtius

P.S. Das Papier geht mir aus, wie Du siehst.

Nun tritt wieder eine Pause in dem Briefwechsel ein. Am 4.12.1920 stirbt die Mutter DUISBERGs, Sophie Wilhelmine geborene Weskott. Sie war 88 Jahre alt geworden. CARL DUISBERG stand seiner Mutter ganz besonders nahe. Er sagte von ihr: „Meine Mutter, der ich ganz besonders nahestand und nachgeartet bin, war eine prachtvolle Frau" [18]. CURTIUS kann nicht nach Leverkusen oder Köln kommen (Brief vom 28.12.1920), obgleich es ihn zum „Kindleinstag" in das Domhotel in Köln zieht.

28.12.1920   Heidelberg 28. Dez. 1920
Th. C.

Lieber Freund!

Heute habe ich meinen Plan, über Neujahr in Duisburg zu sein, fahren lassen müssen. Ich fühle mich mordselend mit starker Herzneurose und will mich ganz ruhig halten, nur etwas für mich schriftstellern, da am 14. Januar die Hetze wieder los geht. Ich hatte fest beschlossen an einem der Tage vorher bei Dir anzufragen ob ich euch in Leverkusen besuchen könne. Sie nicht böse, daß es nicht geschieht. – Heut ist der „Kindleinstag"! Oh, schöne, liebe Erinnerungen! Wird so was noch mal wiederkommen? Nimm mit Deiner verehrten Frau und den Kindern, die hoffentlich vollzählig zu den Feiertagen in das Elternhaus eingekehrt sind, viele herzliche gute Wünsche zu dem Übergang in das neue Jahr, das uns so Gott will ein wenig Besseres bringen möge als wir heute erwarten dürfen.

Stets von Herzen Dein getreuer Theodor Curtius

Am 30. Dezember 1920 geht DUISBERG dann auf die vielen Todesfälle in seinem Umkreis ein; aber er berichtet auch von den erfreulichen Ereignissen in seiner Familie. Ein harmonischer Lebenskreis wird dem Freund sichtbar gemacht.

30.12.1920   Leverkusen, den 30. Dezember 1920

Lieber Freund!

Meine Frau und ich hatten uns schon sehr darauf gefreut, Dich gelegentlich Deiner Festtagsreise nach Duisburg bei uns begrüssen zu können. Dein soeben eintreffender Brief zerstört leider die Hoffnung und zeigt auch keine Möglichkeit, wann Du einmal wieder Deine Schritte nach dem Niederrhein lenkst. Es tut uns leid, dass es Dir so wenig gut geht. Du solltest Dir aber ob herzneurothischen Beschwerden keine Sorge machen. Sie sind, wenn sie wirklich auf nervöser Basis beruhen, nicht gefährlich und schwinden am schnellsten und besten, wenn man sich wenig um sie kümmert. Ich habe auf diesem Gebiete sehr reiche Erfahrung und kann Dir nur anraten, möglichst viel, selbst bei Wind und Wetter spazieren zu gehen. Du wirst dann bald ein Nachlassen derselben beobachten. Auf jeden Fall wünsche ich Dir gute Besserung mit der Hoffnung auf ein baldiges gesundes Wiedersehen.

Trotz der Schwere der Ereignisse, insbesondere der vielen Todesfälle, durch die mir meine unvergessliche alte Mutter und meine beiden besten Freunde geraubt wurden, haben wir stille, aber doch schöne und durch die Zeitverhältnisse nicht getrübte Weihnachten verbracht. Zum ersten mal seit 7 Jahren waren alle unsere Kinder einschliesslich der Enkelin um den Weihnachtsbaum bei uns versammelt und sind noch hier. Das war nur möglich, weil Carl Ludwig, der in seinem schauspielerischen Berufe normaler Weise gezwungen ist, an den Weihnachtsfeiertagen zwei mal täglich zu spielen, seine Stellung wechselt und am 1. Januar bei Reinhardt aus- und bei einem neuen Theaterunternehmen in Steglitz eintritt. Das Weihnachtsfest erhielt diesmal auch noch einen besonderen Glanz dadurch, dass unser jüngster Sohn Curt nach nur zweijährigem intensiven Studium auf Grund einer sehr gut zensurierten Arbeit sein Doktorexamen in Würzburg mit magna cum laude bestanden hat und jetzt zum grossen Verdruss und Ärger seines um 5 Jahre älteren Bruders Walther als Dr. jur. et rer. pol. erschien. Da er so fleissig und gut gearbeitet, habe ich ihm, seinem dringenden Wunsche folgend, statt einer Weltreise, wie sie der Älteste gemacht hat, ein Jahr Musikstudium in München konzediert, allerdings unter der ausdrücklichen Voraussetzung, dass er dann nicht bei der Kunst bleibt, sondern sich ebenfalls mit Eifer und Fleiss der wirtschaftlich-kaufmännischen Tätigkeit hingibt. Da nun zufällig auch an den Festtagen und zwar, wie ich offen sagen kann, zu meiner grossen Freude, die Naturwissenschaftliche Fakultät zu Tübingen mir den Ehrendoktor verliehen hat und zu dem Zwecke der Dekan, Geheimrat Hessenberg und der spiritus rector, Prof. Wislicenus hier anwesend waren, wodurch ich also jetzt fünffacher Doktor geworden bin, so behauptet mein Sohn Walther, der trotz seines relativ hohen Alters noch längere Zeit bis zur Fertigstellung seiner Doktorarbeit bei Willstätter braucht, dass er während andere Leute in gewissen Stadien weisse Mäuse sehen, er hier bei uns nur Doktoren sieht. Auf jeden Fall haben die, wie Du weisst, mit Ausnahme der Eltern und unserer Tochter Hilde auf den verschiedenen Gebieten künstlerisch veranlagten Familienangehörigen viel zur Verschönerung der Festtage beigetragen. Umsomehr hätte es uns gefreut, wenn Du unter uns gewesen wärest. Hoffentlich verbringen wir auch noch im Kreise der ganzen Familie einen schönen Sylvesterabend und gehen dann einem besseren Jahr entgegen als es das letzte war. Dieses wünscht auch Dir von ganzem Herzen und zwar das ganze Haus Duisberg, besonders aber die treffliche Mutter und Hausfrau.

In alter treuer Freundschaft Dein C. Duisberg

Im Jahr 1921 macht THEODOR CURTIUS sich − und CARL DUISBERG − eine besondere Freude. CURTIUS ist Dekan der Naturwissenschaftlich-Mathematischen Fakultät der Universität Heidelberg, und als solcher kann er CARL DUISBERG zum Ehrendoktor der Naturwissenschaften ernennen. Die Ernennungsurkunde wird im Wortlaut wiedergegeben.

Daß der Ernennung zum Ehrendoktor der Universität Heidelberg die Ernennung von DUISBERG zum korrespondierenden Mitglied der Preußischen Akademie der Wissenschaften in Berlin am 21. Juni 1921 vorangegangen war, zeigt, daß die *ganze* akademische Welt Deutschlands Duisberg hoch schätzte.

29. 6. 1921

Im fünfhundertfünfunddreißigsten Jahre
seit Bestehen der
RUPRECHT-KARLS-UNIVERSITÄT
unter dem Rektorat
Seiner Magnifizenz des ordentlichen Professors der englischen Philologie
Dr. Johannes Hoops

promoviert Die Naturwissenschaftlich-Mathematische Fakultät durch ihren Dekan

Dr. phil. et Dr. med. h. c. Theodor Curtius
ordentlichen Professor der Chemie

Herrn Geheimen Regierungsrat Professor Dr. phil. Carl Duisberg Dr. Ing. E. h. − Dr. med. h. c. − Dr. der Staatsw. E. h. − Dr. der Naturw. E. h. − Dr. der Rechte E. h. − Dr. der Landwirtsch. E. h.

zu Leverkusen am Rhein

Der als wahrer Förderer der Chemischen Wissenschaft wie als erfolgreicher Organisator neue Bahnen der Chemischen Industrie

wies,

Der als Vorarbeiter in der Schmiede der Chemischen Wissenschaft dem Deutschen Vaterlande in schwerster Zeit unvergleichliche Dienste geleistet,

Der nunmehr als getreuer Ekkehart die Tore der Chemischen Wissenschaft beschützt und ihr durch Rat und Tat, durch unermüdliche Fürsorge ermöglicht in der Zeit tiefster Not erfolgreich weiter

zu arbeiten zum Segen des Deutschen Vaterlandes,
zum Ehren-Doktor der Naturwissenschaften
(Doctor Philosophiae Naturalis Honoris Causa)

Die Fakultät hat hierüber diese mit ihrem Siegel versehene Urkunde

ausstellen lassen.
Heidelberg, den 29. Juni 1921.

1.7.1921   Geheimrat Duisberg
Th. C.   Leverkusen   Köln Rhein
                  Aufgenommen 1.7.1921 Amt Leverkusen
                  Telegramm aus Heidelberg
                  doctori honoris causa philosophiae naturalis ordinis physicorum
                  universitatis ruperto carola heidelbergensis salutem
                  doctor theodorus curtius hoc tempore decanus

2.7.1921   Duisberg antwortet am 2. Juli 1921:
C. D.   „decano ordinis physicorum viro illustrissimo summo honore
                  laetitiaque affectus maximas gratias agit Doctor octoples Carolus
                  Duisberg"

Die beiden zugehörigen Briefe sprechen für sich. DUISBERG war schon sechs-
facher Ehrendoktor. Trotzdem weiß er die Ehrendoktorwürde der Universität Heidelberg besonders zu schätzen. Er, der kein Latein gelernt hat, wird geschmunzelt
haben, daß er auf Lateinisch beglückwünscht wird, und er verhehlt nicht, daß er
die lateinische Antwort nicht selbst verfaßt hat.

30.6.1921   Heidelberg 30. Juni 1921
Th. C.
                  Lieber Freund!
                  Zu meinem telegraphischen Glückwunsch zum Ehrendoktor der
                  Naturwissenschaftlich-Mathematischen Fakultät der Ruperto Caro-
                  la möchte ich Dir nur noch sagen, wie sehr mich helle Genugtuung
                  und Freude umfängt, daß diese, fast selbstverständliche Ehrung Dei-
                  ner Verdienste um die chemische Wissenschaft unter mein (wohl
                  letztes) Dekanat fällt. Lautlos hat die Fakultät meinen Bericht
                  entgegengenommen, und, wie es Vorschrift, einstimmig demselben
                  zugestimmt.
                      Das Datum der Ehrenpromotion ist der 29. Juni, wenn es auch
                  noch einige Zeit dauern wird bis ich Dir das Diplom (jetzt deutsch:
                  Als „Doctor der Naturwissenschaften" in Klammer Doctor philoso-
                  phiae naturalis), hoffentlich persönlich, zustellen kann. Dasselbe
                  soll natürlich auf Pergament und entsprechend ausgestattet und mit
                  würdigen „Lobzeilen" − das ist in deutscher Sprache entsetzlich
                  schwierig − von mir ausgestattet werden. Morgen gelangt Deine
                  Ehrenpromotion in die hiesigen Zeitungen. − Und nun noch einen
                  herzlichen Glückwunsch Deiner verehrten Gattin, der Ehrendocto-
                  rin nicht nur Deines, sondern auch meines Herzens!!

                  Stets Dein getreuer Theodor Curtius

P.S. Ist schon eine Zeit bestimmt in der wir zusammen kommen — hoffentlich nicht vor dem 20. September — um, wie im Vorjahre in München, die Erfahrungen des Jahres in Bezug auf die Stiftungen für die Chem. Institute, auch die Verbandsangelegenheiten zu besprechen? Hoffentlich wieder in München.

Am 15. August werde ich hier erst frei. Ich sitze in qualvoller Arbeit und Sorgen. Dann gehe ich bis 20. September in mein Silser Häuschen und leb von Schulden. Da wird dann der Arbeits-Akkumulator für das Wintersemester frisch geladen.

D. O.

2.7.1921
C.D.

Leverkusen, den 2. Juli 1921

Lieber Freund!

Aus den Wolken bin ich gefallen, als gestern Abend Dein schönes lateinisches Telegramm bei mir eintraf. Inzwischen wirst Du in den Besitz meiner telegraphischen Antwort gekommen sein, die fertig zu stellen den Leverkusener Humanisten viel Kopfzerbrechen gemacht hat. Nun bin ich glücklich 8facher Doktor geworden. Ich hatte es nicht für möglich gehalten, nachdem die naturwissenschaftliche-mathematische Fakultät zu Tübingen mich zum Ehrendoktor der Naturwissenschaften ernannt hat, daß ich noch Dr. phil. nat. werden könnte. Das ist auch nur Dir, meinem lieben Freunde, möglich gewesen. Dafür danke ich Dir ganz besonders herzlich, hat es mich doch außerordentlich gefreut, daß besonders Du und Deine Fakultätskollegen mir diese Auszeichnung und Ehrung zuteil werden ließen. Nimm dafür herzlichsten Dank entgegen und übermittle ihn an alle Mitglieder der Fakultät. Ganz besonders aber würde ich mich freuen, wenn das Diplom von Dir persönlich überbracht würde. Vielleicht schließen sich, wie es damals die Tübinger Fakultät machte, noch einige Herren an, so daß wir dann gleich den Doktorschmaus erledigen können.

Nicht unerwähnt lassen darf ich aber, daß sich auch meine liebe Frau diesem Dank aus vollem Herzen anschließt. Du mußt ihr wohl vor einiger Zeit Andeutungen über die geplante Ehrenpromotion gemacht haben. Als aber Tübingen Heidelberg zuvorkam, war sie betrübt und meinte, es sei jetzt nicht mehr möglich, daß Du Deine Absicht durchführen könntest. Du hast es doch fertig gebracht, darüber ist sie sehr beglückt und hofft zuversichtlich, Dich recht bald hier zu sehen. Über Deinen lieben Brief und den schönen Schluß hat sie mit mir große Freude gehabt.

Was nun die Frage der Hauptversammlungen der verschiedenen chemischen Gesellschaften anbetrifft, so wirst Du vielleicht entsetzt sein zu hören, daß der Verein zur Wahrung der Interessen der chemischen Industrie Deutschlands beschlossen hat, seine Hauptversammlung diesmal, und zwar am 15. Oktober in Heidelberg zu halten. Die Vorarbeiten dazu werden die Herren der Badischen Anilin- und Soda-Fabrik übernehmen. Gewohnheitsgemäß geht dieser Sitzung am Tage vorher eine Sitzung des Gesamtausschusses dieses Vereins voraus, die gewöhnlich den Vormittag in Anspruch nimmt. Wir könnten also die Sitzung der Liebig-, Fischer- und Baeyer-Gesellschaft, sowie des Kaiser Wilhelm-Instituts für Chemie am Nachmittag abhalten. Da aber den Mitgliederversammlungen dieser Gesellschaften Sitzungen des Vorstandes und des Verwaltungsrates vorauszugehen haben, so wird hierfür die Zeit nicht ausreichend sein. Deshalb habe ich den in der Anlage beigefügten Plan für die Sitzungen vorgeschlagen. Danach wird Donnerstag, der 13. Oktober ganz in Anspruch genommen. Aus diesem Grunde habe ich auch Herrn Geheimrat Willstätter gebeten, die Mitglieder des Verbandes der Laboratoriumsvorstände auf Freitag, den 14. Oktober zusammen zu rufen, so daß die Mitglieder dieses Verbandes und diejenigen des großen Ausschusses des Vereins zur Wahrung gleichzeitig tagen, was ja sehr gut geht.

Daß Du die Absicht hast, vom 15. August an nach Sils Maria in Deine Mühle zu gehen, ist ein weiser Entschluß, dem ich nur von ganzem Herzen zustimmen kann. Allzugern gingen wir mit, Aber vor Mitte September kann ich nicht hier fort und dann wollen wir über Jena, wo am 17. September die Hauptversammlung der Helmholtz-Gesellschaft stattfindet, nach München und Berchtesgaden fahren.

Dort will unser Sohn Walther am 29. September, dem Tage meines 60. Geburtstages sich mit seiner Verlobten, Mini Geiger, einem prachtvollen Mädchen der Berge, verheiraten. Nachdem wir noch am 30. September und 1. Oktober die Versammlung des Deutschen Museums mitgemacht haben, wollen wir langsam mit dem Automobil über den Bodensee rheinabwärts nach Heidelberg kommen.

Wir freuen uns sehr, Dich, falls Du etwa nicht nach hier kommen solltest, dann auf jeden Fall, sei es in München, sei es in Heidelberg, für eine Reihe von Tagen zu sehen, um hoffentlich einige recht vergnügte Tage und Stunden mit Dir zu verbringen.

Also nochmals aufrichtigen und herzlichen Dank für alle Liebe und Treue. In alter Freundschaft Dein   Carl Duisberg

Am 3. September 1921 schreibt CURTIUS wieder aus Sils im Engadin. Auch er hat diesmal einen Weggefährten verloren. Am 11. August 1921 starb während

eines Vortrages in Berlin HEINRICH EMIL ALBERT KNÖVENAGEL. KNÖVENAGEL
war am 18. Juni 1865 geboren. Er studierte in Hannover, Göttingen, München, erhielt am 17. 6. 1889 den Titel eines Dr. phil. in Göttingen und wurde dann 1889 bis
1900 Assistent im Chemischen Laboratorium in Heidelberg. Am 27. 10. 1892 hatte
er sich habilitiert, 1896 wurde er a. o. Professor und im November 1900 etatm. a. o.
Professor. Seine Laufbahn als organischer Chemiker ist sicherlich durch den langen
Kriegsdienst (1914 bis 1918) unterbrochen worden. Warum AUWERS[50] die Karriere
von KNÖVENAGEL blockiert haben soll, ist schwer zu sagen; vielleicht rührt das
von der gemeinsamen Zeit bei VICTOR MEYER her. – Die Klage über den Weggang von E. MÜLLER[51] war nicht so berechtigt wie die über den Tod von
KNÖVENAGEL. Tatsächlich ging MÜLLER nur für ein Semester nach Köln; im Februar 1922 kehrte er als planm. a. o. Professor nach Heidelberg zurück.

Der „treffliche Assistent", der nach Finnland ging, war KARL-FRIEDRICH
SCHMIDT (geb. 28. 8. 1887, gest. 30. 10. 1971). Er hatte vom Sommersemester 1906
an Chemie und Medizin in Heidelberg und München studiert, und er wurde am
21. 1. 1913 in Heidelberg zum Dr. phil. nat. promoviert, leistete 1914–1918
Kriegsdienst und habilitierte sich am 22. 1. 1921. 1922 ging er als a. o. Professor
nach Åbo in Finnland, wie CURTIUS schreibt. 1924 kehrte er nach Heidelberg zurück. 1925 wurde er a. o. Professor in Heidelberg und außerdem 1926–1936 Vorstandsmitglied der Chemischen Fabrik Knoll AG in Ludwigshafen. Ab 1936 leitete
SCHMIDT einen eigenen Forschungsstab in Heidelberg. Als Schüler von CURTIUS
interessierte ihn vor allem die Reaktionsfähigkeit der Stickstoffwasserstoffsäure.
Aus Aldehyden und Ketonen konnte er mit Stickstoffwasserstoff Tetrazole herstellen, und diese Arbeiten führten ihn 1924 zur Entdeckung des Herz- und Kreislauf-
mittels Cardiazol – eine Erfindung, die ihm wohl die Tätigkeit als Privatgelehrter
ermöglicht haben mag [50].

3. 9. 1921   Sils im Engadin 3 Sept. 1921
Th. C.
    Lieber Freund!

    Mit schweren Sorgen bin ich von Heidelberg abgereist und in
wirklicher Trauer um meinen armen Freund Knoevenagel, der so jäh
aus dem Leben scheiden mußte! Bei Keinem habe ich mich so bemüht, ihm die Wege zum Institutsdirektor zu ebenen und bei Keinem ist es mir so danebengangen. K. war der einzige, der betreffenden Generation von bedeutenden chemischen Forschern, der die
ihm gebührende Stellung nicht erreicht hat. Auwers hat die Hauptschuld daran, der sich nicht entschließen konnte, sein vom Vater her
gezüchtetes altpreußisches Beamtenherz collegialen freundschaftlichen Regungen zugänglich zu machen, was ihm bei der allgemei-

---

[50] Vgl. S. 101.
[51] Vgl. S. 128.

Heinrich Emil Albert Knövenagel

nen Anerkennung Knoev's wirklich nicht schwer geworden wäre, da
er doch selbst fest im preußischen Sattel saß.

Prof. Müller − unersetzbar − geht zum Wintersemester nach
Köln und mein trefflicher Dozent und Schüler Dr. Schmidt geht als
Extraordinarius nach Åbo in Finnland. Wie es nun werden soll,
weiß ich noch nicht. Jedenfalls gibt es zunächst ein scheußliches In-
terregnum. Das Schlimmste ist, daß jetzt 20 Doktoranden nun her-
renlos dasitzen. Müller nimmt einige nach Köln mit; die anderen
können aus persönlichen Gründen nicht von Heidelberg fort. Also
was soll aus den 13 Waisenkindern von Knoe. werden?

Ich habe versucht mir hier die schlimmsten Gedanken aus dem
Kopf zu schlagen, aber wie bei einem zu scharf aufgezogenen Uhr-
werk springt die überspannte Feder der Sorge immer wieder auf den
Ausgangspunkt zurück. −

Sonst ist es herrlich hier wie immer; nur fehlen alle alten Freunde. − Ich habe wieder ordentlich schlafen gelernt, und das alte Herz
funktioniert auch bei scharfem Steigen noch ausgezeichnet. Alle
Hotels werden in den nächsten Tagen leer und geschlossen. Am 20.
bin ich via Luzern wieder in Heidelberg zurück.

Ich freu mich sehr, daß wir uns am 30. in München sehen werden. Ein Programm über die leider von Heidelberg nach B. Baden
verlegten Tagungen habe ich noch nicht erhalten.

Dein Dr. Diplom liegt im Geldschrank des Instituts fertig aufbewahrt. Ich habe mir viel Mühe gegeben, dasselbe Deiner würdig
auszugestalten. Aber wie soll ich es möglich machen, es Dir persönlich zu überreichen. In München? Dann bin ich gerade noch Dekan.

Ich denke das geht. Oder in B. Baden, das geht auch, ich trete dann als Prodekan auf, und die Gelegenheit dazu wäre vielleicht noch günstiger. Schreibe mir mal wie Du darüber denkst.

Ich hoffe, daß ihr die Autofahrt durch die deutschen Lande mit freudigem Herzen antreten könnt und rasche Erholung dabei findet. Am 29. werde ich in Gedanken an Deinem Familien- und Geburtstagsfest dabei sein. Viel herzliche Grüße Dir und Deiner verehrten Frau und den Kindern, wenn ihr mit ihnen zusammenkommt, und − nicht zu vergessen − Fräulein Sonntag.

Stets Dein getreuer alter Theodor Curtius.

Der Antwortbrief von DUISBERG gibt einen ganz kurzen Einblick in das Leben eines Wirtschaftsführers in diesen Jahren. Es waren sehr harte Zeiten. Die Reparationsforderungen der Alliierten waren im Januar 1921 in völlig unrealistischer Weise auf 226 Milliarden Goldmark festgelegt worden, und daß sie im März auf 132 Milliarden ermäßigt wurden (2 Milliarden jährlich zuzüglich 26% der deutschen Ausfuhr) half wenig. DUISBERG setzte sich in den verschiedensten Gremien ein, um wirtschaftlich tragbare Verhältnisse zu schaffen. Er sagte: „Immer trieb uns zum Schluß der Wunsch, das Furchtbarste zu vermeiden, zur Annahme des Furchtbaren." Die beginnende Inflation brachte schon 1921 große Probleme − vor allem für die Arbeiter −. Die Arbeit im Reichswirtschaftsrate muß sehr schwierig und auch sehr entmutigend gewesen sein.

6. 9. 1921   Leverkusen, den 6. September 1921
C. D.
                   Lieber Freund!
Herzlichen Dank für Deine lieben Zeilen vom 3. d. M. aus dem schönen Engadin. Ich freue mich, daß es Dir gut geht und Dein Herz die Strapazen des Bergsteigens ausgezeichnet erträgt. Daß Dir der Tod Knoevenagels nahe gegangen ist, kann ich mir denken. Ich kannte ihn zu wenig. Daß Auwers die Hauptschuld daran hat, daß Knoevenagel nicht im Leben erreicht hat, was er seiner Veranlagung nach hätte erreichen können, war mir sehr interessant zu hören. Ich kenne auch Auwers nicht genug, um ihn richtig beurteilen zu können, mir fällt aber auf, daß er es vor allem war, der in dem Streit Gattermann − Hess dem letzteren so viel Schwierigkeiten gemacht hat. Daß Du durch den Tod Knoevenagels und durch den Fortgang Müllers und endlich, was ich noch garnicht wußte, auch noch durch Berufung von Schmidt nach Åbo in Finnland im Laboratorium in größte Verlegenheit kommst, tut mir von Herzen leid. Gibt es denn keine brauchbaren Privatdozenten an anderen Hochschulen, die Du als Ersatz heranziehen kannst, damit auch die vielen Doktoranden

nicht steckenbleiben oder Dir zur Last fallen. Im empfinde mit Dir
alles aufs schmerzlichste, hoffe aber, daß Du Dir zu den schönen
blonden Haaren, die Du noch besitzt, keine grauen hinzuwachsen
läßt.

Ich bin seit 6 Wochen fast ununterbrochen in Berlin und gebe
hier in Leverkusen nur Gastrollen, da ich meist Sonntags hier ein-
treffe und Dienstags abends schon wieder fortreise. Als Vorsitzender
der Besitzsteuerkommission des Reichswirtschaftsrats muß ich die
zahlreichen Gesetzentwürfe auf dem Gebiete der Besitzsteuern mit
Vertretern der Arbeitgeber-, -nehmer- und Verbraucher-Kreise unter
Hinzuziehung von Sachverständigen aus allen Gebieten begutach-
ten. Das kostet viel Zeit, viel Mühe und viel Arbeit. Ich bin aber
hoffentlich am Donnerstag damit fertig, muß dann die Gutachten
am Freitag und Sonnabend im Reparationsausschuß verteidigen,
worauf sie dann ins Plenum gelangen. Da ich aber von Mitte nächster Woche an meine große Autoreise über Jena – Nürnberg –
München – Berchtesgaden – München – Bodensee – Baden/Ba-
den antrete, so kann mir dann Berlin und das Plenum des Reichswirtschaftsrats im Mondschein begegnen. Ich will auch endlich meine Ruhe und Erholung und hoffe sie vor allem in Berchtesgarden zu
finden, wo wir schon am 26. im Kreise der Familien meinen 60. Geburtstag feiern wollen. Wie wäre es, wenn Du uns die Freude mach-
test, dorthin zu kommen, Du nimmst dann an dem am 27. September stattfindenden Polterabend nebst Heimgart teil und bist auch
bei der Hochzeit am 29. dabei. Kurz, wir würden uns, und zwar meine Frau und auch sicherlich mit mir alle Kinder, unbändig freuen,
wenn Du zu uns kommen wolltest. Du sollst es gut haben; wir werden Dich als Familienonkel mit Liebe überschütten, um dann am 30.
gemeinsam mit mir und meiner Frau nach München zur Tagung des
Deutschen Museums zu fahren. Da kannst Du ja bei der Gelegenheit auch noch als Dekan die offizielle Promotion Deines Dich ver-
ehrenden Freundes vornehmen.

Mit herzlichen Grüssen und den besten Wünschen für weitere
gute Erholung von meiner lieben Frau und den Kindern, nicht zu
vergessen auch Fräulein Sonntag

Dein getreuer alter Carl Duisberg

Das Leben von CURTIUS, das sich in seinem Brief vom 27.9.1921 spiegelt, ist
durch die Sorgen der politischen und wirtschaftlichen Welt dagegen wenig berührt.

27.9.1921 Heidelberg 27 Sept. 1921
Th. C.

Lieber Freund!

Zu Deinem 60. Geburtstage sage ich Dir so viele gute Wünsche wie Verbindungen im Beilstein und Richter aufgezeichnet sind. Mit Deiner und Deiner verehrten Frau Einladung, die schönen Familienfesttage in Berchtesgaden mit begehen zu dürfen, habt ihr mir eine ganz besondere Freude bereitet. Aber — es ging ja nicht an! Ich bin am 20. hier wie ein zur Reparatur gegebenes Rad wieder in die Maschine eingesetzt worden, und nun läuft sie wieder. Aber sie wird im Winter häßlich knurren, denn es fehlt das Öl der treuen Helfer, welche sie mit mir im Gange erhielten. Einen riesigen Gefallen, eine Hilfe sondergleichen für mich hast Du mir durch Dr. Heymann geleistet, daß Dr. Sieber mir im Winter für die Doctorarbeiten als Assistent bleibt und er dann bei euch engagiert ist. Ich muß einen vollständigen Laden für neue Doctorarbeiten aufmachen seit Müller fort und Knoevenagel todt ist. Über den Heimgang des treuen vornehmen Mannes kann ich noch nicht hinwegkommen! — — Eben ist meine München-Fahrt zum Deutschen Museum gesichert. Ich muß zum 1. Oktober mein Dekanat übergeben und habe dafür in den letzten Tagen wie ein Pferd „Rester" aufgearbeitet. Ich habe im Rheinischen Hof Quartier bekommen. —

Und nun nichts mehr von Geschäften. An euch Lieben will ich denken, wie ihr in der großartigen Bergnatur frohe Stunden verlebt. Sage dem Hochzeitspaar viele herzliche Grüße und gute Wünsche. Und die gütige Mutter sitzt still und froh dabei und denkt in Dankbarkeit wieviel Schönes und Gutes von ihren Kindern ihr beschieden ist.

Und so schließe ich mit dem köstlichen Spruch aus Presber's Bruder Benjamin „Alles Schöne war immer erst Gestern — und alles Schlimme liegt so weit, so weit." In herzliche Treue

Dein alter Theodor Curtius

P. S. Also auf Wiedersehn am 30. in der Sitzung!

Die großen wirtschaftlichen Sorgen und die Arbeitsbelastung beider Freunde hat es wohl mit sich gebracht, daß aus dem Jahr 1922 fast kein Briefwechsel überliefert ist. Im Februar dieses Jahres muß Frau Duisberg wohl ein persönliches Handschreiben an THEODOR CURTIUS gerichtet haben; denn dieser bedankt sich am 6.9.1922 dafür und gratuliert gleichzeitig zur Verlobung von Dr. CURT DUISBERG. Daß die wissenschaftliche Arbeit weitergeht, zeigen folgende Passagen des Briefes aus dem Engadin:

6.9.1922   Am 21. läuft mein Urlaub ab, dann komme ich gleich wieder in
Th. C.   die alte Tretmühle und muß bis Ende Oktober sieben Abhandlungen
fertigstellen. Zur Naturforscherversammlung in Leipzig komme ich
nicht, obwohl die damit copulierten Versammlungen für mich von
großer Wichtigkeit wären, namentlich die Sitzungen der Laboratoriumsvorstände, bei denen das Durcheinander immer mehr zunimmt.
Sie werden wohl Ihren Gatten begleiten. Interessant werden die Tagungen sicher sein. Vielleicht bringe ich es zur Tagung des Deutschen Museums in München, wohin Ihr Mann doch wohl sicher
kommt. Ich würde mich sehr freuen ihn dort zu sehen.

Zu Weihnachten 1922 hat sich CURTIUS ein besonderes Geschenk für Duisberg ausgedacht

16.12.1922   Direktion des Chemischen   Heidelberg, den 16ten
Th. C.   Laboratoriums der Universität   December 1922

Lieber Freund!
Dieses Bild von Bunsen hat der Maler Johannes Marx[52] noch
zu dessen Lebzeiten gemalt. Ich stifte Dir dasselbe für deine herrliche Kellerhalle zu den vielen Erinnerungen an bedeutende und an
liebe Menschen.
Mit vielen herzlichen Weihnachtsgrüßen an Dich, deine verehrte
Frau und alle die Deinigen
bleibe ich stets Dein alter treuer Theodor Curtius

DUISBERG erwidert sofort nach Weihnachten:

28.12.1922   Leverkusen, den 28. Dezember 1922
C.D.   Lieber Freund!
Welch grosse Überraschung und Freude zugleich wurde mir heu-
te früh zuteil, als mir die Post mit Deinen lieben Zeilen vom 16. 12.
das mir von Dir als Weihnachtsgeschenk zugedachte prachtvolle
Kunstwerk aushändigte. Ich danke Dir von Herzen für die Liebe, die
Du mir dadurch erwiesen hast und Du wirst Dir meine Freude dar-
über ausmalen können, dass meine „Ruhmeshalle" mit dem
Marx'schen Gemälde von Robert Bunsen eine solche wertvolle Be-
reicherung durch Deine Stiftung erfahren hat. Sie soll mich stets an

---

[52] In Heidelberg, später in Berlin.

meinen lieben, alten Freund Curtius und an den guten alten Gross-
meister Bunsen erinnern.

Uns hier in Leverkusen geht es allen gut und haben wir die
Weihnachtstage im grösseren Familienkreise recht schön verbracht.
Hoffentlich ist auch Dein Befinden befriedigend und haben meine
Frau und ich bald wieder das Vergnügen, Dich bei uns zu sehen, um
dann gemütliche Plauderstündchen zu halten.

Deine Weihnachtsgrüsse erwidert das ganze Haus Duisberg aufs
herzlichste und verbindet damit beste Wünsche zum bevorstehenden
Jahreswechsel, denen sich anschliesst

in alter treuer Freundschaft Dein Carl Duisberg.

Wir hatten bestimmt damit gerechnet, Dich in der Weihnachts-
woche bei uns begrüßen zu können. „Aufgeschoben ist aber nicht
aufgehoben".

Dein C. D.

Bei dem Bild von BUNSEN handelt es sich um eine kleinere Ausfertigung eines
großen Gemäldes von J. MARX. Heute befindet sich dieses Bild im Deutschen
Museum in München. Das große Originalbildnis (BUNSEN in Lebengröße) hat
lange Zeit nach dem zweiten Weltkrieg das Fakultätszimmer der Nat.-Math.-
Fakultät in Heidelberg geziert. Es ist nach 1969 verschwunden!

Im Jahr 1923 ist die Inflation auf ihrem Höhepunkt. Die Not ist so groß, daß
im BAYER-Werk Fett in den Betrieben ausgegeben wird. Im August 1923 kostet
1 Pfund Margarine 390.000 M (Vorkriegspreis 85 Pfennige); im Oktober 1923 kostete es 800 Millionen M und der Dollarkurs, der bei Kriegsausbruch bei 4,20 M
gelegen hatte, betrug im September 1923 126 Millionen Mark, Ende Oktober 72,5
Milliarden und am 20. November 1923 4,2 Billionen. Eine Stabilisierung trat ein,
als Ende November 1923 die Rentenbank gegründet und die Rentenmark geschaffen wurde mit einem Kurs von 1 Billion Mark = 1 RM = 4,2 Dollar [23]. Diese
Vorgänge können hier nur angedeutet werden, ebenso wie die Besetzung des Ruhr-
gebiets am 11. 1. 1923 durch französische und belgische Truppen und die Gründung einer „unabhängigen Rheinischen Republik" am 21. 10. 1923. Fast wie ein
Wunder erscheint es, daß im Januar 1923 ‚Bayer 205' – Germanin – in die
Warenzeichenrolle des Reichspatentamtes eingetragen wird, das entscheidende
Heilmittel gegen Trypanosomen (Schlafkrankheit). Die Forschung geht also in
der Industrie weiter. Daß die Forschung auch an der Universität weitergeht, davon
zeugt der Brief von CURTIUS vom 12. März 1923. Das Leben von THEODOR
CURTIUS bewegt sich erstaunlicherweise in den traditionellen Bahnen. Er ist zufrieden mit seinen Arbeiten, seinen Studenten und Assistenten und freut sich an
seinem 25jährigen Jubiläum in Heidelberg. Lebt der Professor in dem manchmal
zitierten „Elfenbeinturm"? Traditionell ist auch wieder eine Bitte von CURTIUS
an DUISBERG. Diesmal geht es um Hilfe für Professor STOLLÉ [53].

---

[53] Vgl. S. 107.

                                   Heidelberg 12 März 23

Lieber Freund!

Schon lange wollte ich Dir schreiben wie sehr schmerzlich für
mich war, daß ich die Neujahrswende nicht bei den Lieben in Duisburg sein konnte. Meine Schwägerin war verreist und der ganze
„Eichelkamp" war besetzt, so daß der alte Öhm im Hotel hätte kam-
pieren müssen. Dadurch habe ich nun aber auch auf die große Freude verzichten müssen, euch in Leverkusen besuchen zu können. Ich
hätte sicher angefragt, ob es Dir und Deiner Frau genehm sei, wenn
nicht die Reise aufgegeben worden wäre. So war ich 5 sehr gemütliche Tage bei meinem Neffen Dr. Hans auf dem Weiherhof am Bodensee, wo sich auch meine Schwägerin eingefunden hatte.

Daß Du das Bunsenbildchen gern angenommen hast freut mich
sehr. Es ist das Original. Nun ist das Semester zu Ende und es gilt
jetzt die eingeheimsten Schätze zu ordnen und zum Publizieren vor-
zubereiten. Da mein trefflicher Privatassistent, den mir die Höchster
noch ein Semester belassen hatten, am 1. April dort eintreten muß,
ist das eine ganz besondere Arbeit. Ich bin sehr fleißig gewesen und
habe in einem Jahr 15 Doctoranden zum Examen gebracht. Nur 2
von den zugehörigen Arbeiten geben keine besonderen Aspekte.
Aber anderes ist gewichtig genug und vieles originell und interessant. Auch die mündlichen Prüfungen waren meist vorzüglich und
Herr von Brüning hat geradezu eine Recordleistung von Vorzüg-
lichkeit in allen Fächern geschaffen. Ich habe mich sehr darüber gefreut. Er tritt jetzt bis zum Herbst als planmäßiger Privatassistent
bei mir ein, nachdem er jetzt ein Semester als Volontärassistent
funktioniert hat. Er soll ja auch noch mal nach Leverkusen, und ich
glaube, daß Du große Freude an Dr. von Brüning erleben wirst. Er
ist ein Mann von unermüdlichem Fleiß, großer Gewissenhaftigkeit
und hoher allgemeiner Kultur, angenehm, bescheiden, sympatisch
in jeder Weise als Mitarbeiter und Mensch.

Für Deinen Glückwunsch zu dem 25. Jubiläum in Heidelberg,
das ich über mich ergehen lassen mußte, viel herzlichen Dank. Es
machte mir schließlich doch rechte Freude. Die Chemikerschaft zog
den Abend vorher mit 200 Fackeln auf den Wredeplatz und meine
Stimme hallte vom Balkon herab bis zum Gaisberg hinüber. — Leider kann ich nun im April nicht an die guten heißen Quellen von
Karlsbad. Bei den Valutaverhältnissen ist das ganz undenkbar. Es
muß eben auch so gehen und bis jetzt hält sich die grantige Leber
ganz brav.

Eine große Bitte hätte ich. Wäre es Dir möglich oder hättest Du
Gelegenheit etwas für Professor Stollé zu tun? Bredt schreibt mir,

daß er als einen Nachfolger an I. Stelle seinen Assistenten Prof. Sipp
wünscht und an zweiter Stelle Stollé vorschlagen will. Ich halte es
nicht sehr im Interesse eines Instituts liegend, wenn ein lang dort
eingesessener Extraordinarius nun die Erbschaft antritt. Stollé hat
es wirklich verdient, selbständig zu werden und es wäre dies noch die
letzte Möglichkeit für ihn. Er ist jetzt so verbittert, trotzdem ich ihm
alles im Institut nach seinen Wünschen tue, und er unsere Freundschaft tausendmal einer starken Belastungsprobe aussetzt! Wenn ich
mal fortgehe, könnte es für ihn hier ungemütlich werden. Du würdest mir einen großen Gefallen tun, wenn Du ihm den Ruf herbei-
führen könntest. Hast Du nicht Gelegenheit den preuß. Ministerial-
referenten mal zu sprechen. Auch der spröde Auwers ist dafür, daß
Stollé diese Genugtuung für eine lange treue erfolgreiche Arbeit, zumal er die ganzen 4 Kriegsjahre verloren hat, erhält.

Hoffentlich geht es Dir und Deiner verehrten Frau trotz aller
Mühen und schwerer Sorgen gut.

Mit herzlichen Grüßen an euch beide, auch Frl. Sonntag, bin ich
stets Dein getreuer

Theodor Curtius

Die Antwort von DUISBERG erfolgt prompt am 17.3.1923. Sie klingt etwas
steifer und förmlicher als die früheren Briefe; der Vielbeschäftigte erledigt solche
Dinge jetzt rasch aber formell.

17.3.1923   Leverkusen, den 17. März 1923
C.D.

Lieber Freund!

Aus Deinen lieben Zeilen vom 12. ds. Mts. haben wir ersehen,
dass Du entgegen Deiner Gewohnheit in diesem Jahre die Neujahrs-
woche nicht bei Deinen Angehörigen in Duisburg verbracht hast,
aber recht nette Tage bei Deinem Neffen am Bodensee verlebtest.
Dass es meiner Frau und mir sehr leid getan hat, auf diese Weise um
das Vergnügen zu kommen, Dich auch bei uns in Leverkusen zu sehen, kannst Du Dir denken.

Das mir freundlichst zum Geschenk gemachte Bunsengemälde
hat an der Wand hinter meinem Schreibtisch im Arbeitszimmer Un-
terkunft gefunden und erinnert mich täglich an den lieben Stifter.
Interessant war mir übrigens, aus dem Künstlerlexicon zu ersehen,
dass der Maler Marx auch die Bunsenbildnisse, die in dem dortigen
Kunstmuseum und in dem Hofmannhause in Berlin aufbewahrt
werden, geschaffen hat. Wiederholt herzlichen Dank für Deine
Liebe.

Auch freut es mich sehr zu hören, dass die chemischen Arbeiten in Deinem Institut im vergangenen Semester manche interessante und originelle Resultate gezeitigt haben und ich bin gespannt, demnächst Deine Publication darüber zu lesen. Dass der junge Brüning ganz Hervorragendes leistet und Dein Privatassistent werden will, hatte mein Interesse; hoffentlich hält er in der Technik das, was er nach seinen theoretischen Erfolgen zu versprechen scheint.

Dass Dein 25jähriges Jubiläum in Heidelberg so nett und würdig gefeiert worden ist hat mich sehr erfreut.

Was endlich die mir unterbreitete Angelegenheit des Weiterkommens von Prof. Stollé angeht, dem an und für sich eine Berufung zu gönnen ist, so liegt der Fall nicht so einfach. Grundbedingung ist natürlich, dass er von irgend einer Hochschule einmal an erster Stelle einen Ruf erhält. Gern werde ich natürlich mich einmal der Sache annehmen. Es trifft sich gut, dass ich in der nächsten Woche mit den Herren des Kultusministeriums zusammenkomme und will ich gern in Deinem Sinne mich für St. verwenden.

Meine Frau und Fräulein Sonntag erwidern Deine freundlichen Grüsse bestens, oder ebenso herzlich wie ich; ich schliesse mich herzlich an und verbleibe wie immer Dein getreuer

C. Duisberg

Daß aus einer Berufung von STOLLÉ nichts geworden ist, ist bereits früher[54] erwähnt worden; er blieb etatmäßiger a. o. Professor in Heidelberg.

Am 29. September 1923 wird DUISBERG 62 Jahre alt, er kann seinen 35jährigen Hochzeitstag feiern und ist 39 Jahre bei der Firma BAYER fest angestellt gewesen. CURTIUS gratuliert zu diesem Tag und erinnert sich an die schöne Münchner Zeit der ersten Begegnung. Die Abhandlungen und Reden von DUISBERG sind gerade erschienen [34]; CURTIUS hat sie gelesen. Er schickt als Geburtstagsgabe seine Abhandlung über seinen Großvater [47]. In der Antwort von DUISBERG klingt die verzweifelte wirtschaftliche Situation an.

27. 9. 1923   Heidelberg 27. Sept. 23
Th. C.

Lieber Freund!

Mit meinen herzlichen Grüßen zu Deinem Geburtstage kann ich Dir diesmal die feurigsten Glückwünsche zu Deinem Jubiläum senden, welches 4 Jahrzehnte treuester Arbeit in den Elberfelder Farbenfabriken in sich schließt. Wie heute sehe ich noch den Einjähri-

---

[54] Vgl. S. 107.

gen[55] Duisberg Nachmittags mit ausgezogenem Waffenrock zu seinem Meister Pechmann hin durch das Münchener Laboratorium stürzen um ja keinen Augenblick creativer wissenschaftlicher Arbeit zu verlieren. Das sind auch wohl 4 Jahrzehnte her. Und wie damals, so war Dein ganzes Leben ein „Stürzen", könnte man fast sagen, von Arbeit zu Arbeit, von Erfolg zu Erfolg! Ich habe gerade in dem Sammelbande Deiner Abhandlungen, Vorträge und Reden, den ich nach meiner Rückehr aus dem Urlaub hier vorfand, ich kann wohl sagen, mit wahrer, tiefer Bewegung gelesen und geblättert. Gott erhalte Dir die Kraft noch ein Weilchen. Ich sende Dir beiliegend als kleines Angebinde die Lebensgeschichte meines Großvaters F. W. Curtius, der vor 99 Jahren wohl die erste großzügige Schwefelsäurefabrik am Niederrhein erstehen ließ. Manches wird Dich daraus interessieren, wenn Du mal eine ruhige halbe Stunde zur Lektüre findest. —

Seitdem wir uns bei unserer Rückkehr aus Berlin trafen, weiß ich nicht viel wie es Dir und den Deinigen ergangen. Hoffentlich gut, trotz aller Sorgen und Qualen.

Ich war wieder 4 Wochen in meinem Häuschen in Sils bei dauernd gutem Wetter. Das Engadin hatte eine glänzende Saison. Aber wo sind die lieben Menschen geblieben, die dort mit mir durchs Leben gingen? Jetzt sitze ich wieder am Schreibtisch und suche die zahlreich im letzten Jahre fertig gewordenen Doctorarbeiten meiner Herren in eine anständige publizierbare Form zu bringen. Eine mühselige zeitraubende Arbeit.

Ob man zu Weihnachten auch wieder in die Heimat wird reisen können?[56] Dann hoffe ich euch wieder aufsuchen zu können.

Finden die Sitzungen des Deutschen Museums in München am 20. und 21. Oktober wirklich statt? Ich habe noch kein Programm erhalten. Kommst Du eventuell hin?

Nun nimm nochmals meine innigsten Glückwünsche entgegen.

Mit herzlichsten Grüßen für Dich, Deine verehrte Frau, Deine Kinder und Fräulein Sonntag stets Dein alter treuer

Theodor Curtius

---

[55] Vgl. S. 9.

[56] Ruhrbesetzung am 11.1.1923 durch franz. u. belg. Truppen u. passiver Widerstand, der am 26.9.1923 abgebrochen wurde.

30. 10. 1923   Leverkusen, den 30. Oktober 1923
C. D.
        Lieber Freund!
            Verzeihe gütigst, wenn ich Dir auf Deinen einzig schönen Gratu-
        lationsbrief zum diesjährigen dreifachen Jubelfeste am 29. Septem-
        ber jetzt erst danke. Vor wenigen Tagen bin ich von mehreren drin-
        genden Geschäftsreisen, die letzte mehrwöchig und teils im Aus-
        land, zurückgekehrt.
            Da ist es nun meine erste Pflicht, Dir von ganzem Herzen für die
        anerkennenden und eindrucksvollen Worte der Beglückwünschung,
        die Du mir zukommen liessest, meinen Dank abzustatten. Zweifels-
        ohne hast Du mir mit Deinen lieben Zeilen eine aussergewöhnliche
        Freude bereitet.
            Schade nur, dass Du an meinem Ehrentage nicht zugegen sein
        konntest. Man hat mich mit Gratulationen, Ehrungen, Blumen und
        Geschenken geradezu überschüttet und mir und den Meinen werden
        die verlebten köstlichen Stunden unvergesslich bleiben.
            Das mir freundlichst dedizierte Lebensbild von Friedrich
        Wilhelm Curtius habe ich mit grösstem Interesse durchgelesen, be-
        sonders aber fand die Tatsache meine Beachtung, dass Dein Gross-
        vater der Erbauer der ersten Schwefelsäurefabrik am Niederrhein
        gewesen ist.
            Den Meinigen und mir geht es gut und Du kannst Dir denken,
        dass ich in dieser entsetzlich unsicheren politischen und wirtschaftli-
        chen Lage unseres Vaterlandes alle Hände voll zu tun habe, um den
        unserer Volkswirtschaft und der deutschen chemischen Industrie im
        besonderen drohenden Gefahren entgegenzutreten.
            Sei herzlich gegrüsst von meiner Frau und mir und mache uns
        die Freude Deines Besuchs gelegentlich der Weihnachts- oder Neu-
        jahrsfesttage. Wie immer Dein alter treuer

                                                        Carl Duisberg

Das Jahr 1924 war für CARL DUISBERG ein ganz entscheidendes Jahr, das eine Wende seiner Wirtschaftpolitik brachte. Zunächst ließ sich die Fabrikation gut
an. Die Bayer-Photofabrik begann mit der Fabrikation von Rollfilmen, das Mala-
riamittel Plasmocholin wurde gefunden (1927 im Handel); aber 3000 Arbeiter
mußten der Wirtschaftslage wegen entlassen werden. Die Interessengemeinschaft
der Teerfarben fabrizierenden Firmen bedurfte einer Reorganisation. Am
26. 10. 1924 verfaßte DUISBERG dazu eine Denkschrift, in der er verschiedene
Möglichkeiten zur Diskussion stellte. Das Ziel sollte sein: rationeller und billiger
zu produzieren, um mit dem Weltmarkt besser konkurrieren zu können. Ziel war
außerdem, den Verbraucher nicht leiden zu lassen. Eine Änderung des alten Ver-

trags schien notwendig zu sein; aber eine Änderung des Vertrages mit einer engeren Bindung der Firmen und Zentralisierung des Verkaufs schien wenig geeignet. Die zweite Möglichkeit schien eine Fusion zu sein, bei der alle beteiligten Firmen in einer neuen Aktiengesellschaft aufgehen würden. Die dritte Alternative war die Gründung einer Holding-Gesellschaft. DUISBERG sprach sich für eine Holding-Gesellschaft aus, bei der die Namen und die Eigenart der einzelnen Firmen erhalten bleiben sollte; aber der gesamte Betrieb, der Einkauf und der Verkauf und auch die Verantwortung würde von den Organen der Holding-Gesellschaft übernommen werden. Gegen den Willen DUISBERGs beschloß der Gemeinschaftsrat der bisherigen Interessengemeinschaft am 13./14. November 1924 die Fusion. Ende 1925 waren die Verträge abgeschlossen: Die BASF übernahm das Vermögen der übrigen Firmen, der Farbenfabriken zu Leverkusen, der Farbwerke Hoechst, der Agfa, der Chemischen Fabriken vorm. Weiler ter Meer in Ürdingen und der Chemischen Fabrik Griesheim-Elektron in Frankfurt. Sitz der I.G. Farbenindustrie AG wurde Frankfurt (Casella u. Co. und Kalle u. Co. wurden nicht direkt in die Fusion einbezogen aber doch angeschlossen). Der Verkauf wurde vereinheitlicht; aber die Produktionsstätten behielten eine gewisse Selbstständigkeit. Am 4. Dezember 1925 erlosch die Firma „Farbenfabriken vorm. Friedrich Bayer et Co.". Diese Vorgänge, das Ringen um die Fusion und dann vor allem um die Organisationsform, die von FRITZ TER MEER beschrieben worden ist [24] hat DUISBERGs ganze Kraft beansprucht und daran hat wohl auch wenig geändert, daß Sohn CURT DUISBERG eine leitende Stellung erhielt. CARL DUISBERG und CARL BOSCH[57] waren es im Wesentlichen, die sich zusammenfinden mußten.

So ist es nicht verwunderlich, daß im Jahr 1924 der Briefwechsel zwischen CURTIUS und DUISBERG recht spärlich ist, nur ein einziger Brief von CURTIUS ist vorhanden, vom 23. April 1924. Die Lebensumstände des Professors haben sich normalisiert. Er konnte wieder nach Karlsbad fahren, und er feiert das Stiftungsfest der Heidelberger Akademie. DUISBERG antwortet, wie eine Notiz auf dem Brief ausweist aus Baden-Baden. Auch er findet Zeit zu einer kurzen Erholungspause.

23.4.1924   Heidelberg 23 April 1924
Th. C.

Lieber Freund!

Diener Karl schrieb mir nach Karlsbad, daß Du hier durchgekommen bist und bis 11. Mai in Baden zu bleiben gedenkst und als ich Charfreitag abend hierher zurückkehrte, fand ich Deine und Deiner Frau Karte. Es ist mir sehr leid, daß ich euch verfehlt habe. Ich war mit meinem Neffen Dr. Hans, der mich eingeladen hatte, zu einer energischen, leider nur 14tägigen Kur in Karlsbad. Dieselbe hat uns beiden bei der trefflichen Verpflegung und unter dem schüt-

---

[57] geb. 27.8.1874, gest. 26.4.1940; Nobelpreis 1931.

Oberste Reihe von links: Emmeline D.; Dr. Curt D., Geb. 1898; Anna Louise D., geb. Block;
Dr. Carl Ludwig D., geb. 1889; Nini D., geb. Geiger; Dr. Walter D., geb. 1892
Untere Reihe von links: Minna Sonntag; Johanna D., geb. Seebohm; Dr. Carl D., geb. 1861;
Hildegard von Veltheim, geb. Duisberg
Ganz vorn: Carl-Hans D., Sohn von Walter D., geb. 1922; Michaela v. Veltheim, geb. 1920

zenden Dach der liebenswürdigen Familie meines trefflichen Doc-
tors August Heymann und bei recht brauchbarem, sonnigen, wenn
auch kühlerem Wetter sehr wohl getan. Ich vervollständige die kurze
Kur hier nun noch durch Weiterführung der absolut alkoholischen
Abstinenz, in behaglicher Arbeit, ehe der ganze Betrieb nächste Woche wieder losgeht.

Ich möchte nun fragen, ob ihr auf dem Rückwege wieder in Heidelberg Station machen werdet. Ich würde mich so sehr freuen euch
mal wieder zu einem bescheidenen Mittagessen bei mir zu sehen.
Hoffentlich also fahrt ihr nicht gerade am 11. Mai hierher. An diesem Tage, Sonntag, bin ich durch die Feier des Stiftungsfestes der
Heidelberger Akademie den ganzen Tag festgebunden. Du machst
mir gewiß die Freude und giebst mir bald Nachricht über eure Rück-
reisepläne.

Wie geht es Dir eigentlich und Deiner verehrten Gattin? Hoffentlich findet ihr die gewohnte Erholung bei Dengler. Denn dort
dürfen euch meine Gedanken doch suchen. Und Fräulein Sonntag

Ex libris der Kekulé-Bibliothek

ist doch auch dabei? Ich bitte Dich, den beiden Damen meine herzlichsten Grüße zu Füssen zu legen und bleibe mit ebensolchen Grüßen und guten Wünschen

Dein alter getreuer Theodor Curtius

Am 14. Januar 1925 bedankt sich CURTIUS in einem offiziellen Schreiben für
einen Abdruck des „Ex libris", das die Farbenfabriken vorm. Friedr. Bayer et Co.
für ihre Kekulé-Bibliothek anfertigen ließ. Dieses „Ex libris" war vom Künstler
ALOIS KOLB selbst signiert.

Am 15. Juli 1925 geht es dann um die Lebenswende des THEODOR CURTIUS.
Er wird am 1. April 1926 emeritiert. Nun versucht er, bei seinem Freund seine
Habseligkeiten unterzubringen. Er denkt sogar an eine Übersiedlung nach Lever-
kusen. DUISBERG antwortet sofort; er verspricht Hilfe.

DUISBERG fährt zur Erholung auf das Wohlfahrtsgut der Firma. Damit ist
das Gut „Grosse Ledder" gemeint, das 20 km ostwärts von Leverkusen im Bergi-
schen Land gelegen ist, und auf dem zwischen 1910 und 1912 Ferienhäuser in auf-

gelockerter Form zwischen alten Bäumen gebaut worden waren. Das sehr schön gelegene große Gelände (50 Hektar) enthielt auch ein Rekonvaleszentenheim („Böttinger-Heim"), für das das Geld 1912 von HENRY VON BÖTTINGER gespendet worden war.

Im Übrigen klagt DUISBERG wieder – wohl zu Recht – über die Arbeitsbelastung –. Neben der Tätigkeit im „Götterrat", d. h. Gemeinschaftsrat der neuen I. G. ist DUISBERG durch die Arbeit im Reichsverband der Chemischen Industrie eingespannt. Er übernahm 1925 den Vorsitz dieses Verbandes. Der Reichsverband hatte 1924 alles getan, um die Durchführung des Dawesplans zu versuchen, um damit eine Atempause für einen wirtschaftlichen Wiederaufbau zu gewinnen; er hatte die Initiative zur Einführung der Rentenmark ergriffen und sich so zu einem wichtigen Instrument zur Stützung der Reichsregierung entwickelt [17].

15.7.1925   Heidelberg 15 Juli 25

Lieber Freund!

Nun ist entschieden, daß ich bis 1. April 26 noch hier im vollen Dienst bleibe und indem ich Dir dieses melde, spreche ich die Hoffnung aus, daß ich auch im März nächsten Jahres 26 von Deiner gütigen Erlaubnis Gebrauch machen darf, eventuell alle meine Habseligkeiten bei Dir in Leverkusen zu verstauen. Wenn ich weiß, daß ich darauf rechnen kann, so werde ich noch eine Reihe von Monaten ohne Sorgen hier wirken können, Stöße von Publikationen fertig machen, die Riesen-Sammlung verpacken u.s.w. – Alles andere überlasse ich zur Zeit noch der Zukunft (Befreiung von Duisburg?), und Deiner Güte, mir eventuell auch eine Wohnung in Leverkusen zur Verfügung zu stellen (auch noch nach April 26?). Nun kann ich auch von Mitte August bis ebenda September wieder in mein Häuschen in Sils gehen. Kommt ihr Autler noch einmal dorthin? Dr. Jaÿ und Frau mit 2 Töchtern kommen 20. August in die Alpenrose. Adelheid Königs hat mich neulich hier besucht. Sie steht ganz unter dem Bann des „Grafen" (von Kalkreuth), war aber sehr lieb, und tausend alte Erinnerungen stiegen auf. Aber wo ist Luise von W.? – Heute noch ärgere ich mich, daß wir uns bei der Münchner Tagung im Mai nur so flüchtig begegneten. Du warst eben das „große Tier". Aber ich freute mich als ich Deine prachtvolle Frau Tochter dort endlich einmal wiedersah, natürlich auch nur für Momente. Also sage Deiner verehrten Frau, daß ich mit dem Geschick grolle, daß mir nur einen Moment des Wiedersehens erlaubte. Eigentlich sollte ich sagen des Immersehens, denn meine herzlichen Wünsche und Gedanken sind so oft bei euch! – –

Hier ist Hochbetrieb mit Examensarbeit wie immer in diesem Monat. Bei mir wirkt die Karlsbader Lebenspause noch immer ein wenig nach.

Nimm mit Deiner verehrten Frau viel herzliche Grüße und laß mich mal etwas von Deinen Plänen für die nächsten Monate wissen. Stets Dein alter treuer dankbarer

Theodor Curtius

18. 7. 1925
C. D.

z. Zt. Grosse Ledder, den 18. Juli 1925

Lieber Freund!

Deine lieben Zeilen vom 15. d. M. kamen in meine Hände, als ich im Begriffe stand, mit meiner Familie zum Wohlfahrtsgut meiner Firma zu fahren, um auf diesem hübschen Fleckchen Erde, wenn auch nur für einige Tage, nach einer sehr anstrengenden Arbeitsepoche auszuspannen und abseits von allem Verkehr die wohltuende Ruhe zu geniessen.

Es war mir eine Freude zu hören, dass Du in beruflicher Beziehung nunmehr Klarheit hast und bis zum 1. April 1926 voll im Lehramt bleiben willst. Selbstverständlich halte ich meine Zusage, für beste Unterbringung Deiner Sachen in Leverkusen besorgt zu bleiben und Dir ev. eine passende Wohnung in Leverkusen zur Verfügung zu stellen, auch nach diesem Termin aufrecht, so dass Du Dir hierüber keinerlei Sorgen zu machen brauchst.

Du kannst also beruhigt in Deine Klause nach Sils Maria reisen, um dort neue Kräfte für das kommende letzte Semester zu sammeln. Allzugern würden meine Frau und ich wiederum das geliebte Sils aufgesucht haben, um mit Dir und den alten Bekannten einige schöne Wochen in den Bergen zu verbringen, aber sowohl der gesundheitliche Zustand meiner Frau und mein eigenes Befinden zwingen uns, eine strenge Kur, aber nicht in Baden-Baden, sondern in Gastein durchzumachen. Nachdem ich noch vorher einer grösseren I.G.-Beratung in Frankfurt beiwohnen muss und in der Sitzung des Götterrates die fundamentalen Grundlagen meiner letzten grossen Pläne sicherzustellen gedenke, will ich mit meiner Frau und Fräulein Sonntag gegen den 7. August eintreffen, um dort die wirklich dringend nötige Auffrischung und Erholung, deren auch meine Frau so sehr bedarf, zu finden. Die letztere ist infolge der noch immer nicht gewichenen Neuritis derart abgespannt und nervös geworden und ich selbst infolge der Arbeitsüberlastung, die ich nicht zuletzt auf das Konto des Reichsverbandes der deutschen Industrie setzen muss, so ruhebedürftig, dass es höchste Zeit wird, an die Erhaltung der Gesundheit zu denken. Dies um so mehr, als auch mein Herz in letzter Zeit recht unangenehme Sprünge macht und auch mein Kehlkopfkatarrh infolge der vielen Reden in der letzten Zeit immer noch nicht ganz beseitigt ist. Hoffentlich werde ich dort unten beides los.

Auch ich habe sehr bedauert, dass wir bei unserem Zusammentreffen in München nicht ganz auf unsere Kosten gekommen sind und es tut mir äusserst leid, dass an ein Wiedersehen diesen Sommer und Herbst kaum zu denken ist. Sicherlich lässt sich dies aber noch vor dem Zeitpunkt ermöglichen, den Du für den Abbruch der Zelte in Heidelberg festgesetzt hast.

Mit besten Wünschen für gute Erholung in Sils Maria und herzlichen Grüssen, auch von meiner Frau und dem ganzen Hause Duisberg, wie immer Dein alter treuer

Carl Duisberg

Für THEODOR CURTIUS kommt nun die Zeit, in der er langsam von seinem Laboratorium Abschied nehmen muß. Zum 1. April 1926 soll er emeritiert werden. Den Ruf als sein Nachfolger hat KARL FREUDENBERG erhalten und CURTIUS ist glücklich darüber. In seinem Schreiben vom 6. August 1925 schwärmt CURTIUS geradezu von dieser Berufung. So ist es wohl richtig, einen Blick auf den Lebenslauf dieses KARL FREUDENBERG zu werfen:

KARL JOHANN FREUDENBERG war am 29. Januar 1886 in Weinheim/Bergstraße geboren worden. Sein Vater war dort Fabrikant und Gründer der Firma Freudenberg. FREUDENBERG studierte in Bonn und Berlin zuerst Botanik und dann Chemie. Am 10. Juni 1910 promovierte er in Berlin bei EMIL FISCHER, dessen Assistent er dann blieb, bis er im April 1914 nach Kiel ging. In Kiel habilitierte er sich am 16. Juli 1914. Der Krieg unterbrach diese glänzende Universitätskarriere. Am 4.8.1919 wurde er a. pl. Professor in Kiel und als solcher ging er im November 1920 nach München. Ein Jahr später sehen wir FREUDENBERG als planm. a.o. Professor in Freiburg. Ab 1. Oktober 1922 war FREUDENBERG o. Professor und Direktor des Chemischen Instituts der Technischen Hochschule Karlsruhe bis er zum 1. April 1926 den Ruf nach Heidelberg erhielt. Schon in Kiel hatte FREUDENBERG ein grundlegendes Buch über die Chemie der Gerbstoffe geschrieben. In München – im Institut von WILLSTÄTTER – entstanden erste Arbeiten über die Cellulose. Wichtige Arbeiten zur Stereochemie folgten vor allem in Freiburg. Die Konfiguration der Mandelsäure konnte geklärt werden. Optische Drehung und Konfiguration von Hydroxysäuren und Polysacchariden wurden in Angriff genommen [48]. CURTIUS hatte wirklich allen Grund über die Berufung dieses blendenden Chemikers glücklich zu sein.

Die anderen genannten Chemiker sind HEINRICH WIELAND (geb. 4.6.1877, gest. 5.8.1957), der 1927 den Nobelpreis erhielt, ADOLF WINDAUS (geb. 25.12.1876, gest. 9.6.1959, Nobelpreis 1928) und HANS FISCHER (geb. 27.7.1881, gest. 6.4.1945, Nobelpreis 1930).

Karl Freudenberg

6.8.1925
Th. C.

Heidelberg 6. August 1925

Lieber Freund!

Nimm für Deinen lieben Brief vom 18. Juli viel herzlichen Dank. Für Deine treue Fürsorge, die Du mir auch nach dem 1 April 26 zuwenden willst, habe ich überhaupt keine Worte des Dankes. Du bist eben der einzige der alten treuen Freundschaftsgarde, der überhaupt noch an mich denkt.

Ich hoffe nun, daß Freudenberg den an ihn ergangenen officiellen Ruf auch annimmt. Aber in Freiburg hat Wieland auch nur Freudenberg und Hans Fischer vorgeschlagen, nachdem Windaus Preussen treu geblieben ist. Nach seiner letzten Zusammenkunft mit mir glaube ich fast sicher, daß Fr. nach Heidelberg kommt. Ich würde seine Übernahme des hiesigen Instituts für eine durchaus glückliche Lösung halten! Von allen befragten Kapazitäten, nach Wieland und Windaus, in erste hoffnungsvollste Linie vorgestellt, alte Kultur, von Westerwalder Bürgermeistern und Pastoren herstammend, Mutter Westfälin, entzückende Frau, Westfälin, 5 Kinder, die in dem neugerichteten Garten an der eigenen Quelle (auf Grund derer Bunsen 1853 das Institut „auf der Riesenbleiche" anlegte, weil das Wasser fast frei von Kalk und Chlor ist) ein herrliches Aquarium und Terrarium anlegen können. Das letztere ist schon allein wert die Berufung anzunehmen. Und dann: ein wohlhabender Mann, er braucht nicht aus dem Lehrbetrieb den letzten Groschen für sich herauszukrazen und den alten Herren im Institut auch weiter eine Abgabe überweisen. –

Doch nun wird Dich dieser Brief in Gastein erreichen. Und da laß Dir sagen, daß Du nichts Gescheiteres zu Deiner und auch Dei-

ner Frau Erholung hättest anstellen können! Hier kommen jedes
Jahr ein paar alte Herren nach 4wöchentlicher Gasteiner Kur zurück: man kennt sie gar nicht wieder, Glaser läuft wie ein Wiesel mit
83 Jahren. Wir zwei gehören ja noch nicht ganz zu den „alten
Schnecken", aber je früher umso besser (denk an unsere alten Herren W. I., Bismarck, Moltke)!

Ich habe gestern noch 18 Mediziner geprüft und nun will ich
Montag in mein „Hüsli" ins Engadin für 4 Wochen. Jaÿ und Frau
wollen diesmal kommen mit 2 Töchtern. Heute schreibt man mir,
daß es in der Nacht dort schon $-1°$ ist und die glänzende Saison
— wenn es nicht besseres Wetter wird —, allzufrüh in das Hornber-
ger Schießen ausklingen wird. Doch das kümmert mich alten Engadiner nicht. Ich habe genug „Holz bei der Hütt", 4 Kachel- und einen elektrischen Ofen. Aber es ist doch schade, daß ihr lieben Menschen nicht mehr dabei seid! Und nun wünsche ich Dir und Deiner
lieben verehrten Frau viel Gutes und Herzliches in Gastein. Ich bin
1882 eine volle Woche (das einzige Mal) im strömenden Regen dort
gewesen! [+] Gott schenke euch besseres Wetter.

Mit viel herzlichen Grüßen Dir und Deiner Frau und Fräulein
Sonntag

Dein alter treuer Theodor Curtius

[+] Es war so kalt damals, daß ich, um die Correctur meiner Doctor-
dissertation lesen zu können, in jede Hand ein heißes gekochtes
Hühnerei nehmen mußte!

P.S. Lieber Freund, wenn Du mit mir vom 25. Sept. bis 8. Oktober
(wie ich vorhabe um mich für das W.S. immun zu machen) nach
Karlsbad gehst und Dich meiner dort alterprobten Zucht bedingungslos unterwirfst, so garantiere ich Dir (nach Gastein!) eine
noch nie gesehene Wiedergeburt! Aber ich gebe zu, daß Du deinen
Geburtstag dann alkoholfrei feiern müßtest!? Verzeih!   D.O.

Dr. RUDOLF JAY, der am 20.8. nach Sils kommt, war ein Mitarbeiter von
CURTIUS aus der Erlanger Zeit [53].

Bei dem erwähnten KARL ANDRES GLASER, der wie „ein Wiesel" läuft —
nach Gebrauch der Kur in Gastein —, handelt es sich um einen am 27.6.1841 geborenen Chemiker, der 1864 in Tübingen promovierte, Assistent bei KEKULÉ in
Gent und Bonn war und 1869 in die Badische Anilin- u. Soda-Fabrik in Ludwigshafen eintrat. GLASER war dort derjenige, der die Alizarinfarbenproduktion zur
technischen Reife brachte. 1879 leitete er die gesamten Farbenproduktionsbetriebe
der BASF, 1883 wurde er Vorstandsmitglied und arbeitete als solches eng zusam-

men mit HEINRICH BRUNCK[58]. 1895 kam er in den Aufsichtsrat − ab 1912 als Vorsitzender −, bis er 1920 ausschied [49].

Dem am chemischen Unterricht so interessierten Industriellen CARL DUIS-BERG war KARL FREUDENBERG gut bekannt. Als FREUDENBERG nach Karlsruhe berufen wird, beglückwünscht er den jungen Kollegen:

1.6.1922	1. Juni 1922
C.D.	Sehr geehrter Herr Kollege!

Von unserer Nachrichtenabteilung wird mir die Mitteilung, daß Sie an die Technische Hochschule Karlsruhe als Nachfolger Pfeiffers berufen worden sind. Das hat mich sehr gefreut und gestatte ich mir, Ihnen hierzu meine herzlichsten Glückwünsche auszusprechen. Ich zweifle nicht, daß es Ihnen gelingen wird, mit Hilfe des schönen Karlsruher Instituts den Chemischen Unterricht und nicht minder die Forschung im Sinne Englers und Pfeiffers weiter zu fördern.

Mit freundlichen Grüßen Ihres ergebenen

C. Duisberg

FREUDENBERG bedankt sich und bezeichnet das Institut als „hervorragend schön". Am 3. August 1923 hat er wieder Anlaß zu einem Dankesbrief. Die Ju-stus-Liebig-Gesellschaft hat ihm 8 Millionen Mark für sein „Glasleihlager" gege-ben. Für das unbürokratische Handeln von FREUDENBERG, das damals so not-wendig war, das aber den Vorschriften sicher nicht entsprochen hat, ist der Brief bezeichnend:

3.8.1923	Karlsruhe den 3. August 1923
K.F.	Sehr verehrter Herr Geheimrat,

Mit lebhaftestem Dank bestätige ich Ihnen die Zuweisung von 8 Millionen für mein Glasleihlager aus den Mitteln der Justus Liebig-Gesellschaft. Ich bin jetzt froh, daß ich in der Zuversicht auf ihre Gebefreudigkeit schon lange vor der Zuweisung des Geldes eine ge-hörige Bestellung losgelassen habe. Ich erwarte in Kürze die Sen-dung und die Rechnung und bin sehr froh, die obige Summe in Händen zu haben. Sie können versichert sein, daß sie aufs allerbeste verwendet wird.

Ihr stets dankbar ergebener   K. Freudenberg

---

[58] geb. 26.3.1847, gest. 4.12.1911; 1884 Techn. Direktor der BASF, 1907 Aufsichtsratsvor-sitzender; 1905 geadelt.

Nun, am 10. September 1925, kann DUISBERG FREUDENBERG zu dem Ruf nach Heidelberg gratulieren. DUISBERG kommt gar nicht auf den Gedanken, daß FREUDENBERG diesen ehrenvollen Ruf ablehnen könnte.

10. 9. 192510. September 1925

C. D.   Sehr geehrter Herr Kollege!

Wie ich höre, haben Sie sich zu meiner großen Freude nun doch noch entschlossen, die Ihnen angebotene alte Heidelberger Lehrkanzel für Chemie nicht auszuschlagen sondern die Berufung zur historischen Bunsen-Professur anzunehmen und damit der Nachfolger meines lieben Freundes Theodor Curtius zu werden.

Ich kann Ihnen von Herzen zu dem Ruf gratulieren und wünsche Ihnen in Ihrem neuen Wirkungskreis, unter heranziehen tüchtiger Mitarbeiter, eine reiche Ernte auf dem Gebiet der experimentellen chemischen Forschung und auf demjenigen des chemischen Unterrichts einen vollen Erfolg zum Segen unserer Wissenschaft und Technik.

Mit besten Grüßen

Ihr ergebener C. Duisberg

Die guten Wünsche von DUISBERG gingen in Erfüllung. Tatsächlich fand er in dem traditionsreichen Institut ein großes Wirkungsfeld. Er gestaltete viel um. Die Direktorswohnung am Wredeplatz (später Friedrich Ebert Platz) wurde Physikalisch-chemisches Institut. Physikochemiker wurde als o. Professor nun MAX TRAUTZ und nach dessen Ausscheiden (1934) WERNER KUHN. Als Assistent kam der junge Privatdozent KARL ZIEGLER (geb. am 28. 11. 1898), der am 12. 1. 1928 a. o. Professor wurde, später als o. Professor nach Halle ging und 1943 Direktor des Max-Planck-Instituts für Kohlenforschung in Mülheim wurde (Nobelpreis 1963). Als Anorganiker kam schon 1926 WALTER HIEBER (geb. 18. 12. 1895). Das Institut füllte sich also rasch mit jungen Leuten. Heidelberg entwickelte sich wiederum zu einem Zentrum der Chemie in Deutschland. FREUDENBERG selbst widmete sich grundlegenden Arbeiten auf dem Gebiet der Naturstoff- und Stereochemie [48].

Zunächst aber sah das alles noch ganz anders aus. — Die Antwort von FREUDENBERG auf das Glückwunschschreiben von DUISBERG läßt von dieser guten Entwicklung noch nichts ahnen. FREUDENBERG hat sich das Heidelberger Institut angesehen, und er findet ganz schlechte Verhältnisse vor. Der Brief, den er an DUISBERG schreibt, ist eine einzige Anklage gegen das Ministerium, aber wohl auch gegen CURTIUS, der diese schlechten Zustände hat einreißen lassen. Den Leistungen von CURTIUS wird FREUDENBERG zunächst nicht gerecht — er sieht vorwiegend die Verhältnisse im Institut und die Schwäche des alten Herren.

17.9.1925   Chemisches Institut der Technischen Hochschule
K. F.   Direktor   Karlsruhe, 17. Sept. 1925

Sehr verehrter Herr Geheimrat,

für Ihren herzlichen Glückwunsch zum Rufe nach Heidelberg danke ich Ihnen aufrichtig. Ihr warmes Interesse tut mir sehr wohl, denn ich bin in großen Sorgen und kann des Ereignisses noch nicht recht froh werden. Auch habe ich mich noch nicht entschließen können, die Annahme auszusprechen.

Ich zähle zu den aufrichtigen Verehrern unseres lieben Meisters Curtius, aber das hindert mich nicht, die Augen aufzumachen und das Institut zu sehen, wie es ist. Und es ist fürchterlich. Der eigentliche Körper des Instituts, Victor Meyers Bau, ist von Anfang an verfehlt gewesen, auch Curtius' Zubau war nicht glücklich; das Beste ist heute noch Bunsens Bau von 1853. Aber wie sieht alles aus! Die Decken sind schwarz, die Keller starren vor Schmutz und Moder, einzelne Laboratorien sind völlig verwahrlost. In Schichten blättert der Rost von den Rohrleitungen in den Abzügen. Verwahrlosung von Jahren und Jahren ist nicht wiedergutzumachen, auch wenn getüncht wird. Die nötigsten Apparate fehlen oder sind defekt − alles die Folgen eines übermäßigen Vertrauens, das Curtius in seinen gänzlich unfähigen Institutsverwalter gesetzt hat, der seit Jahrzehnten das Institut tyrannisiert. Man kann den Schaden auch in Jahren nicht wieder gut machen. Was ich beschreibe, hat gestern Kurt Meyer mit angesehen, er kann Ihnen alles bestätigen.

Was soll ich machen? Der unfähige Verwaltungsassistent − er ist sogar Professor und etatsmäßig − wird seinen Arbeitsplatz bekommen, aber ich brauche doch jemanden, der mir die Schreiberei besorgt! Mindestens 2 Diener fehlen; so hat z. B. Trautz, der der ruhigste der Dozenten ist, überhaupt keinen Diener für sich und seine phys. Chemische Abteilung. Das Ministerium kann mir nicht die bestimmte Zusage für die Schreibkraft und die 2 fehlenden Diener machen. Und der Unterricht: Im ganzen Institut kein Anorganiker vom Fach, denn der Vorstand der Anorg. Abteilung ist Organiker! Großer Mangel an Assistenz, der Etat viel zu klein.

Ich habe bis jetzt an positiven Zusagen erhalten einen Assistenten und 10.000 M für Apparate (sie werden allein für die Vorlesung draufgehen). Hoffnung, aber nur Hoffnung, ist mir gemacht auf Erhöhung des Sachaversums, der Assistenz, des Personalstands und auf insgesamt weitere 20.000 M innerhalb von 2 Jahren für Apparate und die gleiche Summe für bauliche Änderungen.

Ich denke nicht daran, unserem ausgezeichneten Hochschulreferenten irgend welche Vorwürfe mit Obigem zu machen! Denn er tut was er kann. Aber die Techn. Hochschule in Karlsruhe hat sich dagegen verwahrt, daß man mir Avancen für Heidelberg macht und damit zum Ausdruck bringt, als stände jene Stelle höher als die hiesige. Und dann die leeren oder verschlossenen Taschen des Herren Finanzministers! Hier ist eben dem guten Willen des Hochschulreferenten die Grenze gezogen.

Nehme ich Heidelberg an, so wie es ist, so laufe ich Gefahr, mich daran zu ruinieren. Der Unterricht muß von unten her reorganisiert werden — aber die Dozenten sind nicht alle genügend, nie ist von außen her einer zugezogen —; die Verwaltung muß eingerichtet werden — es fehlt der Verwalter dazu; die Diener müssen in Trab gebracht werden — es sind ihrer zu wenige, zum Teil sind sie nicht erzogen; die Apparatur muß ganz erneuert werden — es fehlt das Geld dazu; der notdürftigsten baulichen Instandsetzung bin ich nicht sicher. Von solcher Wirtschaft lasse ich die Finger. Ich will meine Kraft sehr gern einsetzen, will sie aber nicht mit unzulänglichen Mitteln verzehren. Ich will schaffen, aber nicht kaput gehen. Von meiner Forschungsarbeit will ich garnicht reden.

Ich arbeite daran, die Behörden aufzuklären, was nottut. Ich hoffe, noch Einiges und Reales in die Hand zu bekommen. Aber über das Allernotwendigste, kaum dieses, werde ich nicht hinauskommen. Hier muß ich an die Industrie appellieren. Heidelberg ist ein Sonderfall. Es hat Bedeutung fürs Reich, weit hinaus über Baden, das mit Hochschulen überlastet ist. Heidelberg ist berufen, wertvollste ausländische Beziehungen, die es besessen hat, wieder aufzunehmen. Welche ideellen Werte verknüpft die Chemie mit dieser Lehrstätte! Und ein Sonderfall ist es auch dadurch geworden, daß sein Institut heute zu den schlechtesten im Reich zählt. Von den bedeutenden Instituten ist es das Schlechteste.

Ich möchte so viel haben, daß ich mit dem Vorhandenen anständig wirtschaften kann auf einige Jahre hinaus und ins Alte keine Werte mehr hineinstecken, es sei denn für Apparate und Herrichtung; dann aber sollte völlig neu gebaut werden.

Mit besten Grüßen bin ich

Ihr stets ergebener   K. Freudenberg

DUISBERG antwortet recht kühl. Aber seine Ausführungen über die Pflicht des Staates gegenüber den Hochschulen und die Rolle der Industrie sind einleuchtend und besitzen zu allen Zeiten Gültigkeit.

24.9.1925   Leverkusen, den 24. September 1925
C.D.   Sehr verehrter Herr Kollege!
            Die Schilderung, die Sie in Ihrem Schreiben vom 17. September
von den Zuständen im Heidelberger Institut gemacht haben, ist ja
geradezu niederdrückend, und ich kann daher begreifen, daß Ihnen
der Entschluß dem sicherlich ehrenvollen Ruf zu folgen, schwer
fällt; aber ich möchte annehmen, daß auch alle anderen Kollegen
von Ruf, an die sich die Regierung wegen Übernahme des Lehrstuhls
wenden sollte, denselben Bedenken gegenüberstehen wie Sie, sodaß
die Regierung schließlich doch nicht umhin kann, Ihren berechtigten
Wünschen zu entsprechen. Auf die Industrie dürfen Sie im vorliegenden Fall nicht hoffen; sie muß es grundsätzlich ablehnen, Aufgaben, die der Staat pflichtgemäß zu erfüllen hat, als Privatleistung
zu übernehmen. Sie wissen ja, daß die chemische Industrie keine
Opfer gescheut hat und scheut, wenn es gilt, chemischen Unterricht
und chemische Forschung über den Rahmen der pflichtgemäßen
staatlichen Fürsorge hinaus zu fördern. Von dieser Fürsorge darf sie
dem Staat auch nicht das geringste abnehmen, denn sonst erwächst
die Gefahr, daß der Staat im Vertrauen auf die Hilfe der Industrie
noch mehr zu sparen sucht, als es bisher schon der Fall ist.
            Mit besten Empfehlungen Ihr sehr ergebener Dr. C. Duisberg

Am 27. September 1925 schreibt CURTIUS wieder den üblichen Geburtstags-
brief an DUISBERG. Sein äußeres Leben geht seinen üblichen Gang. Er war wieder im Engadin und fährt zur Kur nach Karlsbad; aber er macht sich Sorgen um
seine Nachfolge im Amt. FREUDENBERG hat ihm offenbar die Augen geöffnet
über den Zustand des Instituts, und nun meint er, daß man ihm dies anlasten würde. Vielleicht war es tatsächlich zum Teil die nachlassende Kraft von CURTIUS,
die den Verfall des Instituts beschleunigt hat; zum Teil waren es aber auch die Verhältnisse — in der Nachkriegszeit hatte der Staat kein Geld, und es wird wohl
stimmen, wenn CURTIUS meint, der badische Hochschulreferent SCHWOERER[58a]
sei machtlos.

27.9.1925   Heidelberg 27. Sept. 1925
Th. C.   Lieber Freund!
            Wo weilest Du? Ich lasse diese Zeilen, welche Dir einen beson-
ders herzlichen Glückwunsch zu Deinem Geburtstag bringen sollen,
nach Leverkusen flattern. Hoffentlich hat Gastein seine beste Wirkung nachhaltig auf Dich ausgeübt. Gestern traf ich Glaser, der wie
ein ganz Junger herumläuft. Doch bei Dir reissen ja Ärger und Sor-

---

[58a] VICTOR SCHWOERER (10. 10. 1865 – 2. 2. 1943), seit 1924 Ehrenmitglied
der Heidelberger Akademie der Wissenschaften.

gen nicht ab, und deshalb brauchst Du eine Extradosis guter Wünsche. Hier schütte ich sie aus, und zwar so, daß auch Deine liebe Frau zusieht, wie viele es sind. Gott schenke Dir ein gutes neues Lebensjahr. –

Ich war 4 1/2 Wochen in meinem Häuschen in Sils bei meist herrlichem Wetter (2 Serien von 7 wolkenlosen Tagen hintereinander). Seit 17. bin ich wieder hier, will aber morgen noch für 12 strengste Kurtage nach Karlsbad. Am 13. bin ich wieder hier.

Freudenberg kämpft immer noch mit dem Finanzminister um ein Butterbrot von 50,000 Emmchen. Er hat noch nicht zugesagt, nimmt aber wohl sicher an. Er hofft, daß ihm die Industrie im Notfall hilft, und ich möchte Dir sehr ans Herz legen Deinen wichtigen Segen eventuell dazu zu geben, trotzdem es ja eigentlich eine Schande ist, daß der Staat nicht mal die allernötigsten Reparaturen in die Wege leiten will. Und natürlich fällt das Odium auf mich: „Da sieht man, daß der alte Kerl nicht mal das Nötigste für sein Institut hat durchsetzen können!" Ich bin wirklich recht traurig darüber. Schwörer scheint machtlos zu sein. –

Hoffentlich erhalte ich bald mal wieder eine Zeile von Dir, wie es euch allen geht. Deiner lieben Frau lege ich meine verehrungsvollen Grüße zu Füssen und sende Dir ganz besondere!

Stets Dein alter treuer Theodor Curtius

In seinem Antwortbrief vom 3. Oktober 1925 deutet DUISBERG zunächst die großen Veränderungen an, die sich im Geschäftsleben von BAYER vollziehen. Er meint die Fusion der großen Chemiewerke zur I. G. Farbenindustrie Aktiengesellschaft. CARL BOSCH übernahm den Vorstandsvorsitz der neuen A. G., CARL DUISBERG leitete den Aufsichtsrat. Da aber die Gremien zu groß geworden waren (83 Vorstandsmitglieder und 50 Aufsichtsräte), mußten ein Arbeitsausschuß aus den Vorstandsmitgliedern und ein Verwaltungsrat aus dem Aufsichtsrat gebildet werden. Die Farbenfabriken vorm. Friedrich Bayer u. Co. mit den drei großen Werken in Elberfeld, Leverkusen und Dormagen und mit Weiler ter Meer in Ürdingen bildeten fortan die „Betriebsgemeinschaft Niederrhein" in der I. G., die eben keine Interessengemeinschaft war, wie es der Name eigentlich vermuten ließe, sondern eine Aktiengesellschaft. Der Name BAYER lebte in der Pharmaabteilung fort (ab 1934 trugen alle Pharmaprodukte der I. G. das BAYER-KREUZ) [23].

Die Persönlichkeit von CARL BOSCH sei kurz beleuchtet; denn BOSCH war es, der nun anstelle von DUISBERG die eigentlich leitende Stellung in der chemischen Industrie bekam. Bei der Fusion war Bosch 51 Jahre alt. Er hatte zuerst Maschinenbau und Hüttenkunde in Berlin-Charlottenburg studiert. Ab 1896 widmete er

---

[59] Vgl. S. 128.

sich ganz der Chemie und promovierte 1898 bei WISLICENUS[59] in Leipzig. 1899 trat er in die Badische Anilin- und Soda-Fabrik ein, 1919 wurde er Vorstandsvorsitzender. Sein wissenschaftlicher Verdienst, der mit dem Nobelpreis ausgezeichnet wurde (1931) betraf die katalytische Hochdrucksynthese des Ammoniaks, zu der FRITZ HABER[60] die chemischen wissenschaftlichen Grundlagen geschaffen hatte. Er baute die BASF-Gruppe aus; die Werke Oppau und Leuna gehen auf seine Initiative zurück. 1919 nahm er in Versailles an den Friedensverhandlungen als Sachverständiger teil [56]. Sein Ziel war, die deutsche chemische Industrie aus dem Zusammenbruch zu retten. Temperament und Denkungsart trennten ihn immer wieder von DUISBERG; aber das gemeinsame Ziel führte die beiden Männer auch immer wieder zusammen.

Carl Bosch

3.10.1925
C.D.

z. Zt. Heidelberg, den 3. Oktober 1925

Lieber Freund!

Mit der Morgenpost am 29. September erreichten mich hier in Leverkusen Deine lieben Zeilen vom 27. Nimm meinen herzlichen Dank für Deine darin zum Ausdruck gebrachten freundschaftlichen Glückwünsche zu meinem 64. Geburtstag entgegen, über die ich mich ausserordentlich gefreut habe. Gern hätten wir unser Duisberg'fest in engerem Familienkreis gefeiert, doch mussten wir hier-

---

[60] Vgl. S. 123.

von absehen, da sich der Aufsichtsrat meiner Firma gerade an diesem Tage zu einer internen Besprechung in meinem Hause eingeladen hatte, um zu wichtigen Geschäftsangelegenheiten Stellung zu nehmen und entscheidende Beschlüsse zu fassen. In Kürze wirst Du hierüber in der Presse Näheres lesen. Ich freue mich, dass zu den vielen Geschehnissen, die sich in meinem Leben stets an den 29. September knüpften, ein weiteres Ereignis von fundamentaler Bedeutung anreiht.

Es ist allzuschade, dass Du zurzeit von Hause abwesend bist, sonst hätte ich Dich sicherlich heute in Heidelberg, wo ich zu einer Aufsichtsrat-Besprechung der „Badischen" in der Wohnung von Herrn Geheimrat Bosch anwesend bin, einmal aufgesucht. Du tust aber gut daran, Dir in Karlsbad noch 12 strenge Kurtage aufzuerlegen; hoffentlich mit gutem Erfolg.

Deine Mitteilungen über die Berufung von Professor Freudenberg hatten mein ganzes Interesse. F. hatte mich bereits in einem Brief auf die Heidelberger Verhältnisse aufmerksam gemacht und mich um Hilfe angerufen. Wie ich mich und unsere Industrie hierzu stellen, wird Dir folgender Passus meines Antwortschreibens klarmachen:

Nun folgt der Abschnitt, der schon in dem Brief an FREUDENBERG die Stellungnahme von DUISBERG zu der Bitte um finanzielle Hilfe wiedergibt.

Ich kann wohl begreifen, dass Ihnen der Entschluss, dem sicherlich ehrenvollen Ruf zu folgen, schwer fällt: aber ich möchte annehmen, dass auch alle anderen Kollegen von Ruf, an die sich die Regierung wegen Übernahme des Lehrstuhls wenden sollte, denselben Bedenken gegenüberstehen wie Sie, sodass die Regierung schliesslich doch nicht umhin kann, Ihren berechtigten Wünschen zu entsprechen. Auf die Industrie dürfen Sie im vorliegenden Fall nicht hoffen; sie muss es grundsätzlich ablehnen, Aufgaben, die der Staat pflichtgemäss zu erfüllen hat, als Privatleistung zu übernehmen. Sie wissen ja, dass die chemische Industrie keine Opfer gescheut hat, wenn es gilt, chemischen Unterricht und chemische Forschung über den Rahmen der pflichtgemässen staatlichen Fürsorge hinaus zu fördern. Von dieser Fürsorge darf sie dem Staat auch nicht das Geringste abnehmen, denn sonst erwächst die Gefahr, dass der Staat im Vertrauen auf die Hilfe der Industrie noch mehr zu sparen sucht, als es bisher der Fall ist.

Du siehst also hieraus, dass es mit dem besten Willen nicht geht, von Seiten der chemischen Industrie hier einzugreifen. Ich glaube aber auch annehmen zu können, dass es den energischen Bemühungen von Prof. Freudenberg gelingen muss, vom Staate die dringend nötigen Mittel für Dein Institut bewilligt zu erhalten, das ist er dem traditionellen Ruf des Heidelberger chemischen Lehrstuhls schuldig.

Indem ich Dir, auch namens meiner Frau und Familie, unsere herzlichsten Grüsse übermittele, verbleibe ich wie immer Dein alter Freund

Carl Duisberg

Diese Stellungnahme von DUISBERG wird besonders verständlich, wenn man sich vergegenwärtigt, daß er als Präsident des Reichsverbandes der Deutschen Industrie immer wieder zu Sparsamkeit gemahnt hat: „Alle drei, nicht nur das Reich, vor allem auch die Länder und am meisten die Gemeinden, von denen viele furchtbar gesündigt haben und noch sündigen, müssen ihre, die Vorkriegsbeträge erheblich übersteigenden Ausgaben weit unter die früheren Friedensätze bringen." Sparen und Bescheidenheit sind etwas, was DUISBERG durch die Not des Krieges und der Nachkriegszeit gelernt hat. So sagt er 1925 auch: „Als Vertreter der Chemischen Industrie kann ich Ihnen aus meiner eigenen Erfahrung heraus sagen, daß wir vor dem Kriege häufig allzu laut unsere Macht und unsere Bedeutung in die Welt hinausposaunt und damit den Neid der ganzen Welt herausgefordert haben" [18].

Mitte Januar 1926 unternimmt DUISBERG zusammen mit seiner Frau Johanna und Fräulein Sonntag seine erste Weltreise. Die Reise hat keine geschäftlichen Hintergründe. DUISBERG spricht von einem Kehlkopfleiden – er möchte sich ganz einfach erholen. Der Gewinn aus dieser Reise ist dann freilich auch die Erkenntnis, „wie klein doch im Vergleich zu dem großen Erdball das deutsche Vaterland ist und wie gering seine Bedeutung im Räderwerk der Weltwirtschaft" [18].

Auf diese Weltreise deutet der Brief von CURTIUS vom 13. Januar 1926 hin, den der Freund an Frau DUISBERG schreibt, und der von der Weltreise aus beantwortet wird.

13. 1. 1926   Heidelberg 13. Januar 26
Th. C.   Liebe verehrte Frau Duisberg!
Vor Ihrer Abreise auf lange Zeit möchte ich Ihnen und Ihrem Gemahl noch einmal einen herzlichsten Gruß und treue Wünsche für Ihr Wohlergehen übersenden. Zugleich aber noch mehr innigen Dank für die schönen Tage, welche ich in ihrem gastlichen Hause zubringen durfte. Sie haben mich mit Ihrer Güte und freundlichen Teilnahme viel zu sehr verwöhnt und meine Gedanken verweilen immer wieder gern dabei. Sonntag erwarte ich Kurt und seine Frau hier

in Heidelberg bei mir zum Mittagessen. Ich freue mich sehr darauf,
daß die beiden zu mir kommen wollen. Dann können wir nochmal
ein wenig von den Eltern und dem lieben Hause plaudern und ein
Glas auf das Wohl der tapferen Seefahrer leeren.

In alter herzlicher Verehrung bleibe ich stets Ihr getreu ergebener
Theodor Curtius

An Carl viele Grüße, auch an Fräulein Sonntag.

Der Briefwechsel wird jetzt leider unvollständig. Im Februar 1927 schickt
CURTIUS einen mit Bleistift geschriebenen Brief an DUISBERG, der einen Hilferuf
darstellt. Er sucht Hilfe für seinen Neffen RUDOLF CURTIUS, der sein Vermögen
verloren hat – ein erschütterndes Zeitbild! – und danach auch für den früheren
Mitarbeiter an „seinem" Institut ERNST WILKE.

ERNST HERMANN WILKE, geb. am 2.11.1882 hatte in Heidelberg studiert
und war am 11. Januar 1905 zum Dr. phil. nat. promoviert worden. 1905 bis 1927
war er Assistent am Chemischen Laboratorium – unterbrochen durch den
Kriegsdienst 1915–1917 –. 1917 hatte sich WILKE habilitiert und am 4. Mai
1922 war er a. o. Professor geworden. Er hat wichtige Arbeiten zu der Chemie und
Elektrochemie der Lösungen veröffentlicht. Er starb am 23.11.1934 in Heidelberg.

Febr. 1927   Heidelberg Februar 1927
Th. C.   Gaisbergstr. 26 Vertraulich

Lieber Freund!

Verzeihe, daß ich Dich mit diesen Zeilen belästige, aber es handelt sich um die Not zweier mir nahestehender Menschen, denen ich
selbst nicht weiterhelfen kann.

Ich fasse mich ganz kurz, nur um Dir ein Bild von beiden Fällen
zu geben.

I. Der Bruder von Richard Curtius, Regierungsrat a. D. Dr. Rudolf
   Curtius, hat vor 1 1/2 Jahren den Rest seines Vermögens
   vollständig verloren. Er hat zuletzt seine große wertvolle Bibliothek (5 Möbelwagen) verkauft und von dem Erlös gelebt. 65 Jahre alt, verheiratet mit viel kränklicher, fast ebenso alter Frau, eine Tochter, welche „dienende Schwester" des Johanniter Ordens
   ist. Seit einem Jahr erhält er von den nächsten Verwandten das
   Allernötigste zum Leben (in München z. Zeit). Mein Neffe, der
   Minister Curtius, hat es fertig gebracht, daß er die schon vor 30
   Jahren verwirkte Pension mit RM 1800 jährlich erhält. So viel
   zur Information.

Nun die Frage an Dich. Du bist so viel ich weiß, formell und ideell der eigentliche Spiritus Rector der Duisburger Kupferhütte. Rudolfs Bruder, Richard, (und sein) Vater Friedrich Curtius sen. waren durch die Firma „Mettlar und Weber" mit der Kupferhütte eng liiert. Mein Vater, Julius Curtius, wurde der I. Präsident der Duisburger Kupferhütte bei der Gründung; wäre es nun nicht möglich, einem in Not geratenen Sohn und Bruder dieser Männer, der zwar Jurist ist aber ein hochintelligenter Mann, aus dem dort gewiß existierenden Unterstützungsfonds der Kupferhütte ein Jahresgehalt von vielleicht 1800 RM auszuwirken?

Diese Frage lege ich Dir ans Herz. Wenn Du sie nicht lösen kannst, genügt nur ein einfaches unmöglich. –

II. Der nichtplanmäßige Extraordinarius der Physikalischen Chemie im Heidelberger Universitätslaboratorium, Dr. Ernst Wilke, ist der letzte den mein Nachfolger aus dem Institut heraussetzt und zwar dadurch, daß er ihm das Assistentengehalt vom Ministerium zum 1. April d. J. kündigen ließ, 45 Jahre alt, seit kurzem verheiratet, ein Kind, Österreicher, seit einer längeren Reihe von Jahren habilitiert. Leitet den Anfangsunterricht der Physikochemiker. Guter Mathematiker, Physiker, Physicochemiker. Durch die praktische Reine Chemie hindurchgegangen. War faktisch mit „Böhringers'" in Bezug auf seine Arbeiten und Entdeckungen im Institut liiert. Hat leider nie einen Ruf erhalten. Sein Obercollege Trautz aber auch nicht, trotz riesiger Bemühungen meinerseits. Letzterer trotzdem jetzt wohlbestallter persönlicher Ordinarius geworden! –

Nun die Frage an Dich.

Es werden, so viel ich weiß, gerade Physico-Chemiker, auch sog. reine Physiker in den Werken der I. G. gebraucht. Könntet ihr nicht in dem Werke Leverkusen vielleicht mal einen Herrn mit langjähriger akademischer Praxis verwenden?

Auch diese Frage lege ich Dir ans Herz, auch an das Herz des Ehrendoctors unserer Facultät und zum Gedenken daran, daß mein Nachfolger – warum, das ist mir und vielen anderen unverständlich – auch äußerlich jede Erinnerung an mich und die große Tradition der letzten 60 Jahre so schnell wie möglich zu verwischen sucht.

Ich wollte Dich eigentlich gar nicht mit diesen Fragen behelligen. Aber seitdem ich den Aufsatz von Deinem Wirken für die deutsche Wirtschaft und die Wirtschaftshilfe der deutschen Studentenschaft erhalten und fast mit Ergriffenheit gelesen hatte, entschloß ich mich, Dir diese Zeilen zu schreiben.

Möchte es Dir beschieden sein, noch eine Reihe von Jahren in Frische und Gesundheit auch in diesen Unternehmungen tätig zu bleiben zum Nutzen und Segen von uns allen.

Mit viel herzlichen Grüßen, auch an Deine verehrte Frau

Dein alter treuer Theodor Curtius

Bitte Bleistift wegen Schreibkrampf zu entschuldigen. Th. C.

Im Herbst 1927 hat sich die Lage im Chemischen Institut in Heidelberg offenbar entspannt. FREUDENBERG schreibt am 15. September 1927 an Duisberg:

15.9.1927
K. F.

Das Institut ist jetzt so weit wieder hergestellt und angestrichen wie es die nun einmal veraltete Anlage erlaubt; es würde mir eine große Freude sein, Sie gelegentlich einmal durch die historischen Räume zu führen.

In Sils Maria traf ich unsern verehrten Freund Curtius in gar keinem guten Zustande an. Die Leber macht ihm zu schaffen, die Sache macht mir einen sehr bedenklichen Eindruck. Lassen Sie ihn aber nicht merken, daß man Ihnen etwas darüber geschrieben hat, er würde erschrecken. Ich schreibe es Ihnen, weil ich weiss, daß Sie warm an seinem Ergehen teilnehmen.

Diese Nachricht von FREUDENBERG wird durch einen Brief von CURTIUS selbst unterstrichen. Am 19. September 1927 schreibt er ausführlich von seinem Befinden:

19.9.1927
Th. C.

Heidelberg, den 19. September 1927

Lieber Freund!

Du hättest schon lange von mir Nachricht erhalten auch auf Deine letzte Karte aus Bad Gastein, wenn es mir seit Juni nicht so elend ergangen wäre; und so ist es leider heute noch. Daran sind aber nicht die köstlichen Dinge Schuld, die in Euren prachtvollen Delikatesskörben, welche ihr mir zum 70. Geburtstag verehrtet, enthalten waren, sondern meine alte böse Leber. Die hat mich mit einem kombinierten Magen- und Darmkatarrh die sieben Wochen, welche ich im Juli und August in meinem Häuschen in Sils zubrachte, durch heftige Schmerzen sehr unangenehm beeinflußt. Obwohl meine Beine in guter Ordnung waren, konnte ich nur selten ohne Schmerzen länger steigen und namentlich abwärts gehen. Auch der Magen konnte die übrigens vorzügliche Hotelkost nicht mehr vertragen, so daß ich mich hauptsächlich in der letzten Zeit mit Schleimsuppen begnügen mußte. — Von Anfang August an kamen viel Bekannte nach Sils. Darunter blieben Jay's einige Wochen; es bekam denen aber dort oben nicht sehr gut.

Am 18. August fuhr ich über Luzern nach Heidelberg zurück um rechtzeitig bei Familienfestlichkeiten in Duisburg wie versprochen erscheinen zu können. (70. Geburtstag meiner Schwägerin, Taufe bei meinem Neffen Dr. Otto Curtius, Verlobung meiner prachtvollen Großnichte Marie Luise Curtius, Tochter von Dr. Hans Curtius mit einem sehr jungen Grafen Rehbinder aus Estland.) Infolge der erneuten Verschärfung meines Magen- und Darmkatarrhs mußte ich aber schließlich alles absagen und in Heidelberg bleiben. Seitdem hat sich die Sache nicht gebessert. Ich will am Samstag noch einmal für 14 Tage zu meinem alten Arzt in Karlsbad gehen, der meine Leber seit 20 Jahren kennt.

Durch meinen Aufenthalt in Sils war ich natürlich verhindert, Euch in Heidelberg begrüßen zu können, als ihr Euren Ältesten in den Heidelberger Festspielen bewundern konntet[61] Ich habe hier viel Gutes über seine Leistungen gehört. Es gibt aber auch viel musisch gebildete Leute hier, die den ganzen Festspielrummel als einen greulichen Kitsch empfunden haben.

Deine Anwesenheit in Marburg konnte ich aber mit großer Freude verfolgen. Daß Du von der theologischen Fakultät (in welcher sich im 17. Jahrhundert einige direkte Ahnen von mir befanden) zum Ehrendoktor ernannt wurdest, war mir eine besondere Freude. Wenn Du noch eine Antrittspredigt halten mußt, so erhalte ich hoffentlich eine Einladung. Jetzt könntest Du nur noch Ehrendoktor in einer Fakultät werden die leider noch nicht gegründet worden ist, in der „der Herzensgüte und Hilfsbereitschaft für die Menschheit"!

In meinem Herzen besitzt Du diesen Ehrendoktor schon lange an erster Stelle.

Da es mir vielleicht nicht möglich sein wird, von Karlsbad aus zu Deinem 66. Geburtstag Dir in ausführlichem Schreiben meine innigsten Wünsche für Dein Wohlergehen zu übermitteln, so bitte ich Dich, dieselben schon mit diesen Zeilen entgegen zu nehmen. Ich werde bei den „guten Quellen" mir ein Extratröpfchen aus dem tiefsten Felsentöpfchen kredenzen lassen und auf Dein Wohl leeren. Leider kann ich nun auch nicht am 1. Oktober zu der Sitzung der Deutschen Chemischen Gesellschaft in Frankfurt sein, wo ich vielleicht Dich hätte treffen können.

Mit Herzensgrüssen an Dich, Deine verehrte liebe Frau und Fräulein Sonntag bleibe ich stets Dein getreuer dankbarer

Theodor Curtius

---

[61] Es handelt sich um den Sohn Carl-Ludwig Duisberg, der unter dem Namen Carl Ludwig Achaz auftrat.

Anliegend übersende ich Dir einen der beiden Originalabdrücke welche mir
die Deutsche Chemische Gesellschaft von der mir gewidmeten Adresse[62] übergeben hat, zum freundlichen Angedenken.

D. O.

DUISBERG ist nun aufgeschreckt. Er antwortet dem Freund sehr schnell. Außerdem besuchen die Duisbergs CURTIUS wohl Anfang Oktober, und am 18. Oktober kommt ein Paket mit Esswaren aus Leverkusen. CURTIUS bedankt sich am
19. Oktober 1927.

23.9.1927   Leverkusen, den 23. Sept. 1927
C. D.   Lieber Freund!
             Ende voriger Woche war mir schon zu Ohren gekommen, dass
es Dir in der letzten Zeit wenig gut ergangen ist und Dir Dein altes
Leberleiden mit einem gleichzeitig aufgetretenen Magen- und
Darmkatarrh viele Wochen übel mitgespielt hat. Umsomehr freute
ich mich, mit Deinen lieben Zeilen vom 19. d. M. ausführlich von
Dir selbst zu hören, wie es um Dich steht. Ich brauche Dir wohl
nicht besonders zu betonen, dass es meiner Frau und mir unendlich
leid tut, dass Dein körperlicher Zustand in letzter Zeit so viel zu
wünschen übrig lässt und Du vor allem auch sehr viel Schmerzen
hast aushalten müssen. Trotzdem freuen wir uns Deines köstlichen
und rührenden Optimismusses, der hoffentlich dazu beiträgt, dass
es den Dich behandelnden Ärzten gelingt, Dich wieder ganz auf den
Damm zu bringen. Meinen geliebten Freund krank zu wissen, geht
mir sehr nahe, und ich werde die erstbeste Gelegenheit, die mich in
die Nähe von Heidelberg führt, benutzen, um mich persönlich von
Deinem Befinden zu überzeugen.
             Schade, Schade, dass das zunehmende Alter und die damit nach-
lassende körperliche Frische, Dir den Aufenthalt in Deinem trauten
Häuschen zu Sils Maria getrübt hat und Du der schönen Bergwelt
nicht mehr so zu Leibe rücken kannst, wie es Deine jahrelange
Gewohnheit war. Hoffentlich erreicht uns nach Verlauf von 14 Tagen die erfreuliche Nachricht, dass die Behandlung Deines alten
Karlsbader Arztes Wunder gewirkt und Dein Befinden sich dann
nicht nur gebessert sondern die alte lebensbejahende Daseinsfreude
wieder Besitz von Dir ergriffen hat.
             Gern hätte ich gesehen, wenn Du das Spiel meines Ältesten in
Heidelberg besucht haben würdest, um von Dir eine kritische Beurteilung seiner Leistung zu hören. Dein Silser Aufenthalt hat dies

---

[62] Vgl. S. 11.

nicht zugelassen und dann Deine Beschwerden, die Reise ins Rheinland zu den Familienfestlichkeiten verhindert. Wir sind so um den
Genuss gekommen, Dich bei uns zu sehen, hoffen aber, dass dies
bald wieder der Fall sein wird.

Für Deine lieben Worte zum letzten Ehrendoktorhut, den Du
mir in Deinem guten Herzen schon lange aufgesetzt hattest, danke
ich Dir herzlichst. Nicht minder für Deine freundlichen Glückwünsche zu meinem bevorstehenden 66. Geburtstag, an dem Du ja eigentlich dabei sein müsstest. Wenn wir am 29. September im engeren Familienkreis diesen Tag festlich begehen und Dir in Gedanken
zuprosten, wenn Du in den Karlsbader „guten Quellen" ein Extratröpfchen auf mein Wohl schlürfst.

Endlich vielen Dank für den Originalabdruck, den Dir die deutsche chemische Gesellschaft zum 70. Geburtstag gewidmet hat. Ich
habe ihn mit lebhaftem Interesse gelesen und meiner Autographen-
sammlung nebst Deinem liebenswürdigen Schreiben einverleibt.

Also nochmals von ganzem Herzen gute Besserung und baldige
Wiederherstellung, Mit vielen lieben Grüssen, auch von meiner Frau
und Fräulein Sonntag, die alle guten Wünsche für Dich hegen, bin
ich wie immer

Dein getreuer Freund Carl Duisberg

19.10.1927   Heidelberg, Gaisbergstr. 26,
Th. C.   den 19. Oktober 1927

Lieber Freund!

Gestern kam Dein Riesenpaket hier an. Aber warum so viele
Köstlichkeiten? Fräulein Sonntag hat gewiß geglaubt ich wäre am
Verhungern. Um die Flasche Cognak und die Kaviarbüchse, die
sorgfältig gehütet werden, gruppiert sich nun die Fülle der übrigen
kulinarischen Genüsse. Hoffentlich ist mein Magen wieder bald so
weit dressiert, das er unbeschadet grössere Eingriffe in dieselben unternehmen kann. Seitdem Du mit Deiner lieben Frau hier warst, fühle ich mich nämlich wohler. Also kommt bald mal wieder vorbei, damit es noch besser mit mir wird.

Bis dahin aber innigen Dank für alle eure Güte. Mit Herzensgrüssen Dein alter treuer

Theodor Curtius

Der Zustand von CURTIUS bessert sich nicht. So schreibt er am 20. Dezember
1927 seinen letzten Brief.

20. 12. 1927   Heidelberg, Gaisbergstr. 26
Th. C.   den 20. Dezember 1927

Lieber Freund!

Nicht nur dass Ihr euch immer so liebevoll nach meinem Befinden erkundigt, sondern auch durch die köstlichen Caviarsendungen und Zubehör habt Ihr für mich so rührend gesorgt. Leider ist es mir die letzten drei Wochen wieder weniger gut ergangen. Die Bewegungsmöglichkeit hat sich nicht gebessert, und das böse Wasser will auch nicht aus dem Bauche weichen, wie es längst sollte. Das Schreiben machte mir Beschwerden und Schmerzen und ich bin froh, daß mein "Eckermann" Herr Schmitz seit gestern wieder von Berlin bei mir eingetroffen ist. Auch mein Karlsbader Arzt Dr. Herrmann besuchte mich hier und auch Herrn Professor Bosch. So werden wir hier ein sehr stilles Weihnachtsfest erleben, da ich natürlich nicht zu den Verwandten fortkann und auch die Hochzeit meiner Großnichte auf dem Weiherhof am Bodensee nicht mitfeiern kann.

Umso fröhlicher möge es bei Euch in Leverkusen hergehen, wo die Kinder sich gewiß alle um die Eltern vereinigt haben. Möge es mir vergönnt sein in Eurem lieben Hause noch mal einkehren zu dürfen!

So wünsche ich denn Dir und Deiner verehrten Frau und den Kindern recht gute gesegnete Festage

In alter Treue und Dankbarkeit   Dein Theodor Curtius

Die Freundschaft fand ihr Ende durch den Tod von THEODOR CURTIUS, der am 9. Februar 1928 eintrat. Die Gedenkrede vom 11. Februar bei der Trauerfeier beschließt auch den Briefwechsel.

11. 2. 1928   *Rede bei der Bestattung* von Geh. Rat. Prof. Dr. Curtius.
C. D.   Es entspricht dem schlichten Ernst unseres Entschlafenen *Theodor Curtius*, dass nach seinem Wunsch alles Gepränge, aller feierlicher Pomp aus dieser Stunde gebannt sein soll. Nicht viele Reden sollten gehalten werden, keine Laudationen an seiner Bahre ertönen. Still wie sein Ende war, wünschte er auch die Feier seiner Beisetzung. Nicht verwehren aber wollte er uns ein Wort des liebenden Gedenkens, das uns sein Bild in ganz knappen Zügen noch einmal vor das innere Auge ruft und unseren Blick vom Vergänglichen auf das Ewige und Unvergängliche lenkt.

Wir sprechen es mit Dank gegen Gott aus, dass er unser war, dieser treue und kluge Haushalter, dieser reichbegabte, ja genial veranlagte Gelehrte und Forscher, dieser begeisternde Lehrer und gütige

Mensch, der in seiner warmen Menschlichkeit wohl das Prädikat einer echten Christlichkeit für sich in Anspruch nehmen durfte.

Familienüberlieferungen von Großvater und Vater her, die sich zu bedeutenden industriellen Unternehmern emporgearbeitet hatten, wirkten bestimmend auf seine Jugendentwickelung. In den chemischen Werkstätten seines Vaters erwachte ihm die Liebe für sein Studium, das den Grund legte zu seinem epochemanchenden Lebenswerk. Dieses Werk auch nur in seinen allgemeinsten Linien auszumessen, ist nicht Auftrag dieser Worte. Dass es über Lob, Tadel emporragt, ist uns allen bewusst. Und unsere Klage, dass auch diesem Forscher ein Ende gesetzt ward, dass auch auf es das Wort der Schrift zutrifft: Unser Wissen ist Stückwerk und unser Erkennen ist Stückwerk. Und wir sehen jetzt, wie in einem Spiegel, nur dunkle Umrisse. Er war sich dessen bewusst und war der Letzte, der nicht in tiefer Bescheidenheit die Grenze auch des scharfsinnigsten und erfolgreichsten Forschers zugegeben hätte.

Und dies war das Schönste, dass der ruhmreiche Forscher ein so vornehmer Charakter, ein so gütiger Mensch gewesen. Ihn bewahrte vor fachlicher Enge, vor Versinken in Spezialarbeit und amtliche Geschäftigkeit der erschlossene Natursinn und die wundervolle musikalische Begabung, die ihm zu seiner Eignung für den besonderen Beruf von Gott verliehen war. Berge zu ersteigen, höchste Alpengipfel und Luft der Höhe zu atmen, sein Auge zu baden in den Farbenwundern des Engadin, 3000 Meter über dem Tiefland, das war ihm wie dem grossen Preiser des Engadin, höchste Wonne. Sein kleines Haus am dunklen Silser See war die Zufluchtsstätte seines arbeitsreichen Lebens. Dort erschloss sich ihm die Seele, dort erschloss er den Freunden die Seele.

Und was für ein Freund ist er gewesen! Freund seiner durch das Blut ihm Nächstverbundenen: Bruder, Schwägerin, Neffen, mit denen er sich immer wieder in herzlichem Verkehr begegnete. Freund seinen getreuen Mitarbeitern, von denen Einer, der ihm helfend fast 40 Jahre zur Seite gestanden, in unserer Mitte weilt. Freund seiner zahlreichen Schüler, die in Nähe und weiter Ferne seine Lehre der Wissenschaft fruchtbar und nutzbar machen. Freund auch seiner Untergebenen, Diener und Hausgehilfen, die er nur in äusserstem Notfall wechselte und die mit der Liebe von Kindern an ihm hingen. Um ihn war eine Atmosphäre des Vertrauens, Verstehens, der Wärme, ja der Liebe und Anhänglichkeit, die ihn den Unverheirateten, Kinderlosen, beglückte.

Und wie die Natur, wie der Umgang mit geliebten und geschätzten Menschen, so hob ihn die Liebe zum Vaterland, zu Volk und Nation, so hob ihn die Kunst empor, der er wie ein Eingeweihter nahe stand und die ihn durch alle seine Jahre beglückte: die Musik. Sie schwellte und löste dem strengen und ernsten Gelehrten die Seele und machte sie freudig und beflügelt.

Aber was uns in diesen Stunden besonders bewegt und gewiss mit seinem Einvernehmen gesagt werden darf: er war eine durch und durch religiöse Natur. Das wissen nur die, denen er sich erschloss; das bekennen einige von ihm verfasste Verse, die er sein „Karlsbader Gebet" nannte, und die einen Blick tun lassen in das Tiefste seiner Seele. Verse, in der Form fast wie das Gebet eines Kindes, die ausmünden in die Worte, die er als letzten Ruf an seinen Gott richtet:

Gib' meiner Seele frohen Mut,

Dass sie erblühe in Deiner Hut,

Bis ich als treu gehegtes Pfand

Sie wieder leg' in Deine Hand.

Ist es nicht ergreifend, wie sich aus schwerer Bedrückung des körperlichen Leidens offenbar die Seele emporringt zu einer frohen und getrosten Stimmung und wie das kleine Lied und damit wohl sein ganzes Leben ausmündet in ein Wort der Ergebung und des Bewusstseins um die Verantwortung vor Gott, die uns Menschen auferlegt ist.

Er durfte so getrost und gläubig beten. Denn wenn nach den Worten des Evangeliums Barmherzigkeit und lautere Herzensgüte das letztlich Entscheidende ist für den Wert eines Menschen, so darf er das Wort der Bergpredigt für sich in Anspruch nehmen: „Selig sind die Barmherzigen, denn sie werden Barmherzigkeit erlangen." Dies sei darum auch unser letztes Wort: Dank an ihn, der so gern half, wo Hilfe nottat und der nie die linke Hand wissen liess, was die Rechte tat. Dank vor allem Gott, der ihm diese Liebe in das Herz gegossen, der ihn in unsere Mitte geführt und ihn bei uns seine zweite Heimat hat finden lassen, so dass wir in tiefer Bewegung unseres Herzens sprechen dürfen: Er war unser.

An seiner Bahre aber wollen wir das Zeichen der Hoffnung aufrichten, zu der Gewissheit erfüllt, dass über den Tod das Leben und über das Grab die Auferstehung siegt, nach dem Wort des Apostels: Der Tod ist verschlungen in den Sieg.

Literatur

[1] CARL DUISBERG: Vortrag anläßlich der Theodor Curtius-Gedächtnisfeier der Heidelberger Chemischen Gesellschaft am 3. Mai 1930

[2] HEINZ A. STAAB: Vortrag anläßlich des Festakts zum 125jährigen Bestehen der BAYER AG in Köln am 25. August 1988

[3] K. H. BAUER: Verpflichtungsformel der Universität Heidelberg 1946

[4] B. P. ANFT: in Neue Deutsche Biographie Bd. 3, 445−6. Berlin 1959

[5] THEODOR CURTIUS: Ein Beitrag zur Kenntnis der in der Wackenroderschen Flüssigkeit enthaltenen Polythionsäure. J. prakt. Chemie (2) **24**, 225−39 (1881)

[6] TH. CURTIUS u. F. HENKEL: Über die Gewinnung von Tetrathionsauren Salzen aus Wackenroder's Lösung. J. prakt. Chemie (2) **37**, 137−49 (1888)

[7] THEODOR CURTIUS: Inauguraldissertation S. 1−74. Leipzig 1882

[8] A. DARAPSKY: Theodor Curtius zum Gedächtnis. J. prakt. Chemie (2) **125**, 1−22 (1930)

[9] THEODOR CURTIUS: Habilitationsschrift. München 1886

[10] THEODOR CURTIUS: Über das Diamid (Hydrazin). Ber. dtsch. chem. Ges. **20**, 1632−34 (1887)

[11] THEODOR CURTIUS: On Diamide (Hydrazine) (N_2H_4). Chemical News **1887**, 288−89

[12] THEODOR CURTIUS: Über Stickstoffwasserstoffsäure (Azoimid) N_3H. Ber. dtsch. chem. Ges. **23**, 3023−33 (1890)

[13] THEODOR CURTIUS: Azoimid aus Hydrazinhydrat und salpetriger Säure. Ber. dtsch. chem. Ges. **26**, 1263 (1893)

[14] A. ALBERT BAKER Jr.: in Dictonary of Scientific Biographie (Editor-in-chief: Ch. C Gillespie) Vol. 3, 510−12. New York 1981

[15] THEODOR CURTIUS: Umlagerung von Säureaziden, $RCON_3$, in Derivate alkylierter Amine (Ersatz von Carboyl durch Amid), Ber. dtsch. chem. Ges. **27**, 778−81 (1894). Ersatz von Carboxyl durch Amid in mehrbasischen Säuren. Ber. dtsch. chem. Ges. **29**, 1166−67 (1896)

[16] THEODOR CURTIUS u. JOHANNES RISSOM: Geschichte des chemischen Universitätslaboratoriums zu Heidelberg seit der Gründung durch Bunsen. Heidelberg 1908

[17] CARL DUISBERG: Meine Lebenserinnerungen. Herausgegeben auf Grund von Aufzeichnungen, Briefen und Dokumenten von Jesco v. Puttkammer. Leipzig 1933

[18] H. J. FLECHTNER: Carl Duisberg. Eine Biographie. Düsseldorf u. Wien 1960

[19] M. BECKE-GOEHRING, E. FLUCK, H. GRÜNEWALD, K. RUMPF, G. WILKE: Betrachtungen zur Chemie in Heidelberg. Semper Apertus. Sechshundert Jahre Ruprecht-Karls-Universität Heidelberg 1386−1986. Festschrift in sechs Bänden. Bd. 2, 332−60 Heidelberg 1985

[20] CARL DUISBERG: Beiträge zur Kenntnis des Acetessigesters. Inaugural-Dissertation der Philosophischen Fakultät zu Jena zur Erlangung der Doctorwürde vorgelegt. 49 S. Jena 1882

[21] A. STOCK: Ber. dtsch. chem. Ges. **68**, 68–9 (1935)

[22] Beiträge zur hundertjährigen Firmengeschichte. Herausgegeben vom Vorstand der Farbenfabriken BAYER AG. Verantwortlich: Dr. FRITZ JAKOBI, Leverkusen. Schriftleitung: KARL JESCH. Leverkusen 1963/64

[23] ERIK VERG: Meilensteine. 125 Jahre BAYER 1963–1988. Herausgegeben von Konzernverwaltung, Öffentlichkeitsarbeit der BAYER AG, Leverkusen. 1988

[24] FRITZ TER MEER: Die I.G. Farbenindustrie Aktiengesellschaft. 115 S., Düsseldorf 1953

[25] A. DÉES DE STERIO: Carl Duisberg: Herausgegeben aus Anlaß des 30jährigen Bestehens der Carl Duisberg-Gesellschaft im September 1979

[26] WALTER GREILING: in Neue Deutsche Biographie Bd. 4, 181–2, Berlin 1959

[27] THEODOR CURTIUS: Wilhelm Koenigs, Ber. dtsch. chem. Ges. **45**, 3781–92 (1912)

[28] Chronik der Universität München 1906

[29] DAGMAR DRÜLL: Heidelberger Gelehrtenlexikon. Springer-Verlag, Berlin, Heidelberg 1986

[30] HERMANN WEISERT: Die Rektoren der Ruperto Carola zu Heidelberg und die Dekane ihrer Fakultäten 1386–1968. Aus Zeitschrift der Freunde der Studentenschaft der Universität Heidelberg e. V. xx. Jahrgang, Bd. 43, Juni 1968

[31] Gmelins Handbuch der Anorganischen Chemie. 8. Auflage. Blei, Teil C. S. 206–23. Herausgegeben vom Gmelin-Institut für Anorganische Chemie und Grenzgebiete in der Max Planck-Gesellschaft zur Förderung der Wissenschaften. Frankfurt 1969

[32] B. PRAGER: Paul Jacobson. Ber. dtsch. chem. Ges. **8** (A), 57–81 (1924)

[33] Verwaltungsbericht des Deutschen Museums **11** (1910), 40–41

[34] CARL DUISBERG: Die Wissenschaft und Technik in der chemischen Industrie mit besonderer Berücksichtigung der Teerfarben-Industrie. Abhandlungen, Vorträge und Reden von Carl Duisberg aus den Jahren 1882–1921, Verlag Chemie, Berlin, Leipzig 1923

[35] FRIEDRICH RICHTER: Beilsteins Handbuch, 75 Jahre Organisch-Chemischer Dokumentation. Springer Verlag, Berlin, Göttingen, Heidelberg 1958

[36] Sitzung der Deutschen Chemischen Gesellschaft vom 30. Januar 1911. Ber. dtsch. chem. Ges. **44** (1911), 18–19

[37] ERWIN N. HIEBERT in: Dictionary of Scientific Biography (Editor-in-chief Ch. C. Gillespie) Vol. 15, Supplement I, S. 432–453, New York 1981

[38] JOHN L. HEILBRON: Max Planck, Ein Leben für die Wissenschaft 1858–1947. Stuttgart: Hirzel 1988

[39] F. RASCHIG: Schwefel- und Stickstoffstudien. 310 S., 1924, Verlag Chemie Leipzig-Berlin

[40] C. P. SNOW: Die zwei Kulturen. Literarische und naturwissenschaftliche Intelligenz. „Rede Lecture", 1959. Ernst Klett Verlag, Stuttgart 1967

[41] UDO WENNEMUTH: Akademiebewegung in Nordbaden 1763 bis 1909. SEMPER APERTUS Sechshundert Jahre Ruprecht-Karls-Universität Heidelberg 1386–1986. Bd. IV, S. 274–297. Springer Verlag, Berlin, Heidelberg 1985

[42] Biographien siehe Dagmar Drüll: Heidelberger Gelehrtenlexikon. Springer Verlag, Berlin, Heidelberg 1986

[43] IEVA STUPP-KUGA: Personalbiographien von Professoren und Dozenten der Chemie an der Universität Erlangen im Zeitraum von 1851 bis 1900. Inaugural-Dissertation der Medizinischen Fakultät der Friedrich-Alexander-Universität Erlangen-Nürnberg. 1971

[44] HANS HARTMANN: Lexikon der Nobelpreisträger. Verlag Ullstein, Frankfurt, Berlin 1967

[45] KARL FREUDENBERG: in Neue Deutsche Biographie, Bd. 5, S. 181–82, Berlin 1961

[46] RICHARD MEYER: Victor Meyer 1848–1897. Ber. dtsch. chem. Ges. **41**, S. 4505–4718 (1908)

[47] THEODOR CURTIUS: Beiträge zur Geschichte der Familie Curtius

[48] GÜNTHER WILKE: in M. Becke-Goehring et al. Betrachtungen zur Chemie in Heidelberg. Semper Apertuss Sechshundert Jahre Ruprecht-Karls-Universität Heidelberg. 1386–1986. Bd. 2, S. 351–358. Springer Verlag, Berlin, Heidelberg 1986

[49] CURT SCHUSTER: in Neue Deutsche Biographie Bd. 6, 431, Berlin 1964. WINFRIED R. PÖTSCH et al.: Lexikon bedeutender Chemiker, S. 170, Leipzig 1988

[50] R. PÖTSCH: Lexikon bedeutender Chemiker, S. 382–83, Leipzig 1988 u. DAGMAR DRÜLL: Heidelberger Gelehrtenlexikon, S. 238. Springer-Verlag, Berlin, Heidelberg 1986

[51] GRETE RONGE: in Neue Deutsche Biographie Bd. 12, S. 446–451, Berlin 1980

[52] BEREND STRAHLMANN: in Neue Deutsche Biographie Bd. 6, S. 353–54, Berlin 1964 und GRETE RONGE: in Dictionary of Scientific Biography Bd. 5, S. 380–81, 1981

[53] RUDOLF JAY: Über das Diamid (Hydrazin) und einige Derivate desselben. Inauguraldissertation. 40 S. Erlangen 1888

[54] Frank Baron Freytag von Loringhoven, herausgegeben von DETLEV SCHWENNICKE: Europäische Stammtafeln, Bd. V, Tafel 61. Die Fürsten von Isenburg. Marburg 1978

[55] CARL DUISBERG: in Deutsches Biogr. Jahrbuch, Überleitungsband 2: 1917–1920, S. 500–501, Berlin/Leipzig 1928

[56] FRIEDRICH KLEMM: in Neue deutsche Biographie, Bd. 2, S. 478–479. Berlin 1959

[57] KARL SAFTIEN: in Neue deutsche Biographie, Bd. 2, S. 677. Berlin 1959

[58] Sitzungsberichte der Preussischen Akademie der Wissenschaften. Physikalisch-mathematische Klasse. 1932, S. 20–21. Berlin 1932

[59] GOTFRIED PLUMPE: Ergänzende Anmerkungen zu dem Thema „Carl Duisberg und der Gaskrieg" vom 10.10.1986. Aus dem Archiv des BAYER-Werks

[60] CARL DUISBERG: Die Reizstoffe für den Gaskampf und die Mittel zu seiner Abwehr. Mai 1916. Aus dem Archiv des BAYER-Werks

[61] HANS KLOSE: Duisberg und der Antisemitismus in Juden in der Geschichte der Stadt Leverkusen. S. 31–38. Stadtgeschichtliche Vereinigung e.V., Leverkusen 1988

[62] FRITZ HABER: Fünf Vorträge aus den Jahren 1920–1923. Die Chemie im Kriege. S. 23–41. Springer-Verlag, Berlin 1924